Gestaltungsmodell zur Systematisierung der Fehlerdatenerfassung im manuellen Montageprozess

Design Model for the Systematization of Failure Data Collection in the Manual Assembly Process

Von der Fakultät für Maschinenwesen
der Rheinisch-Westfälischen Technischen Hochschule Aachen
zur Erlangung des akademischen Grades eines
Doktors der Ingenieurwissenschaften
genehmigte Dissertation

vorgelegt von

Sebastian Beckschulte

Berichter/in:

Univ.-Prof. Dr.-Ing. Robert Schmitt
Univ.-Prof. Dr.-Ing. Matthias Kreimeyer

Tag der mündlichen Prüfung: 31. Januar 2025

ERGEBNISSE AUS DER PRODUKTIONSTECHNIK

Sebastian Beckschulte

Gestaltungsmodell zur Systematisierung der Fehlerdatenerfassung im manuellen Montageprozess

Herausgeber:
Prof. Dr.-Ing. Dipl.-Wirt. Ing. G. Schuh
Prof. Dr.-Ing. C. Brecher
Prof. Dr.-Ing. R. H. Schmitt

Band 20/2025

WZL | RWTH AACHEN UNIVERSITY

Fraunhofer
IPT

Bibliografische Information der Deutschen Nationalbibliothek
Die Deutsche Nationalbibliothek verzeichnet diese Publikation in der Deutschen Nationalbibliografie; detaillierte bibliografische Daten sind im Internet über https://portal.dnb.de abrufbar.

Sebastian Beckschulte:

Gestaltungsmodell zur Systematisierung der Fehlerdatenerfassung im manuellen Montageprozess

1. Auflage, 2025

Gedruckt auf holz- und säurefreiem Papier, 100% chlorfrei gebleicht.

Wissenschaftsverlag des Instituts für Industriekommunikation und Fachmedien an der RWTH Aachen
Steinbachstr. 25, 52074 Aachen, Deutschland
Internet: www.apprimus-verlag.de, E-Mail: info@apprimus-verlag.de

Druck: CPI Druckdienstleistungen GmbH
Ferdinand-Jühlke-Straße 7 | 99095 Erfurt | Deutschland

ISBN 978-3-98555-311-2

I. Vorwort

„Man merkt nie, was schon getan wurde,
man sieht immer nur, was noch zu tun bleibt.“
*(Marie Curie, *07.11.1867 – 04.07.1934)*

Dieses Zitat von Marie Curie erinnert daran, dass der Blick auf das Unvollendete oft das bereits Erreichte verdrängt. Doch es ist wichtig, innezuhalten und anzuerkennen, wie weit man bereits gekommen ist, bevor man sich auf den Weg macht, um das nächste Ziel zu erreichen.

Ich danke meinem Doktorvater Prof. Dr.-Ing. Robert Schmitt für die Betreuung dieser Arbeit, das mir entgegengebrachte Vertrauen und die Möglichkeit der persönlichen Weiterentwicklung auf diesem Weg zum Ziel. Ich danke auch Prof. Dr.-Ing. Matthias Kreimeyer für das fachliche Interesse an meiner Arbeit und die Übernahme als zweiten Berichter sowie Prof. Dr.-Ing. Jacobs als Vorsitzender der Promotionskommission.

Meinen herzlichen Dank möchte ich meinen Freunden und Kollegen aussprechen, die diese Zeit unvergesslich gemacht haben. Ein besonderer Dank gilt Louis Huebser, Robin Günther sowie Marcos Padrón Hinrichs und Valesko Dausch für ihre kontinuierliche Unterstützung von der ersten Ideenfindung bis hin zum abschließenden Feedback. Ihre fachliche, aber auch persönliche Hilfe war von unschätzbarem Wert. Ebenfalls möchte ich den zahlreichen studentischen Hilfskräften und Abschlussarbeitern danken, die mich über die Jahre hinweg unterstützt und die Arbeit durch ihre fachlichen Diskussionen bereichert haben, insbesondere Miriam Kaden und Betül Güngör.

Ich danke Dr.-Ing. Raphael Kiesel und Felix Sohnius herzlich für die enge und vertrauensvolle Zusammenarbeit sowie ihre Unterstützung während meines Promotionsprozesses. Ihre konstruktive Unterstützung war sehr lehrreich und von großer Bedeutung.

Dr.-Ing. Martin Meyer und Eva-Maria Maucher-Jahn danke ich dafür, dass sie mir als Mentoren während meiner Zeit im Doktorandenprogramm bei der MAN Truck & Bus SE mit ihrer Erfahrung zur Seite standen. Weiterhin danke ich Dr.-Ing. Matthias Elsweier, Bernhard Fröschl, Klaus Schatka sowie Joachim Fichter, die diesen Weg für mich geebnet und die Reise überhaupt erst ermöglicht haben.

Mein größter Dank gilt meiner Familie und Rosi. Ohne ihre Unterstützung wäre dieser Weg und die Erstellung der Dissertation nicht möglich gewesen. Ich danke insbesondere meinen Eltern für ihre bedingungslose Unterstützung und dafür, dass ich immer meinen eigenen Weg gehen durfte. Abschließend danke ich Miriam für ihre fortwährende moralische Unterstützung und ihre schier unendliche Geduld während meiner Promotionszeit. Diese Arbeit widme ich Euch.

Aachen, im Januar 2025

Sebastian Beckschulte

II. Zusammenfassung

Die *Motivation* dieser Arbeit ist darin begründet, die Effizienz in manuellen Montageprozessen zu steigern. In diesen Prozessen sind Mitarbeiter nicht nur für wertschöpfende Tätigkeiten verantwortlich, sondern auch für die Identifizierung und Erfassung von bauteil- und funktionsbezogenen Fehlern am Produkt, um dem Kunden eine möglichst hohe Produktqualität zu liefern. Trotz des Bewusstseins um die Bedeutung einer umfassenden Datennutzung für die Wettbewerbsfähigkeit produzierender Unternehmen bleibt der Großteil der erfassten Daten aber ungenutzt, was zu einer Verschwendung von Ressourcen führt. Ein effektives Fehlermanagement ist notwendig, um Fehler, Fehlerfolgen und die daraus resultierenden Fehlerkosten frühzeitig zu erkennen, zu analysieren und zu beheben. Ein solches Management muss relevante Informationen systematisch dokumentieren und gezielt bereitstellen. Vor diesem Hintergrund ist die *Zielsetzung* der vorliegenden Arbeit die Entwicklung und Anwendung eines Gestaltungsmodells zur Systematisierung der Fehlerdatenerfassung im manuellen Montageprozess. Dabei erfolgt die Untersuchung der *Fragestellung*, wie Mitarbeiter in manuellen Montageprozessen stärker dazu befähigt werden können, wahrgenommene produktbezogene Bauteil- und Funktionsfehler gezielt zu erfassen, um eine möglichst effiziente Fehleranalyse und nachhaltige Abstellung zu ermöglichen.

Zur Beantwortung der Fragestellung kommt der *forschungsmethodische Ansatz* nach ULRICH zur Anwendung. Zunächst wird der forschungsseitige Bedarf durch eine strukturierte Literaturanalyse ermittelt, während der industrieseitige Bedarf mittels einer empirischen Studie bestimmt wird. Auf dieser Grundlage erfolgt eine Informationsbedarfsanalyse, die zur Erstellung eines funktionalen Informationsmodells (Beschreibungsmodell) führt. Anschließend folgt die Entwicklung eines konzeptionellen Datenmodells (Gestaltungsmodell), welches im Rahmen eines Forschungsprojekts an zwei industriellen Fallbeispielen angewendet und qualitativ evaluiert wird.

Das *Ergebnis* der Arbeit ist ein Gestaltungsmodell für die zielgerichtete Fehlerdatenerfassung im manuellen Montageprozess. Das entwickelte Modell umfasst vier Module, die des Produkt-, Prozess-, Ressourcen- und Fehlermanagementmoduls. Diese Module berücksichtigen sowohl technische als auch menschliche Faktoren. Das entwickelte Modell bietet einen strukturierten Ansatz für die Definition von relevanten Entitäten, Attributen und ihren Beziehungen im Kontext der Fehleranalyse. Es ist modular erweiterbar und technologisch unabhängig. Dadurch kann es an spezifische Unternehmens- und Anwendungsfälle angepasst werden. Dieses strukturierte Modell steigert gleichzeitig die Effizienz und Qualität in der manuellen Montage. Dabei beantwortet das Gestaltungsmodell die Frage, wie die Fehleranalyse im Montageprozess durch die Systematisierung der manuellen Fehlerdatenerfassung verbessert werden kann. Es kann als generische Modellvorlage oder Leitfaden von produzierenden Unternehmen genutzt werden, um die Fehlerdatenerfassung zu optimieren.

III. Summary

The *motivation of this work* is to enhance efficiency in manual assembly processes. In these processes, employees are responsible not only for value-adding activities but also for identifying and collecting component and function-related failures to deliver the highest possible product quality to customers. Despite the critical importance of comprehensive data utilization for the competitiveness of manufacturing companies, the majority of collected data remains unused, leading to resource waste. Effective failure management is necessary to identify, analyze, and rectify failures, failure consequences, and resulting failure costs at an early stage. Such management must systematically document and selectively provide relevant information. Against this backdrop, the *objective of this work* is to develop and apply a design model for the systematization of failure data collection in the manual assembly process. The investigation *addresses the question* of how employees in manual assembly processes can be better enabled to systematically capture perceived product-related component and function failures to facilitate efficient failure analysis and sustainable correction.

To answer this question, the research *methodological approach* according to ULRICH is applied. Initially, the research need is determined through a structured literature review, while the industrial need is identified via an empirical study. Based on this foundation, an information requirements analysis is conducted, leading to the creation of a functional information model (description model). Subsequently, a conceptual data model (design model) is developed, which is applied and evaluated within a research project involving two industrial case studies.

The *result of this work* is a design model for targeted failure data collection in the manual assembly process. The developed model comprises four modules: the product, process, resources, and failure management modules. These modules consider both technical and human factors. The developed model offers a structured approach for defining relevant entities, attributes, and their relationships in the context of failure analysis. It is modularly expandable and technologically independent, allowing adaptation to specific company and application scenarios. This structured model simultaneously enhances efficiency and quality in manual assembly. The design model addresses the question of how failure analysis in the assembly process can be improved through the optimization of manual failure data collection. It can be used as a generic model template or guide by manufacturing companies to optimize failure data collection.

IV. Förderhinweis

Die vorliegende Dissertation wurde im Rahmen des Forschungsprojektes *value chAIn* – AI-Based Failure Management in Value Chains – erstellt.

Das Forschungsprojekt „*value chAIn*“ (Projektnummer 19S21001D) wird durch das Bundesministerium für Wirtschaft und Klimaschutz (BMWK) aufgrund eines Beschlusses des Deutschen Bundestages gefördert. Die Projektbetreuung erfolgt durch die TÜV Rheinland Consulting GmbH.

Gefördert durch:

Bundesministerium
für Wirtschaft
und Klimaschutz

aufgrund eines Beschlusses
des Deutschen Bundestages

Genderhinweis

Aus Gründen der besseren Lesbarkeit wird im Folgenden auf die gleichzeitige Verwendung der Sprachformen männlich, weiblich und divers (m/w/d) verzichtet und das generische Maskulinum verwendet. Sämtliche Personenbezeichnungen gelten gleichermaßen für alle Geschlechter.

V. Inhaltsverzeichnis

VI. Formelzeichen und Abkürzungsverzeichnis

Abkürzung	**Beschreibung**
$A(G)$	Adjazenzmatrix
AI	Artificial Intelligence
ASUM-DM	Analytics Solutions Unified Method for Data Mining
Aufl.	Auflage
BDE	Betriebsdatenerfassung
BIP	Bruttoinlandsprodukt
BM	Baustellenmontage
BMWK	Bundesministerium für Wirtschaft und Klimaschutz
bspw.	beispielsweise
bzw.	beziehungsweise
CASP-DM	Context Aware Standard Process for Data Mining
CIM	Computer Integrated Manufacturing
CRISP-DM	Cross-Industry Standard Process for Data Mining
DACH-Wirtschaftsraum	Wirtschaftsregion Deutschland, Österreich und Schweiz
DEFMP	Data Enabled Failure Management Process
DGQ	Deutsche Gesellschaft für Qualität
DIN	Deutsches Institut für Normung
EM	Einzelplatzmontage
EN	Europäische Normung
engl.	englisch
ERM	Entity-Relationship-Modell
e	Fehlerspanne
et al.	et alia
f.	folgend
ff.	fortfolgend
FK	Foreign Key
FLF	Forschungsleitende Frage
FM	Fließmontage
FMEA	Failure Mode and Effects Analysis
Hrsg.	Herausgeber

i. A. a.	in Anlehnung an
ICB	Industry Classification Benchmark
ID	Identifier
IKT	Informations- und Kommunikationstechnologie
ISO	Internationale Organisation für Normung
ITEM	Institut für Technologiemanagement
IWH	Industrial Warehouse
Kap.	Kapitel
KDD	Knowledge Discovery in Databases
KMU	kleine und mittelständische Unternehmen
KPI	Key Performance Indicator
Lkw	Lastkraftwagen
MES	Manufacturing Execution System
ML	Machine Learning
MOM	Manufacturing Operations Management
N	Grundgesamtheit der Zielgruppe
n_i	natürliche Zahl, Variable (*n*) mit Laufindex (*i*)
n	Stichprobenumfang
p	Standardabweichung
PK	Primary Key
PRISMA	Preferred Reporting Items for Systematic Reviews and Meta-Analyses
RM	Reihenmontage
S.	Seite
SEMMA	Sample Explore Modify Model Assess
t	Tonnen
TFF	Teilforschungsfrage
TM	Taktstraßenmontage
UML	Unified Modeling Language
VDMA	Verband Deutscher Maschinen- und Anlagenbau
vgl.	vergleiche
ZB	Zettabyte
zGG	zulässiges Gesamtgewicht

VII. Abbildungsverzeichnis

VIII. Tabellenverzeichnis

1 Einleitung

„Suche nicht nach Fehlern,
suche nach Lösungen."
*(Henry Ford, *30.07.1863 – 07.04.1947)*

Kapitel 1 beschreibt und begründet die Zielstellung sowie wissenschaftliche Einordnung dieser Arbeit. Die Ausgangssituation und Problemstellung werden in Kapitel 1.1 erläutert. Das Kapitel 1.2 leitet die Zielsetzung der Arbeit und die forschungsleitende Frage her. Die Einordnung in den wissenschaftstheoretischen Bezugsrahmen folgt in Kapitel 1.3. Das Kapitel 1.4 beinhaltet die Beschreibung des gewählten forschungsmethodischen Ansatzes, bevor das Kapitel 1.5 den weiteren Aufbau der Arbeit darlegt.

1.1 Ausgangssituation und Problemstellung

Die produzierende Industrie spielt eine zentrale Rolle für die Wirtschaft Deutschlands, was durch ihren hohen Anteil von 18 % am Bruttoinlandsprodukt (BIP) und 16 % an der Beschäftigungsquote im Jahr 2022 deutlich wird. Diese Zahlen belegen nicht nur die gesellschaftliche und wirtschaftliche Bedeutung der deutschen Industrie, sondern auch ihre Stabilität seit den 1990er Jahren bis zur Coronavirus-Pandemie. Gründe für die Beständigkeit der deutschen Industrie sind die hohe Produktivität sowie der hohe Wertschöpfungsanteil von 24,5 % im Jahr 2023 (Bundesbank 2023, S. 16; Statista 2024a).

Die deutsche Industrie ist beständig, sieht sich jedoch mit ständigen Herausforderungen konfrontiert. Sie ist hochgradig wettbewerbsfähig, agiert aber in einer zunehmend vernetzten und globalisierten Wirtschaft. Sie ist ein großer Exporteur, ist jedoch einem sich schnell wandelnden geopolitischen Wettbewerb ausgesetzt. Sie ist effizient und kostengünstig, aber anfällig für Störungen in ihren komplexen Wertschöpfungsketten (Bundesbank 2023, S. 15f.). Damit die Industrie weiterhin als Antreiber der Wirtschaft fungieren kann, muss sie sich kontinuierlich anpassen, um diese ständig schwankenden Herausforderungen zu bewältigen (BMWK 2024, S. 23f.).

Ein Schlüsselaspekt dieser Anpassung ist der fortlaufende Transformationsprozess, der durch die Vision von *Industrie 4.0* angetrieben wird. Diese beschreibt die technologisch-ökonomische Vision einer digitalen, datengesteuerten und vernetzten Industrie (BMWi 2019, S. 3f. Reinhart et al. 2017, S. 51f.). Sie zielt darauf ab, die Effizienz an verschiedenen Stellen der Wertschöpfungskette zu steigern, die Flexibilität ihrer Produktionssysteme zu erhöhen, um die schnell wechselnden Anforderungen des globalen Verbrauchermarktes zu erfüllen und um weiterhin ein globales Referenzmodell für die Qualität zu sein (BMBF 2020, S. 7ff.; Niehues et al. 2017 S. 157f.).

Durch die Optimierung von Produktionsprozessen trägt Industrie 4.0 zur Effizienzsteigerung, Qualitätsverbesserung und Flexibilisierung der Produktionsprozesse bei, während gleichzeitig Kosten reduziert und Sicherheits- sowie Umweltstandards gewahrt bleiben (Rothmeier 2022, S. 36; Canhoto & Clear 2020, S. 183ff.). Diese Faktoren, insbesondere die Qualitätsverbesserung und Flexibilisierung der Produktionsprozesse, sind kritisch, da sie die Kundenerfahrung hinsichtlich der Produktqualität direkt beeinflussen und damit entscheidend zur Kundenzufriedenheit beitragen, einem Schlüsselindikator für den Erfolg produzierender Unternehmen (Schmitt & Pfeifer 2015, S. 51; Suchánek et al. 2014, S. 340). Die Kundenzufriedenheit wird somit entscheidend durch die wahrgenommene Produktqualität bestimmt, wobei insbesondere die Fehlerfreiheit der Produkte essenziell ist (Gussen 2022, S. 1ff.; Glöckner 2020, S. 1; Faullant 2007, S. 7f.).

Studien legen jedoch dar, dass das Ziel einer fehlerfreien Produktion als idealistisch gilt (Grabner 2019, S. 23; Psarommatis et al. 2019, S. 12ff.). Der Grund dafür sind unbekannte Einflussgrößen und Wechselwirkungen innerhalb der Produktionsprozesse sowie deren nicht vorhersehbaren Effekte auf die Endprodukte. Das bedeutet im Umkehrschluss aber nicht, von dem Ziel der fehlerfreien Produktion abzuweichen, da dieses Ziel eine kontinuierliche Verbesserung und Fehlerreduzierung in Produktionsprozessen zur Konsequenz hat und letztlich zur Herstellung fehlerfreier Produkte führt (vgl. Kap. 2.2.3) (Fragapane et al. 2023, S. 12; Caiazzo et al. 2022, S. 13).

Insbesondere in Produktionssystemen, die sich durch zunehmend komplexe Prozesse charakterisieren, bieten Automatisierungs- und Digitalisierungsansätze signifikante Optimierungsmöglichkeiten. Doch trotz technologischer Fortschritte wurde die Dimension des Menschen, insbesondere in der manuellen Montage variantenreicher Produkte, unterschätzt (Grosse et al. 2023, S. 7749ff.; Sgarbossa et al. 2020, S. 297). Die Individualität der auszuführenden Montageprozesse, erforderliches Expertenwissen sowie die Notwendigkeit von hohen Investitionen und Betriebskosten stellen für die Automatisierung und Digitalisierung von Montageprozessen eine Herausforderung in der Praxis dar (Lyons et al. 2020, S. 10f.). Diese *Problemstellung* erfordert die Neubewertung im Kontext dieser Veränderungen. Die industrielle Entwicklung hat die menschliche Rolle in Produktionssystemen unbestreitbar verändert, doch die Integration und Anerkennung dieser Rolle innerhalb der Produktionsprozesse wird weiterhin unzureichend adressiert (Reiman et al. 2023, S. 11; Neumann et al. 2021, S. 12). Die zunehmende Verbreitung von Automatisierungs- und Digitalisierungsansätzen unterstreicht die Bedeutung des Verständnisses der Auswirkungen dieser Veränderungen aus perzeptiven, kognitiven und psychosozialen Perspektiven, da Menschen in fast allen Produktionssystemen nach wie vor als unverzichtbar angesehen werden (Wachter et al. 2024, S. 1400; Waldscheck et al. 2024, S. 1550).

Das hat auch die Europäische Kommission erkannt, die im Jahr 2021 zur *Industrie 5.0*, der sozio-ökonomischen Vision, aufrief. In dieser Vision werden die Dimensionen der Menschzentrierung, Nachhaltigkeit und Resilienz als interdependente Kernwerte hervorgehoben (Breque et al. 2021, S. 13ff.; Xu et al. 2021, S. 533f.). Es ist wichtig zu betonen, dass Industrie 5.0 nicht als chronologische Fortsetzung zu dem bestehenden Industrie 4.0-Paradigma verstanden wird sondern als Erweiterung der Vision von Industrie 4.0 (Breque et al. 2021, S. 6). Der menschzentrierte Ansatz im Produktionsprozess rückt damit die menschlichen Bedürfnisse und Interessen in den Vordergrund und verlagert den Fokus vom technologiegetriebenen Fortschritt, was die Mitarbeiterbefähigung und deren Rolle in den Produktionsprozessen stärkt (Caglar et al. 2023, S. 151ff.; Teubner et al. 2018, S. 647ff.).

Angesichts dieser Neubewertung hin zur Industrie 5.0, die eine stärkere Betonung des Menschen in technologischen Prozessen fordert, nimmt die Rolle der Mitarbeiter in der Montage eine neue Bedeutung ein. Sie werden zu einem integralen Bestandteil der manuellen Montageprozesse, was eine erhöhte Befähigung für die Fehlererkennung und -dokumentation einfordert. Mit dieser *Ausgangssituation* gewinnt das Qualitäts- und Fehlermanagement weiter an Bedeutung, indem Mitarbeiter neben der Ausführung wertschöpfender Tätigkeiten auch für die Fehlererkennung und -dokumentation zuständig sind und als Qualitätssensoren agieren (vgl. Kap. 2.1.4 und 2.2.6). Die erhöhte kognitive Belastung, resultierend aus Veränderungen in Arbeitsabläufen, kann in einem zeitkritischen Arbeitsumfeld zu einer unzureichenden Dokumentation relevanter Informationen und Fehlerdaten führen (Merkel 2021, S. 2; Günthner et al. 2014, S. 109f.).

Ein effizientes Fehler- und Informationsmanagement, das relevante Daten in adäquater Qualität und Quantität dokumentiert und für die Entscheidungsunterstützung zielgerichtet bereitstellt, ist essenziell, um Fehler, Fehlerfolgen und damit einhergehende Fehlerkosten frühzeitig in komplexen Montageprozessen zu identifizieren, zu analysieren und nachhaltig abzustellen (vgl. Kap. 2.2.4). Insbesondere dann, wenn die Konsequenzen einzelner Entscheidungen schwer zu überwachen sind, kann es in der Praxis zu nachteiligen Entscheidungen hinsichtlich des Umgangs mit identifizierten Fehlern führen (Dillinger 2024, S. 18; Beckschulte et al. 2023a, S. 196f.). Diese Problemstellung resultiert in verschiedenen Formen der Verschwendung, wie Nacharbeit, Ausschuss oder Produktrückrufen, die letztendlich zu erhöhtem Ressourceneinsatz und zu einer Kundenunzufriedenheit beitragen (Caglar & Jochem 2022, S. 1126f.; Neumann et al. 2021, S. 6).

In Anlehnung an das einleitende Zitat verdeutlicht die *Ausgangssituation*, dass der Paradigmenwechsel von Industrie 4.0 zu Industrie 5.0 nicht nur als Herausforderung, sondern vielmehr als eine Quelle für innovative Lösungen am Wirtschaftsstandort Deutschland betrachtet werden muss. Daten bergen das Potenzial zur Optimierung und Neugestaltung von Produktionsprozessen, erfordern jedoch eine zielgerichtete Erfassung und Analyse. Hierbei steht die Befähigung der Mitarbeiter im Vordergrund, die durch die effiziente Fehlerdatenerfassung und -analyse direkt zur Lösungsfindung und somit zur Steigerung der Produktqualität und Kundenzufriedenheit beiträgt. Vor diesem Kontext verdeutlicht die *Problemstellung*, dass trotz des vorhandenen technologischen Fortschritts und der wachsenden Datenmenge (vgl. Kap. 3.2.1) die manuelle Fehlerdatenerfassung in Montageprozessen eine entscheidende Lücke darstellt (vgl. Kap. 3.1.2), deren Optimierung unmittelbar die Produktqualität und damit die Kundenzufriedenheit beeinflusst.

1.2 Zielsetzung der Arbeit und forschungsleitende Frage

Basierend auf der zuvor beschriebenen Ausgangssituation und Problemstellung ist die *Zielsetzung der Arbeit*, ein Gestaltungsmodell für die Systematisierung der manuellen Fehlerdatenerfassung im Montageprozess zu entwickeln und qualitativ zu evaluieren. Dabei erfolgt die Untersuchung der Frage, wie Mitarbeiter in manuellen Montageprozessen stärker dazu befähigt werden können, wahrgenommene produktbezogene Bauteil- und Funktionsfehler zielgerichtet zu erfassen, um eine möglichst effiziente Fehleranalyse und nachhaltige Abstellung anzustoßen.

Für die Forschung zielt die Arbeit darauf ab, ein tiefgreifendes Verständnis der Zusammenhänge zwischen der manuellen Datenerfassungsqualität und -quantität sowie dem Einfluss auf die Qualität der Fehleranalyse und Prädiktion zu schaffen. Es soll ergründet werden, welche spezifischen Einflussfaktoren der manuellen Datenerfassung optimiert werden müssen, um die Analyseergebnisse zu verbessern. Dies umfasst die Entwicklung und Evaluation des Gestaltungsmodells, das aufzeigt, wie die Datenerfassung in der manuellen Montage gestaltet sein kann, um die Fehleranalyse und Prädiktion im Produktionskontext zu optimieren.

Für die Industrie strebt diese Arbeit an, konkrete Handlungsempfehlungen für produzierende Unternehmen herzuleiten, um ihre manuelle Fehlerdatenerfassung in der Montage zu optimieren. Das Gestaltungsmodell dient als Leitfaden, um die Qualität und Effizienz der Fehlerdatenerfassung und -analyse zu steigern, was zu einer Verringerung von Produktionsfehlern, Kosteneinsparungen und letztlich zu einer Steigerung der Produktqualität führen kann. Durch die Implementierung eines solchen Gestaltungsmodells können Unternehmen ihre Fehleranalyseprozesse optimieren, Verschwendung vermeiden und somit ihre Wettbewerbsfähigkeit durch eine erhöhte Kundenzufriedenheit steigern.

Für die Erreichung dieser Zielsetzung erfolgt die Herleitung der nachfolgenden *forschungsleitenden Frage* (FLF), die für diese Arbeit handlungsleitend ist.

FLF: *Kann die Fehleranalyse im Montageprozess durch die Systematisierung der manuellen Fehlerdatenerfassung verbessert werden?*

Um die FLF zu beantworten, werden die folgenden Teilforschungsfragen (TFF) abgeleitet und im Rahmen dieser Arbeit iterativ beantwortet. Die zur Beantwortung der TFF zugehörigen Kapitel sind in Klammern angegeben. Die TFF zielen darauf ab, die Kernkomponenten des Gestaltungsmodells für die manuelle Fehlerdatenerfassung im Montageprozess herzuleiten. Diese umfassen die Aspekte der allgemeinen forschungs- und industrieseitigen Bedarfsermittlung (TFF 1), der systematischen Informationsbedarfsanalyse in der manuellen Montage (TFF 2), der notwendigen Informationsqualität und -quantität (TFF 3) sowie der Modellentwicklung (TFF 4) und abschließenden Nutzenrealisierung (TFF 5) und Evaluation (FLF).

TFF 1: *Welcher Bedarf existiert für die Systematisierung der Datenerfassung, um die Datennutzung zu steigern? (vgl. Kap. 3)*

TFF 2: *Welche Informationsobjekte sind für die Fehleranalyse im Produktionsprozess relevant? (vgl. Kap. 5)*

TFF 3: *Welche Informationsobjekte sind notwendig und hinreichend für eine Fehleranalyse im Produktionsprozess? (vgl. Kap. 5)*

TFF 4: *Wie kann ein Datenmodell konzipiert sein, das manuell erfasste Fehlerdaten für die Fehleranalyse nutzbar macht? (vgl. Kap. 6)*

TFF 5: *Wie kann das Datenmodell für die Fehleranalyse genutzt werden? (vgl. Kap. 6)*

1.3 Wissenschaftstheoretischer Bezugsrahmen

Auf Grundlage der in Kapitel 1.1 beschriebenen Problemstellung wird diese Arbeit in den wissenschaftstheoretischen Bezugsrahmen eingeordnet. Dadurch wird die grundlegende Erkenntnisperspektive und das methodologische Vorgehen des Erkenntnisprozesses mitbestimmt (Binder & Kantowsky 1996, S. 3f.; Kubicek 1977, S. 6). Die *Wissenschaftstheorie* beschäftigt sich mit den Voraussetzungen, Methoden und Zielen wissenschaftlicher Erkenntnis sowie ihrer Form, Art und Kriterien für ihre Gültigkeit (Kornmesser & Büttemeyer S. 4f.; Helfrich 2016, S. 1). Der *wissenschaftstheoretische Bezugsrahmen* prägt die Gesamtausrichtung dieser Arbeit und beeinflusst die theoretischen Grundlagen und Annahmen, die der wissenschaftlichen Arbeit nachfolgend zugrunde liegen (Anfara & Mertz 2014, S. 2ff.). Abhängig vom Erkenntnisobjekt erfolgt die grundlegende Einteilung der Wissenschaftstheorie in Formal- und Realwissenschaften, siehe Abbildung 1.1 (Ulrich & Hill 1976, S. 305).

Die *Formalwissenschaften* beinhalten die Entwicklung und Strukturierung von Zeichensystemen, charakterisiert durch die Konzeption spezifischer Zeichen und dessen Anwendung mithilfe von Regelwerken (Carnap 1952, S. 3). Formalwissenschaften haben keinen Realitätsbezug und sind deshalb nur auf ihre logische Wahrheit überprüfbar. Sie liefern Denkformen und Verfahrensregeln, welche dem Erkenntnisgewinn in den Realwissenschaften dienen, die zusätzlich der faktischen Wahrheit entsprechen müssen. Die Realwissenschaften sind unweigerlich auf die Grundlagen und Methoden der Formalwissenschaften angewiesen (Jung 2010, S. 20; Ulrich & Hill 1976, S. 305f.).

Demgegenüber fokussieren die *Realwissenschaften* „[...] die Beschreibung, Erklärung und Gestaltung empirisch wahrnehmbarer Wirklichkeitsausschnitte" (Ulrich & Hill 1976, S. 305). Sie zeichnen sich einerseits durch das theoretische Ziel aus, Wirklichkeitsausschnitte mit der Hilfe von Erklärungsmodellen abzubilden und zu beschreiben. Durch das Erzeugen von Theorien und Hypothesen gilt es, diese zu verifizieren bzw.

zu falsifizieren, was sie zu einem Bestandteil der Grundlagenwissenschaften macht (Ulrich & Hill 1979, S. 163; Ulrich & Hill 1976, S. 305). Andererseits verfolgen sie das praktische Ziel, menschliche Handlungsalternativen zur Gestaltung von technischen und sozialen Systemen zu analysieren, um zukünftige Realitäten mithilfe von Entscheidungsmodellen sowie Entscheidungsprozessen zu entwickeln und zu gestalten (Ulrich & Hill 1979, S. 163). Das macht sie zu einem Bestandteil der Handlungswissenschaften. Beispiele in technischen Disziplinen sind die Ingenieurwissenschaften, im gesellschaftlichen Bereich die Sozialwissenschaften (Ulrich & Hill 1976, S. 305).

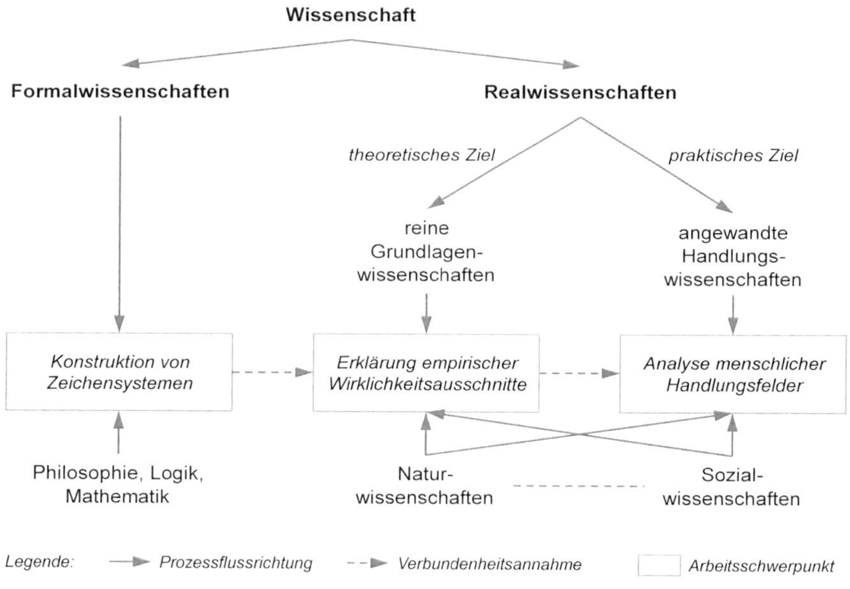

Abbildung 1.1: Wissenschaftssystematik (Ulrich & Hill 1976a, S. 305)

Basierend auf der zuvor formulierten Zielsetzung der Arbeit (vgl. Kap 1.2) ist diese Arbeit den Realwissenschaften zuzuordnen. Die angestrebte Konzeption thematisiert Bereiche aus den Naturwissenschaften, dennoch finden Bereiche der Sozialwissenschaften Einzug. Das praxisrelevante Problem (vgl. Kap. 1.1) wird zunächst mit einem empirischen Wirklichkeitsausschnitt beschrieben und erklärt, wobei dies mithilfe eines Beschreibungsmodells durchgeführt wird (vgl. Kap. 5). Die Lösung erfolgt anschließend durch die Konzeption und Evaluation eines Gestaltungsmodells (vgl. Kap. 6 und 7) (Tomczak 1992, S. 82f.; Ulrich 1981, S. 10ff.).

1.4 Forschungsmethodischer Ansatz

Die Arbeit verfolgt den *forschungsmethodischen Ansatz* nach ULRICH, der sich auf die Prinzipien der angewandten Forschung zu stützt (Ulrich 1981, S. 20). Der Ansatz verzichtet darauf, zu Beginn der Arbeit Hypothesen aufzustellen, die anschließend überprüft werden müssen. Vielmehr zielt der *Forschungsprozess* darauf ab, durch die Erfassung praxisrelevanter Probleme und die Untersuchung des Anwendungszusammenhangs möglicher Lösungen, Wissen zu erlangen und ein Artefakt zu entwickeln. Dieses Artefakt bietet eine konkrete Lösung für ein spezifisches Problem und generiert einen Nutzen für die definierte Zielgruppe (Österle et al. 2010, S. 666f.; Ulrich 1981, S. 20). Als Zielgruppe ist eine Industrie- bzw. Unternehmensorganisation definiert, die von der zuvor beschriebenen Problemstellung tangiert wird (vgl. Kap. 1.1) (Österle et al. 2010, S. 667; Kothari 2004, S. 1ff.).

Die inhaltliche Ausrichtung des Forschungsprozesses ist in Abbildung 1.2 dargestellt. Der für diese Arbeit entwickelte Forschungsprozess orientiert sich an den Richtlinien von ÖSTERLE ET AL. sowie KUBICEK und forciert die iterative Durchführung des Forschungsprozesses (Österle et al. 2010, S. 666ff.; Kubicek 1977, S. 14 ff.). Dieser wird als ein Lernprozess verstanden, der durch theoretische Intentionen geleitet wird und auf systematisch erworbenem Praxiswissen basiert (Honné 2016, S. 5; Kubicek 1997, S. 12f.).

Der wissenschaftliche Forschungsprozess stellt einen iterativen Lernprozess dar (Kubicek 1977, S. 12f.). Das theoretische Verständnis, das aus individuellen Erfahrungen, theoretischem Wissen und der Analyse relevanter Literatur hervorgeht, stellt den aus theoretischen Absichten geleiteten Aspekt dar, siehe Abbildung 1.2. Daraus leiten sich spezifische Fragestellungen an die empirische Realität ab, den Aspekten des systematischen Erfahrungswissens. Die Datenerhebung, bspw. durch Experteninterviews oder die Untersuchung spezifischer Anwendungsfälle, ermöglicht eine Reflexion des Verständnisses der Realität. Dies trägt zur Gewinnung neuer Erkenntnisse bei, die in die Entwicklung und Verfeinerung neuer Modelle einfließen. Diese Modelle werden wiederum durch gezielte Fragen an die Realität weiter ausdifferenziert und verfeinert (Fabry 2014, S. 6; Kubicek 1977, S. 14ff.).

Im Zentrum der Arbeit steht der *heuristische Bezugsrahmen*. Wesentliche Elemente sind die manuelle Montage, das Fehlermanagement sowie das Informationsmanagement und die Interaktion zwischen den Themenschwerpunkten. Die manuelle Montage kann als Teil des Produktionssystems verstanden werden (vgl. Kap. 2.1). Das Produkt als Resultat des Produktionsprozesses fungiert dabei als Bindeglied zwischen Fehlermanagement und manueller Montage. In diesem Kontext spielt das Informationsmanagement eine entscheidende Rolle, da es die Kommunikation und den Datenfluss zwischen diesen beiden Bereichen optimiert (vgl. Kap. 2.3). Durch die effiziente Erfassung, Verarbeitung und Bereitstellung von Informationen unterstützt das Informationsmanagement das Fehlermanagement bei der Identifizierung und Behebung von Fehlern sowie die manuelle Montage bei der Anpassung und Verbesserung der Prozesse.

Das Fehlermanagement fokussiert die Analyse fehlerhafter Produkte, identifiziert deren Ursachen und implementiert Korrekturmaßnahmen (vgl. Kap. 2.2). Sowohl die manuelle Montage als auch das Fehlermanagement streben nach Zielen, die teils übereinstimmen, teils spezifisch sind, wobei die Zielerreichung durch eine ausgeprägte Dynamik gekennzeichnet ist. Der zugrundeliegende Bezugsrahmen lässt sich als ein komplexes System interpretieren (Glöckner 2020, S. 6f.). Insbesondere aus der Perspektive der Montagemitarbeiter und der Softwaresysteme zur Entscheidungsunterstützung, die maßgeblich die Dynamik der Arbeitsabläufe beeinflussen, ergibt sich ein detaillierteres Verständnis der Prozesskomplexität. Dies reflektiert den Determinismus, der innerhalb der Organisation zwischen Technologie und Mensch herrscht (Ulich 1997, S. 9f.). Während die physischen Ressourcen in den Montageprozessen berücksichtigt werden, erfolgt keine Detailanalyse der technischen Spezifikationen dieser Komponenten. Die Forschung konzentriert sich stattdessen auf das Zusammenspiel organisatorischer Elemente und den daraus resultierenden deterministischen Mustern. Der gewählte forschungsmethodische Ansatz ermöglicht es, die subjektiven Verzerrungen der Realwissenschaften zu minimieren und zur Objektivierung der gewonnenen Erkenntnisse beizutragen (Ulrich & Hill 1976, S. 306).

Abbildung 1.2: Forschungsprozess (i. A. a. Fabry 2014, S. 5; Kubicek 1977, S. 14)

Die Abbildung 1.2 illustriert den iterativ durchzuführenden Forschungsprozess, der Anwendung auf den Auftragsabwicklungsprozess in der Produktion findet, siehe Abbildung 1.3 (vgl. Kap. 2.1.4). Der Untersuchungsbereich reicht von der manuellen Montage bis zur Produktabnahme und schließt die Qualitätssicherung und den Prüfstand mit ein. Der iterative Ansatz des Regelkreises wird durch den Rückfluss der Fehleranalyse und -rückführung in den Auftragsabwicklungsprozess verdeutlicht, was ein kontinuierliches Lernen und eine stetige Optimierung der Produktionsprozesse ermöglichen (vgl. Kap. 2.2.6). Dieser Untersuchungsbereich dient nicht nur als strukturiertes Modell für die Untersuchung, sondern auch als Leitfaden für die Zielgruppe, um die Implementierung von Verbesserungen methodisch zu unterstützen (vgl. Kap. 5.1.2).

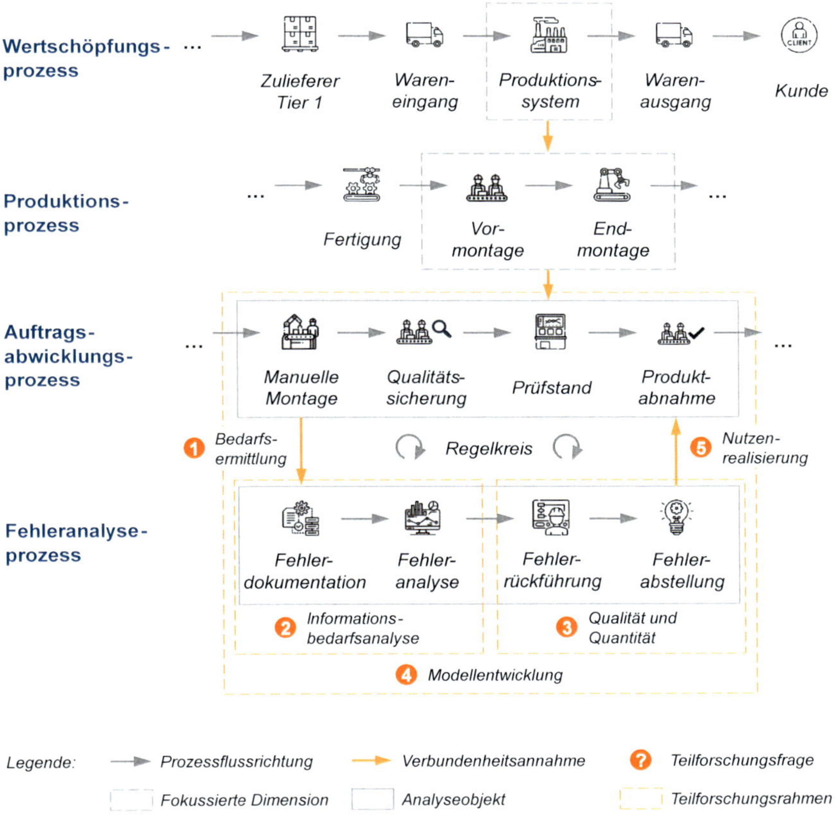

Abbildung 1.3: Relevanter Untersuchungsbereich in der Produktion für die Modellentwicklung

1.5 Aufbau der Arbeit

Der Aufbau der Arbeit entspricht der strukturellen Ausrichtung des Forschungsprozesses (Ulrich 1981, S. 19ff.). Dabei ist die Arbeit in acht Kapitel unterteilt, die den Spannungsbogen des Forschungsprozesses abbilden, siehe Abbildung 1.4. Eine abgegrenzte Einordnung in eine deduktive oder induktive Vorgangsweise ist nicht möglich. Der praxisrelevante Bezug findet dabei an mehreren Stellen des Forschungsprozesses Berücksichtigung (Lehner et al. 2008, S. 22; Ulrich 1985, S. 3ff.).

Abbildung 1.4: Aufbau der Arbeit (i. A. a. Ulrich 1981, S. 20)

Das *erste Kapitel* fungiert als Einführung in den Themenbereich. Es beschreibt die Ausgangssituation und Problemstellung seitens Forschung und Industrie und leitet daraus die Zielsetzung der Arbeit sowie die wissenschaftliche Forschungsfrage ab. Darüber hinaus definiert es den wissenschaftlichen Bezugsrahmen und den gewählten forschungsmethodischen Ansatz. Im Anschluss erfolgt die Erläuterung des Aufbaus der Arbeit.

Im *zweiten Kapitel* werden die theoretischen Grundlagen des betrachteten Untersuchungsbereichs erörtert. Es legt zunächst die definitorischen und terminologischen Rahmenbedingungen fest, auf deren Grundlage anschließend der Forschungsbereich präziser eingegrenzt wird. Hierzu erfolgt eine Einordnung der manuellen Montage in die Grundlagen der allgemeinen Produktionstheorie. Weiterhin werden Begrifflichkeiten, prozessuale Mechanismen und Ziele des Fehlermanagements beschrieben. Anschließend wird das Informationsmanagement in der Produktion definiert. Abschließend folgt die Erläuterung der Relevanz von Datenanalysen zur Entscheidungsunterstützung.

Eine detaillierte Analyse des aktuellen Stands der Forschung und Industrie bezüglich des definierten Untersuchungsbereichs erfolgt im *dritten Kapitel*. Es umfasst die Ergebnisse einer systematischen Literaturrecherche und einer durchgeführten Industriestudie. Basierend auf diesen Erkenntnissen wird eine Spezifizierung des weiteren Forschungsbedarfs durchgeführt.

Das *vierte Kapitel* widmet sich der Konzeption der Vorgehensweise und fokussiert sich auf die systematische Herleitung der zu entwickelnden Modelle. Die Vorgehensweise wird dabei detailliert und unter Berücksichtigung der spezifischen Bedürfnisse aus Forschung und Industrie konkretisiert. Ein Zwischenfazit fasst die kritischen Entscheidungen und deren Implikationen für die weiteren Forschungsschritte zusammen.

Im *fünften Kapitel* folgt die Entwicklung des Beschreibungsmodells in Form eines Informationsmodells, das die relevanten Elemente (Rollen und Aktivitäten) und Beziehungen (Informationsflüsse) aus einer empirisch-induktiven Perspektive heraus definiert. Dieser Modellierungsprozess erfolgt in einem iterativen Verfahren und ist eng mit den weiteren Schritten der Modellentwicklung verknüpft. Die systematische Informationsbedarfsanalyse inklusive der verschiedenen Dimensionen des Informationsbedarfs, -angebots und der -nachfrage bildet den Kern dieses Kapitels, und die Ergebnisse werden in einem funktionalen Informationsmodell zusammengeführt. Ein abschließendes Zwischenfazit reflektiert die Erkenntnisse.

Die Entwicklung des Gestaltungsmodells in Form eines Datenmodells prägt das *sechste Kapitel*. Basierend auf dem zuvor definierten Beschreibungsmodell werden die Gestaltungsmodule systematisch hergeleitet und detailliert beschrieben. Das Kapitel bietet zudem einen umfassenden Überblick über die Wechselwirkungen zwischen diesen Modulen. Die analytisch-deduktive Perspektive fördert dabei eine iterative Auseinandersetzung mit der Entwicklung des Beschreibungsmodells, um so eine robuste und kohärente Modellstruktur des Zielmodells zu gewährleisten. Ein Zwischenfazit zum konzeptionellen Datenmodell schließt das Kapitel ab.

Im *siebten Kapitel* findet die Anwendung des Gestaltungsmodells statt. Im Rahmen des Forschungsprojekts *value chAIn* wird das Modell an zwei Fallbeispielen angewendet, die anschließend evaluiert und in einem Zwischenfazit zusammengefasst werden.

Das *achte Kapitel* dient der Reflexion der in dieser Arbeit gewonnenen Erkenntnisse. Es umfasst neben einer Zusammenfassung der Inhalte auch eine Aufführung zu berücksichtigender Limitationen. Abschließend folgt ein Ausblick für potenziell zukünftige Forschungsaktivitäten.

2 Terminologie und Untersuchungsbereich der Arbeit

Dieses Kapitel definiert eine eindeutige Terminologie. Die Beschreibung des Untersuchungsbereichs grenzt die Arbeit zu verwandten Disziplinen und Forschungsbereichen ab, indem es relevante Inhalte umfasst und in Beziehung zueinander setzt.

Zunächst erfolgt in Kapitel 2.1 die Einführung in die Grundlagen der allgemeinen Produktionstheorie. Darauf aufbauend grenzt Kapitel 2.2 die Rolle des Fehlermanagements in Produktionssystemen ein. Auf dieser Basis werden in Kapitel 2.3 relevante Begriffe zum Informations- und Datenmanagement in der Produktion eingeführt. Anschließend erläutert das Kapitel 2.4 die Relevanz der Entscheidungsunterstützung mithilfe von Datenanalysen in der Produktion. Das Kapitel 2.5 schließt den Ordnungsrahmen der Arbeit mit einer Präzisierung und Eingrenzung des Untersuchungsbereichs ab.

2.1 Grundlagen der allgemeinen Produktionstheorie

Das nachfolgende Kapitel 2.1.1 erläutert zunächst Produktionssysteme auf Grundlage der Produktionstheorie und grenzt diese von anderen Begriffen ab. Weiterhin beschreibt es die Montage als Subsystem des Produktionssystems (vgl. Kap. 2.1.2) sowie die Funktionen der Montage (vgl. Kap. 2.1.3). Abschließend verschafft das Kapitel 2.1.4 ein Gesamtverständnis für Montageformen und grenzt den Untersuchungsbereich auf die Montageprozesse entsprechend der Arbeit ein.

2.1.1 Produktionssystem

Ein *Produktionssystem* ist ein System, das aus einer Kombination von Produktionsfaktoren besteht, die durch einen Transformationsprozess miteinander verbunden sind und einen Output erzeugen. Diese Definition kann aus der *allgemeinen Produktionstheorie* nach DANGELMAIER und DYCKHOFF abgeleitet werden, welche besagt, dass die Produktion die Erzeugung von Gütern durch die Kombination von Produktionsfaktoren ist, um Wertschöpfung zu erzielen (Dangelmaier 2017, S. 63ff.; Dyckhoff 2006, S. 3ff.). Die Gesamtheit der produktiven Tätigkeiten entlang des Transformationsprozesses ist als *Wertschöpfungskette* definiert (Lange & Surdyk 2018, S. 11).

Wie in Abbildung 2.1 dargestellt, bildet ein Produktionssystem dabei ein System aus Umfeld und Umwelt sowie Innenstruktur, welches als Leistung zu erbringendes Subsystem des ökonomischen Systems beschrieben werden kann (Dyckhoff 2006, S. 4). Innerhalb des Systems sind *Produktionsfaktoren* in die vier Kategorien Mensch, Betriebsmittel, Material und Information unterteilt (Kellner et al. 2022, S. 31). Die Kombination dieser Faktoren erfolgt durch den *Transformationsprozess*, der aus der Beschaffung, Transformation und der Verwertung von Produktionsfaktoren besteht.

Durch den Transformationsprozess (Leistungserbringung) wird der Output generiert, welcher als das Ergebnis der Produktion betrachtet wird. Der Output kann entweder ein physisches Gut oder eine Dienstleistung sein (Kellner et al. 2022, S. 3).

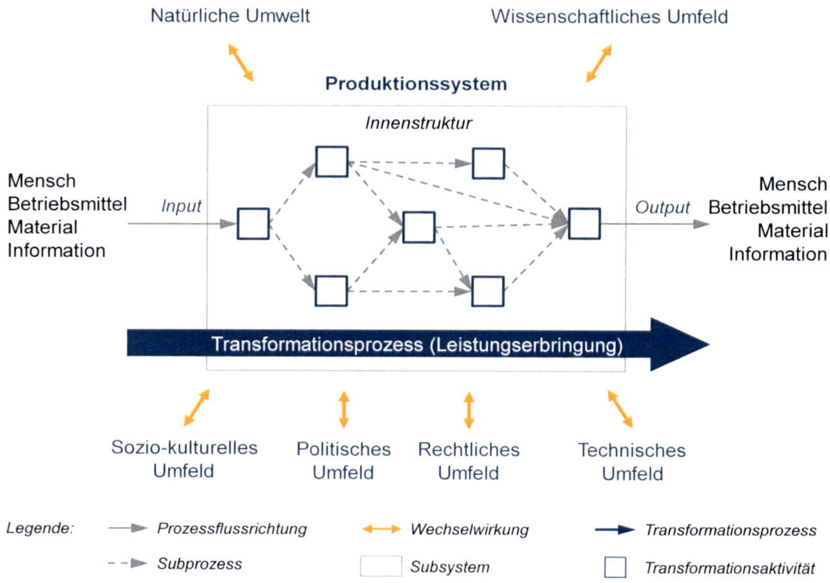

Abbildung 2.1: Produktionssystem (i. A. a. Dyckhoff 2006, S. 5)

Die Produktionstheorie beschäftigt sich weiterhin mit der Analyse der Produktionsstruktur und ihren Auswirkungen auf die Ausbringungsmenge (Schuh et al. 2011, S. 107f.). Die Effizienz des Produktionssystems hängt von zahlreichen Interdependenzen zwischen den Produktionsfaktoren ab (Dyckhoff & Spengler 2010, S.115f.). Positive Interdependenzen können durch Skalen- oder Verbundeffekte entstehen, während negative Interdependenzen durch sinkende Grenzerträge hervorgerufen werden (Farrell 1957, S. 253ff.). Das Ziel ist es, die Effizienz und Effektivität des Produktionssystems zu steigern, indem Produktionsprozesse optimiert und Kosten minimiert werden (Langlotz & Aurich 2019, S. 573; Bilge et al. 2015, S. 75). Daraus resultierend ist die Produktionstheorie ein wichtiges Instrument für das Produktionsmanagement, um eine effiziente Produktion zu gewährleisten. Dabei kann die Produktionstheorie genutzt werden, um Handlungsempfehlungen für das Produktionsmanagement abzuleiten, die bei Veränderungen oder Störungen im Produktionssystem angewendet werden können (Dyckhoff 2006, S. 9ff.).

Im Vordergrund der Arbeit steht insbesondere die Produktion von Sachgütern durch industrielle Unternehmen. In einem Produktionsprozess findet bei diesen die Bearbeitung, Verarbeitung und Umwandlung von Produktionsfaktoren statt.

2.1.2 Montage als Subsystem des Produktionssystems

Wie in Kapitel 2.1.1 beschrieben, kann ein Produktionssystem in unterschiedliche Subsysteme unterteilt werden. Zu den wertschöpfenden Subsystemen zählen die Fertigung, Montage, Logistik und Prozesstechnik (Grundig 2021, S. 32; Schenk et al. 2014, S. 49). Im industriellen Kontext hergestellte Produkte bestehen typischerweise aus einer Vielzahl einzelner Komponenten, die zu verschiedenen Zeitpunkten und unter Verwendung unterschiedlicher Fertigungsverfahren produziert werden. Die *Montage* verantwortet laut WARNECKE ET AL. die Gesamtheit aller Vorgänge, die dem Zusammenfügen von geometrisch bestimmten Körpern innerhalb eines festgelegten Zeitraums dienen. Dabei kann zusätzlich formloser Stoff zur Anwendung kommen (Seliger 2018, S. 1503; Warnecke et al. 1975). Aus der Definition von WARNECKE ET AL. leitet LOTTER ab, dass seit dem Beginn der industriellen Produktion von der Montage als ein eigenständiger Produktionsabschnitt gesprochen werden kann (Lotter 2012, S. 1).

In Abbildung 2.2 ist die Verortung der Montage zwischen Markt, Entwicklung, Konstruktion und Fertigung dargestellt. Die Montage nimmt an der Schnittstelle zwischen Entwicklung und Konstruktion eine entscheidende Rolle im Herstellungsprozess ein und fungiert als logistischer Orientierungspunkt innerhalb der Produktion. In der Montage erfolgt eine koordinierte Zusammenarbeit der produktiven Faktoren, sowohl in technologischer als auch in ablaufbezogener Hinsicht. Die Funktionsfähigkeit der Produkte zeigt sich insbesondere im montagetechnischen Bereich. Im organisatorischen Bereich stellt die Montage die Flexibilität der Produktion hinsichtlich Schwankungen in der Marktnachfrage unter Beweis. Durch eine geeignete Produktgestaltung und Betriebsmittelplanung in der Montage lassen sich erhebliche Potenziale zur Rationalisierung erschließen (Seliger 2018, S. 1505).

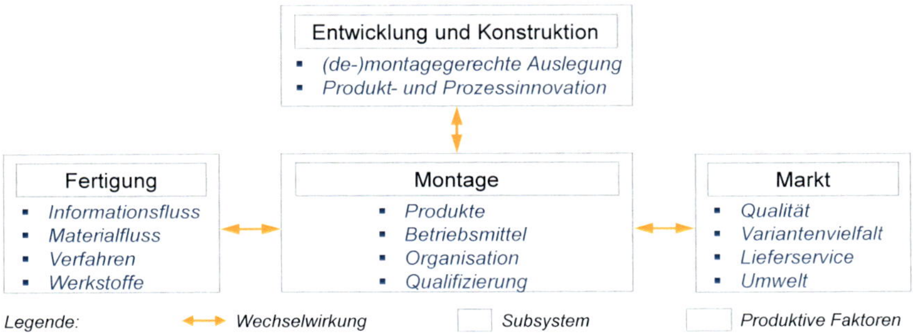

Abbildung 2.2: Verortung der Montage in industriellen Kontext (i. A. a. Seliger 2018, S. 1505)

2.1.3 Funktionen der Montage

Die *Hauptfunktion* der Montage besteht in der Leistungserbringung des Fügens, einem Fertigungsverfahren, das den wesentlichen Prozess der Verbindungsherstellung zwischen mehreren Teilen ermöglicht (DIN 8593-0:2003-09; Lotter 2012, S. 2). Wie in Abbildung 2.3 zusammengefasst, ist es gemäß DIN 8580 in neun Untergruppen unterteilt (DIN 8580:2022-12). Das Fügen ist jedoch nicht mit dem Montieren gleichzusetzen, da das Montieren zwar unter Anwendung von Fügeverfahren durchgeführt wird, es jedoch die *Nebenfunktionen* Handhaben, Kontrollieren, Justieren und Sonderoperationen mit einschließt (Hinrichsen & Bornewasser 2020, S. 6; Seliger 2018, S. 1503). Das Handhaben beinhaltet das Schaffen, Verändern oder temporäre Aufrechterhalten einer räumlichen Anordnung von Körpern. Das Justieren umfasst Tätigkeiten zur Ausgleichung fertigungsbedingter Abweichungen, um geforderte Funktionen, Genauigkeiten und Eigenschaften innerhalb vorgegebener Grenzen zu erreichen. Kontrollieren beinhaltet Messen und Prüfen, um Eigenschaften und Zustände festzustellen. Sonderoperationen umfassen spezifische Tätigkeiten, die keiner der genannten Funktionen eindeutig zugeordnet sind, dennoch als integraler Bestandteil der Montage gelten.

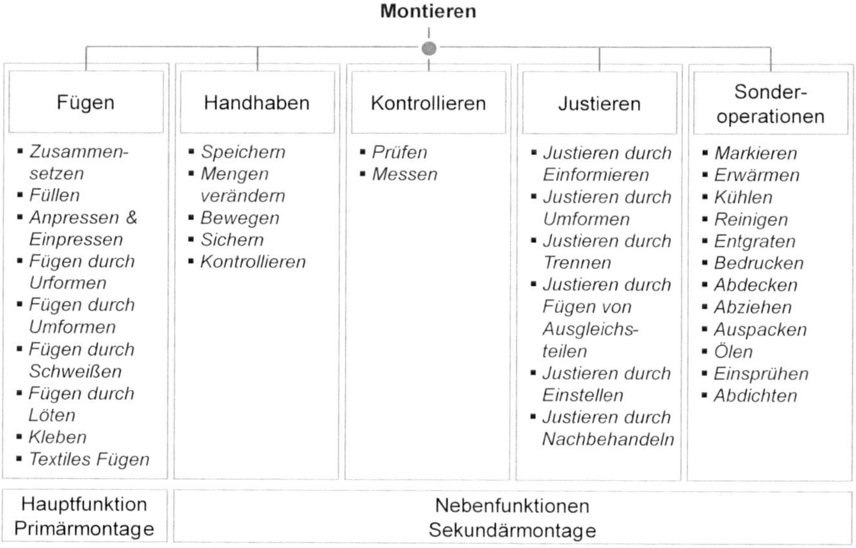

Abbildung 2.3: Funktionen der Montage (i. A. a. Lotter 2012, S. 2)

2.1.4 Montageformen und Merkmale in Montageprozessen

Die *Montageform* umfasst die zeitliche und räumliche Organisation der Montageprozesse. Die zeitliche Organisation beschreibt die Art, das Niveau und den Verlauf des zeitlichen Durchlaufs der Montageaufträge im Rahmen des gesamten Produktionsprozesses. Die räumliche Organisation charakterisiert die räumliche Anordnung der Betriebsmittel und Arbeitsplätze innerhalb der Montagebereiche. Diese Anordnung erfolgt in Abhängigkeit von deren Zuordnung zum Materialfluss und hat einen direkten Einfluss auf die Effizienz des Montageprozesses (Burggräf et al. 2021, S. 150; Grundig 2018, S. 142f.). In der Literatur lassen sich verschiedene Montageformen identifizieren, die den Ablauf und die Anordnung der Montageprozesse bestimmen (Grundig 2021, S. 137). Wie in Abbildung 2.4 dargestellt, unterteilen sich Montageformen in stationäre und gleitende Montageformen. Stationäre Montageformen zeichnen sich dadurch aus, dass die Montageobjekte stationär und die Montagearbeitsplätze des Anordnungsprinzips entweder stationär oder beweglich sind. Bei dieser Form findet kein Materialfluss in Form einer festgelegten Stationsfolge statt. Die Montageobjekte werden entweder an einem festen Montageort oder an verschiedenen Stationen montiert. Im Gegensatz dazu zeichnen sich gleitende Montageformen durch einen vorwärts gerichteten Materialfluss aus. Die Montageobjekte bewegen sich entlang einer festgelegten Stationsfolge, während die Montagearbeitsplätze an den Fluss der Montageobjekte gebunden sind. Die Wahl zwischen stationären und gleitenden Montageformen beeinflusst den Materialfluss und die Übersichtlichkeit des Prozessablaufs (Grundig 2021, S. 137f.; Wiendahl & Wiendahl 2019, S. 53f.).

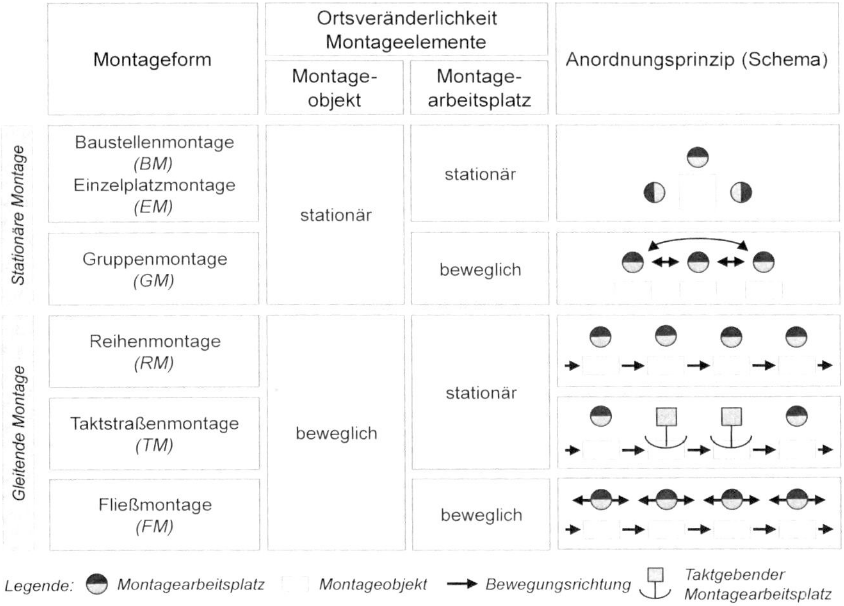

Abbildung 2.4: Montageformen und Montageprozesse (i. A. a. Grundig 2021, S. 138)

Montageprozesse sind definiert als der Zusammenbau von Einzelteilen und Baugruppen zu Zwischen- und Endprodukten (Grundig 2021, S. 137). Dabei konzentriert sich der Montageprozess auf die Nutzung der Produktionsfaktoren Mensch, Betriebsmittel, Material und Information (vgl. Kap. 2.1.1). Montageprozesse weisen neben den Montageformen weitere Merkmale auf. Sie haben einen erheblichen Einfluss auf die Wertschöpfung und stellen die finale Phase der Produkterstellung dar (Schuh et al. 2012, S. 340). Das Hauptziel eines Montageprozesses besteht darin, ein Optimum aus Kosten, Zeit, Qualität und Flexibilität zu erreichen (Wildemann 2010, S. 319). Daher werden Montageprozesse in zwei Arten unterteilt. Die Primärmontage umfasst alle Arbeitsoperationen des Fügens, die der Wertschöpfung eines Produktes dienen, also das Montageobjekt physisch verändern. Die Sekundärmontage beinhaltet alle Hilfsoperationen, die den Montagevorgang unterstützen, aber nicht grundsätzlich erforderlich sind. Hierzu zählen das Handhaben, Kontrollieren, Justieren und Sonderoperationen, siehe Abbildung 2.3 (Schmidt 2022, S. 35f.; Lotter 2012, S. 3).

Die wesentlichen Funktionen von Montageprozessen bestehen im Zusammenbau und Fügen von Einzelteilen und Baugruppen zu Zwischen- und Endprodukten (vgl. Kap. 2.1.3). Zusätzlich werden Prüf-, Justier- und Qualitätssicherungsprozesse in den Montageprozess integriert, um eine hohe Produktqualität sicherzustellen (Grundig 2021, S. 137). Die Qualität des Montageprozesses hängt maßgeblich von Mitarbeitern und ihrer Qualifikation ab. Daher ist der Einfluss von qualifizierten Mitarbeitern, um einen effektiven und effizienten Montageprozess zu gewährleisten, besonders hoch (Bendzioch et al. 2020, S. 117; Seliger 2018, S. 1505).

Die vorliegende Arbeit konzentriert sich gemäß der FLF insbesondere auf die objektbezogene Arbeit während des Montageprozesses. Von Relevanz für das Fehlermanagement (vgl. Kap. 2.2) ist der Untersuchungsbereich der Sekundärmontage. Dabei wird speziell die Rolle qualifizierter Mitarbeiter bei der Montage eines Produkts untersucht.

2.2 Fehlermanagement in Produktionssystemen

Das Kapitel 2.2 behandelt das Thema Fehlermanagement und definiert relevante Begriffe des Untersuchungsbereichs. Die Definition und Abgrenzung eines Fehlers erfolgt in Kapitel 2.2.1. Die Kapitel 2.2.2 und 2.2.3 widmen sich dem Fehlermanagement und dessen Zielen. Darauf aufbauend erörtert das Kapitel 2.2.4 den Fehlermanagementprozess als systematischen Ansatz zur Fehlerbewältigung und zur Verbesserung der Produktionsprozesse. Die Kapitel 2.2.5 und 2.2.6 konkretisieren den Untersuchungsbereich der Arbeit, indem sie die Relevanz von Ursache-Wirkungs-Zusammenhängen und Regelreisen erläutern.

2.2.1 Definition des Fehlers

Für den Begriff des Fehlers existieren zahlreiche Definitionen in der Wissenschaft, die häufig auf einzelne Anwendungsbereiche spezifiziert sind. Ein einheitliches, disziplinenübergreifendes Begriffsverständnis konnte sich in der Wissenschaft bisher nicht durchsetzen (Glöckner 2020, S. 48ff.; Laschet 1995, S. 24).

Die Arbeit legt den Fokus auf das ingenieurwissenschaftliche Umfeld. Die DIN EN ISO 9000 definiert den *Fehler* als „Nichterfüllung einer Anforderung" (DIN EN ISO 9000:2015-11, S. 40), wobei die Anforderung als „Erfordernis oder Erwartung, das oder die festgelegt, üblicherweise vorausgesetzt oder verpflichtend ist" betrachtet wird (DIN EN ISO 9000:2015-11, S. 39). Innerhalb der Norm bleibt der Fehlerbegriff ungenau definiert, wodurch er sich gleichermaßen auf das Resultat von Prozessen und Tätigkeiten, seien es materielle oder immaterielle Produkte, oder auf die Tätigkeit sowie den Prozess selbst beziehen kann (Schlegel 2022, S.23; Orendi 1993, S. 9). SCHÄUFFELE & ZURAWKA definieren den Begriff weiterhin als unzulässige Abweichung eines Merkmals einer Betrachtungseinheit von einem vordefinierten Sollzustand, geltenden Regeln oder einem angestrebten Ziel. Der Fehler wird dabei als ein Zustand angesehen (Schäuffele & Zurawka 2010, S. 97).

Das Begriffsverständnis zielt im Kontext der eigenen Arbeit auf Produktfehler in der industriellen Produktion ab. Dies beschränkt sich auf spezifizierte Anforderungen, die interne und externe Interessensgruppen als Anforderungsgeber an die Eigenschaften eines materiellen Erzeugnisses (End- oder Zwischenprodukt) stellen. Zu den relevanten Interessengruppen zählen Kunden und Prozessverantwortliche, welche Anforderungen in Bezug auf die Einhaltung technischer Spezifikationen, die beabsichtigte Nutzung, das gewünschte Erscheinungsbild sowie die weitere Verarbeitbarkeit innerhalb der Produktion formulieren können. Der geforderte Output des Transformationsprozesses ist dabei als physisches Produkt definiert (vgl. Kap. 2.1.1). Es ist zu beachten, dass ein Prozessfehler nur dann relevant für den Untersuchungsbereich ist, wenn dieser tatsächlich zu Fehlern am Produkt führt.

In der Wissenschaft werden weitere Begriffe wie bspw. Mangel, Abweichung oder Störung fälschlicherweise als Synonym eines Fehlers verwendet (Glöckner 2020, S.49). Aus diesem Grund findet nachfolgend eine Abgrenzung der Begriffe statt, wie in Abbildung 2.5 zusammengefasst.

Ein *Mangel* ist definiert als eine „Nichtkonformität in Bezug auf einen beabsichtigten oder festgelegten Gebrauch" (DIN EN ISO 9000:2015-11, S. 40). Er stellt eine Auswirkung und somit eine spezielle Form des Fehlers dar, welcher die Gebrauchsfähigkeit des End- oder Zwischenproduktes für den Kunden beeinträchtigt. Daher repräsentiert nicht jeder Fehler gleichzeitig einen Mangel, dennoch ist ein Mangel in jeder Situation stets als ein Fehler anzusehen (Glöckner 2020, S. 54).

Der Begriff der *Abweichung* manifestiert sich als „Unterschied zwischen einem Merkmalswert oder einem dem Merkmal zugeordneten Wert und dem betreffenden Bezugswert" (DIN 55350:2021-10, S. 20). Bereits geringfügige Abweichungen von dem festgelegten Bezugswert entsprechen dem internen Verständnis von Fehlern als Indikatoren für potenzielle Unzulänglichkeiten (Schröder 2016, S. 11).

Eine *Störung* beschreibt im Qualitätsmanagement eine „fehlende, fehlerhafte oder unvollständige Erfüllung einer geforderten Funktion durch die Einheit" (DIN 40041:1990-12, S. 3). Gleichzeitig ist sie in der Instandhaltung definiert als „Zustand eines Objekts, bei dem eine geforderte Funktion aus irgendeinem Grund nicht erfüllt werden kann" (DIN EN 13306:2018-02, S. 33).

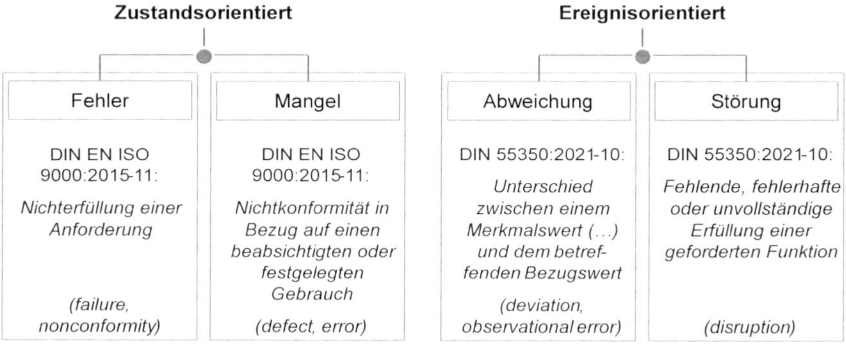

Abbildung 2.5: Definition und Abgrenzung des Fehlerbegriffs

2.2.2 Fehlermanagement

Für die Steigerung der Unternehmensleistung ist die Reduzierung jeglicher Fehler im Gesamtsystem ein essenzielles Ziel (Tuertmann et al. 2016, S. 886). Der Begriff des *Fehlermanagements* umfasst sämtliche Aufgaben, die darauf abzielen, auftretende Fehler innerhalb des Unternehmens oder in Verbindung mit dem Kundenservice zu identifizieren, zu korrigieren und Maßnahmen zur nachhaltigen Fehlerprävention zu implementieren (Linß & Linß 2023, S. 273f.; Linder et al. 2014, S. 866). Derartige Fehler können sowohl intern, innerhalb der Unternehmensabläufe (internes Fehlermanagement), als auch extern, bei Kunden oder im Servicebereich, auftreten (externes Fehlermanagement) (Pfeifer 1997, S. 7; Pfeifer et al. 1997, S. 513; Beaujean 2011, S. 72).

Das *interne Fehlermanagement* umfasst die systematische Erfassung, Analyse und Behebung von Fehlern an Produkten, die während der verschiedenen Phasen der Produktentwicklung innerhalb des Unternehmens aufkommen. In diesem Rahmen werden präventive Maßnahmen ergriffen, um Fehler frühzeitig zu erkennen und in den frühen Stadien des Produktlebenszyklus zu beseitigen. Diese Maßnahmen sind integrale Bestandteile des Fehlermanagementprozesses (vgl. Kap. 2.2.4) (Schröder 2016, S. 14).

Das *externe Fehlermanagement* hingegen konzentriert sich auf die Schritte zur Erfassung, Analyse und Behebung von Fehlern, die während der Nutzungsphase eines Produkts auftreten können. Hierbei werden Kundenrückmeldungen berücksichtigt, auftretende Fehler während der Produktanwendung erfasst und entsprechende Fehlerbehebungsmaßnahmen ergriffen (Linß 2018, S. 503; Pfeifer et al. 1997, S. 513f.).

Hinsichtlich des zeitlichen Ablaufs lassen sich die vorhandenen Ansätze zur Fehlerbewältigung entlang der Wertschöpfungskette in präventives und reaktives Fehlermanagement unterteilen (Frese 1991, S. 776). Das *präventive Fehlermanagement* umfasst alle Aktivitäten und Methoden, die darauf abzielen, die Entstehung von Fehlern von vornherein zu verhindern. Im Gegensatz dazu wird das *reaktive Fehlermanagement* erst angewandt, wenn eine Fehlervermeidung nicht mehr möglich ist und der Fehler bereits aufgetreten ist (Exner 2019, S. 10; Ellouze 2010, S. 56).

Diese Arbeit konzentriert sich auf die Strukturierung und Analyse des reaktiven Fehlermanagements im Kontext der Produktion. Im weiteren Verlauf der Arbeit werden auch Aspekte des präventiven Fehlermanagements berücksichtigt. Dabei wird verdeutlicht, wie das erlangte Wissen aus behobenen Fehlern genutzt werden kann, um zukünftige Fehler zu vermeiden.

In diesem Kontext beziehen sich aufeinander abgestimmte Aktivitäten auf die Führung und Steuerung einer Organisation, um Fehler zu vermeiden, zu erkennen, zu analysieren, zu beheben und auszugleichen, einschließlich ihrer Ursachen und Auswirkungen (Glöckner 2020, S. 59). Diese Aktivitäten führen zur Ausbildung von Fehlermanagementprozessen (vgl. Kap. 2.2.4).

2.2.3 Ziele des Fehlermanagements

Das Fehlermanagement verfolgt eine Reihe von Zielen. Ein wesentliches Ziel besteht darin, Fehler frühzeitig zu erkennen, zu erfassen und zu kommunizieren, um angemessene Maßnahmen zur Schadensminimierung ergreifen zu können (Ellouze 2010, S. 10; Pfeifer et al. 1996, S. 100). Eine frühestmögliche Identifizierung von Fehlern ermöglicht es, umgehend geeignete Maßnahmen einzuleiten, um potenzielle Auswirkungen auf das Produktionssystem oder den Produktlebenszyklus zu reduzieren (Glöckner 2020, S. 59; Weisweiler et al. 2007, S. 445).

Ein zentraler Aspekt des Fehlermanagements und weiteres Ziel besteht in dem Verständnis der Fehlerursachen (vgl. Kap. 2.2.5). Eine eingehende Untersuchung und Analyse der zugrunde liegenden Ursachen ermöglicht es, geeignete Maßnahmen zur nachhaltigen Fehlerbeseitigung zu ergreifen (Schröder 2016, S. 146; Tuertmann et al. 2016, S. 888). Durch systematische Fehlerursachenanalysen können Präventionsmaßnahmen entwickelt werden, um ähnliche Fehler zukünftig zu vermeiden und die Qualität und Zuverlässigkeit der Produktion langfristig zu verbessern (Winz 2023, S. 28; Schmitt & Pfeifer 2015, S. 3).

Die Vermeidung von (Wiederhol-)Fehlern über Produktgruppen hinweg zählt ebenfalls zu den Zielen des Fehlermanagements (Beaujean 2011, S. 149). Dies bedeutet, dass nicht nur isolierte Fehler betrachtet, sondern auch Muster oder Trends von Fehlern identifiziert werden, die potenziell mehrere Produkte oder Prozesse betreffen (Hofmann et al. 2023, S. 21; Schmitt 2015, S. 89f.). Durch die Vermeidung von (Wiederhol-) Fehlern kann die Effizienz gesteigert und die Kundenzufriedenheit erhöht werden (Glöckner 2020, S. 2; Deckert et al. 2015, S. 81).

Ein weiteres Ziel des Fehlermanagements besteht darin, negative Fehlerfolgen zu vermeiden bzw. einzudämmen und diese schnellstmöglich zu beheben (Pfeifer et al. 1996, S. 97ff.). Dies erfordert die Implementierung effektiver Prozesse und Verfahren zur schnellen Fehlerkorrektur, um potenzielle Schäden oder negative Auswirkungen auf das Produktionssystem oder den Produktlebenszyklus zu minimieren (Exner 2019, S. 3f.; Rüßmann et al. 2019, S. 277; Tuertmann et al. 2017, S. 1045f.).

Im weiteren Verlauf der Arbeit werden die Ziele der Fehleranalyse und Prävention berücksichtigt. Durch das Lernen aus Fehlern und der Prävention zukünftiger Fehler kann die Qualität und Effizienz der Produktion kontinuierlich verbessert werden.

2.2.4 Fehlermanagementprozess

In der Forschung und Industrie existieren eine Vielzahl von unterschiedlichen Ansätzen zur Behandlung von Fehlern in Produktionssystemen (Glöckner 2020, S. 63; Tuertmann et al. 2016, S. 886f.). Laut RÜßMANN ET AL. und GLÖCKNER lassen sich Fehlermanagementprozesse im Produktionskontext grundsätzlich den Prozessphasen in Abbildung 2.6 zuteilen, wohlbemerkt, dass unterschiedliche Ansätze unterschiedlich ausgeprägte Detaillierungsgrade einzelner Phasen besitzen können (Rüßmann et al. 2020, S. 4ff.; Glöckner 2020, S. 75f.).

Im Rahmen des *Fehlermanagementprozesses* werden aufeinander abgestimmte Phasen durchlaufen, um sicherzustellen, dass entdeckte Fehler erkannt und effizient behoben werden, siehe Abbildung 2.6. Gemäß den formulierten Zielen des Fehlermanagements (vgl. Kap. 2.2.6) sind aufgetretene und entdeckte Fehler durch Maßnahmen zur Abstellung nachhaltig zu beseitigen (Exner et al. 2020, S. 1227).

Die erste Phase umfasst die *Fehlerentdeckung*. Das Erkennen von Abweichungen zwischen Ist- und erwartetem Soll-Zustand ist entscheidend für die Einleitung des Fehlermanagementprozesses, da dadurch überhaupt erst weitergehende Analysen und korrektive Maßnahmen angestoßen werden können (Beckschulte et al. 2022a, S. 577; Glöckner 2020, S. 76).

Nachdem ein Fehler identifiziert wurde, erfolgt die *Fehlererfassung und -bewertung*, in der erkannte Fehler quantifiziert und qualifiziert werden (Beckschulte et al. 2022a, S. 578; Frese 1991, S. 779). Die Erfassung umfasst die Dokumentation der Einzelheiten des Fehlers, den Kontext und alle unmittelbar abzuschätzenden Auswirkungen. Die Bewertung zielt darauf ab, den Schweregrad und die potenziellen Implikationen des Fehlers zu bewerten, um nachfolgende Sofortmaßnahmen einzuführen und zu priorisieren (Beckschulte et al. 2022a, S. 578; Beckschulte et al. 2021, S. 190f.).

Die dritte Phase beinhaltet die *Ursachenanalyse*. Dazu zählt die Analyse und Identifizierung der zugrundeliegenden Ursache(n) und Wirkzusammenhänge des Fehlers (vgl. Kap. 2.2.5). Verschiedene analytische und statistische Methoden (vgl. Kap. 2.4.3) kommen zum Einsatz, um die Ursache zu ermitteln, was für die Entwicklung wirksamer Fehlerabstellmaßnahmen essenziell ist (Beckschulte et al. 2022b, S. 2; Glöckner 2020, S. 76).

Sobald eine mögliche Ursache identifiziert ist, ist es notwendig, die *Ursache zu verifizieren*. Diese Phase stellt durch Tests und weitere Analysen sicher, dass die identifizierte Ursache tatsächlich für den Fehler verantwortlich ist und verhindert fehlgeleitete Fehlerabstellmaßnahmen (Glöckner 2020, S. 76; Tuertmann et al. 2016, S. 8).

Basierend auf der verifizierten Ursache konzentriert sich die Phase der *Maßnahmenentwicklung* auf die Entwicklung korrektiver Maßnahmen oder Lösungen zur Behebung des Fehlers. Diese Maßnahmen sind darauf ausgelegt, den Fehler zu korrigieren und ein Wiederauftreten zu verhindern (Glöckner 2020, S. 76; Rüßmann et al. 2020, S. 4f.).

Vor der vollständigen Implementierung werden die vorgeschlagenen *Maßnahmen validiert*, um deren Wirksamkeit und Machbarkeit sicherzustellen. Diese Validierung kann Simulationen, Pilotläufe oder kontrollierte Experimente beinhalten (Glöckner 2020, S. 76; Exner 2019, S. 57f.).

In der Phase der *Maßnahmenumsetzung* werden die korrektiven Maßnahmen in den relevanten Bereichen oder Systemen implementiert. Diese Phase erfordert eine sorgfältige Planung und Ausführung, um eine erfolgreiche Integration und minimale Unterbrechung zu gewährleisten (Schmitt & Pfeifer 2015, S. 442; Ellouze 2010; S. 57f.).

Nach der Implementierung ist es notwendig, den *Wirksamkeitsnachweis* der Maßnahmen zu überwachen und zu bewerten. Dies beinhaltet die Datenerfassung, die Analyse der Ergebnisse und die Bestimmung, ob der Fehler langfristig erfolgreich abgestellt wurde (Glöckner 2020, S. 76; Pötters et al. 2019, S. 158f.).

Die abschließende Phase des *Wissenstransfers* forciert die Verbreitung des Wissens, das im Verlauf des Fehlermanagementprozesses gewonnen wurde. Erkenntnisse, bewährte Verfahren und gewonnene Ergebnisse werden innerhalb der Organisation geteilt, um ähnliche Fehler zu verhindern und eine Kultur der kontinuierlichen Verbesserung zu fördern (Glöckner 2020, S. 76f.; Ellouze 2010; S. 57f.).

Begleitet werden die Phasen der Ursachenanalyse bis hin zum Wirksamkeitsnachweis bedarfsabhängig durch die parallele Einführung und Ablösung geeigneter *Sofortmaßnahmen*. Die Umsetzung von Maßnahmen zur wirksamen Fehlerabstellung resultiert durch einen Wissenstransfer in Produkt- und/oder Prozessverbesserungen, wodurch das Fehlermanagement ein essenzieller Bestandteil zur Schließung des Regelkreises ist (vgl. Kap. 2.2.5 und Kap. 2.2.6) (Rüßmann 2021, S. 12f.; Glöckner 2020, S. 75).

Abbildung 2.6: Generischer Fehlermanagementprozess (i. A. a. Glöckner 2020, S. 76)

Die Vielzahl bestehender Prozessmodelle im Fehlermanagement unterstreicht die Relevanz der Thematik für die Wissenschaft und Praxis (Rüßmann 2021, S. 15; Glöckner 2020, S. 75). Der Fokus der Arbeit liegt auf dem prozessualen Ablauf des reaktiven Fehlermanagements.

2.2.5 Ursache-Wirkungs-Zusammenhänge

Für eine erfolgreiche Ursachenanalyse und Ableitung von Maßnahmen (vgl. Kap. 2.2.4) ist ein umfassendes Verständnis der *Ursache-Wirkungs-Zusammenhänge* bei entdeckten Fehlern von Bedeutung (Schlegel 2022, S.25; Schröder 2016, S. 37).

HOFMANN führt Ursache-Wirkungs-Mechanismen erstmals unter Berücksichtigung des Fehlerbegriffs ein (Hofmann 1990, S. 53). Dabei werden Fehlerereignisse als ein Netzwerk von Knoten und Kanten modelliert, wobei zwischen Fehlerursachen und -wirkungen eine vielfältige Beziehung bestehen kann, siehe Abbildung 2.7. Dies beruht auf der Theorie, dass eine Ursache mehrere Wirkungen hervorrufen und eine Wirkung auf mehrere Ursachen zurückgeführt werden kann (n:m-Beziehung). In der Praxis ergibt die Fehleranalyse aber nur eine Fehlerursache (1:m-Beziehung) (Orendi 1993, S. 48). Diese Fehlerursache führt zu einem originären Fehler. Ein *originärer Fehler* ist ein Fehler am Produkt, der nicht auf vorherige Fehler zurückgeführt werden kann (Eversheim et al. 1996, S. 20). Die Ursache eines solchen Fehlers liegt außerhalb des Produkts und führt unmittelbar zu diesem Fehler (vgl. Kap. 2.2.1). Weiterhin kann ein originärer Fehler eine Fehlerfolge auslösen. Die *Fehlerfolge* definiert den Zustand, der infolge des originären Fehlers entsteht, und beschreibt die Auswirkungen auf nachgelagerte Prozesse oder Produktkomponenten (Schröder 2016, S. 39f.). Verursachte Fehlerkosten und Fehlerfolgekosten entstehen nur für die nachträgliche Fehlerabstellung, nicht für die zukünftige Fehlerprävention (vgl. Kap. 2.2.2) (Eversheim et al. 1996, S. 19ff.; Laschet 1995, S. 34).

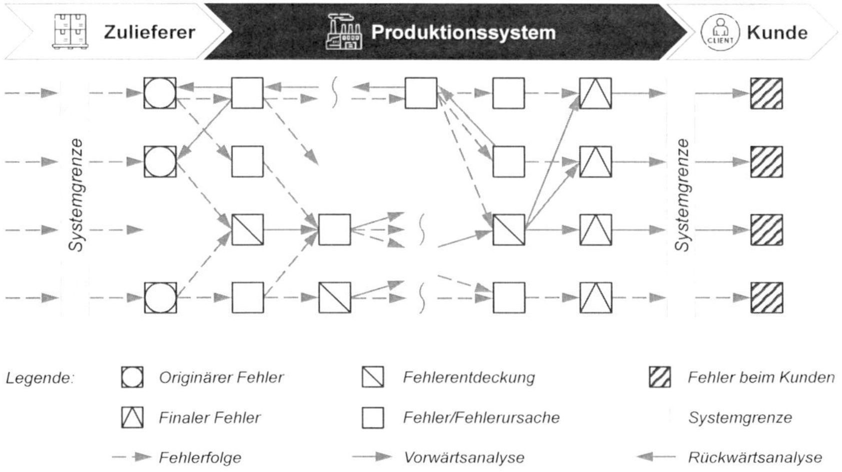

Abbildung 2.7: Ursache-Wirkungs-Zusammenhänge (i. A. a. Orendi 1993, S. 48)

Die Analyse eines Pfads in Richtung der Wirkung wird *Vorwärtsanalyse*, die entgegengesetzte Richtung *Rückwärtsanalyse* genannt. Zusätzlich sind die Begriffe *elementare Ursache* und *finale Wirkung* definiert, sollte keine klare Vorgänger- oder Nachfolgerbeziehung identifiziert werden (Schröder 2016, S. 37; Hofmann 1990, S. 53f.). ORENDI erweitert diesen Ansatz um den zeitlichen Aspekt der Fehlerentdeckung und integriert es in das Produktionssystem (vgl. Kap. 2.1.1) (Orendi 1993, S. 48). Hierzu werden Systemgrenzen hergeleitet, die sich sowohl zwischen Produktion und Kunde als auch zwischen Produktion und Zulieferer befinden, innerhalb derer die Ursache-Wirkungs-Zusammenhänge definiert sind (Orendi 1993, S. 48f.; Hofmann 1990, S. 54). Durch das Festlegen der Systemgrenzen erfolgt auch die Bestimmung des originären Fehlers (Eversheim et al. 1996, S. 20ff.). Im Rahmen dieser Arbeit wird die Systemgrenze in Richtung des Zulieferers erweitert, um zu ermöglichen, dass der originäre Fehler innerhalb des Zuständigkeitsbereichs des Zulieferers auftreten kann.

Die Ansätze von HOFMANN und ORENDI sind in ihren Formulierungen allgemein gehalten und nicht auf Produkte beschränkt, sie lassen sich ebenso auf Prozesse und Organisationen anwenden (Schröder 2016, S. 40). In dieser Arbeit wird der Fokus auf das Produkt gelegt. Dabei sind die Systemgrenzen des Produktionssystems so festgelegt, dass sie ausschließlich intern auftretende Fehler betrachten. Die originären Fehler ereignen sich innerhalb der definierten Systemgrenzen und innerhalb dieser Grenzen werden die Ursache-Wirkungs-Zusammenhänge analysiert.

2.2.6 Regelkreise

In Produktionssystemen (vgl. Kap. 2.1.1) dient der *Regelkreis* der Überwachung und Steuerung von Produktionsprozessen mit dem Ziel, die Erfüllung einer Anforderung kontinuierlich zu gewährleisten (vgl. Kap. 2.2.1) (Wagner & Käfer 2023, S. 64; Schmitt & Pfeifer 2015, S. 399). Es ist essenziell, Abweichungen zeitnah zu identifizieren und Gegenmaßnahmen zu ergreifen, um die Entstehung von Fehlern zu verhindern. Diese Vorgehensweise basiert auf dem Grundprinzip der Regelungstechnik, der Rückkopplung von Informationen, bei der ein Regelkreis eingreifend und korrigierend auf Veränderungen oder Fehler im Produktionssystem reagiert, siehe Abbildung 2.8 (Lunze 2014, S. 11; Schick et al. 2009a, S. 1153).

Angelehnt an die DIN IEC 60050-351 unterteilen SCHMITT ET AL. sowie BEAUJEAN Regelkreise in die drei zentralen Module Sensor, Regler und Aktor, siehe Abbildung 2.8 (Schmitt et al. 2012, S. 440f.; Beaujean 2011, S. 82ff.; DIN IEC 60050-351:2014-09, S. 61ff.). Die *Regelstrecke*, die als der zu beeinflussende Teil des Systems zu verstehen ist, entspricht im klassischen Sinne dem Transformationsprozess, dessen Eingangsgröße (Input) gemäß dem Übertragungsverhalten in die Ausgangsgröße (Output) umgewandelt wird (vgl. Kap. 2.1.1). Dies bedeutet, dass die Regelstrecke nicht nur technische und physikalische Abläufe, sondern auch qualitäts- und fehlermanagementrelevante Tätigkeiten abbildet (Schmitt & Glöckner 2011, S. 56f.).

Im Kontext des Regelkreises ist das *Sensormodul* als Messinstrument definiert, mithilfe dessen Informationen zum Ist-Wert ermittelt und kontinuierlich überwacht werden. Es ist essenziell, da es die Regelgröße erfasst, die durch den Regelmechanismus gesteuert werden soll (Beaujean 2011, S. 89f.). Das Verhalten des Systems lässt sich anhand der Werte und Veränderungen quantifizieren. Mit diesen gewonnenen Informationen versorgt der Sensor den Regler (Schmitt & Glöckner 2011, S. 56f.).

Das *Reglermodul* analysiert die vom Sensor erfassten Ist-Werte und trifft Entscheidungen basierend auf den erkannten Abweichungen zwischen Sollgröße und Ist-Wert. Der Regler bewertet und interpretiert die Informationen und leitet eine angemessene Ursachenanalyse und Korrekturmaßnahmen ein, um die Produktqualität zu sichern oder zu verbessern (vgl. Kap. 2.2.4) (Exner 2019, S. 30; Beaujean 2011, S. 90).

Das *Aktormodul* setzt die vom Regler bestimmten Korrekturmaßnahmen um, bewertet die getroffenen Maßnahmen und überprüft den Wirksamkeitsnachweis. Dies beinhaltet Anpassungen von Produktionsprozessen, Nacharbeiten oder Produktänderungen, um auf identifizierte Qualitätsprobleme zu reagieren und zukünftige Fehler zu vermeiden (Exner 2019, S. 30; Beaujean 2011, S. 90).

Zu beachten ist auch die Rolle von *Störgrößen*, welche externe (bspw. Umwelt- oder Umfeldfaktoren) oder interne Größen (Input) darstellen, die die beabsichtigte Beeinflussung im Regelungssystem stören können (vgl. Kap. 2.1.1). Diese Größen können systematisch oder zufällig auftreten und an verschiedenen Stellen des Regelkreises einwirken (Schmitt & Glöckner 2011, S. 57).

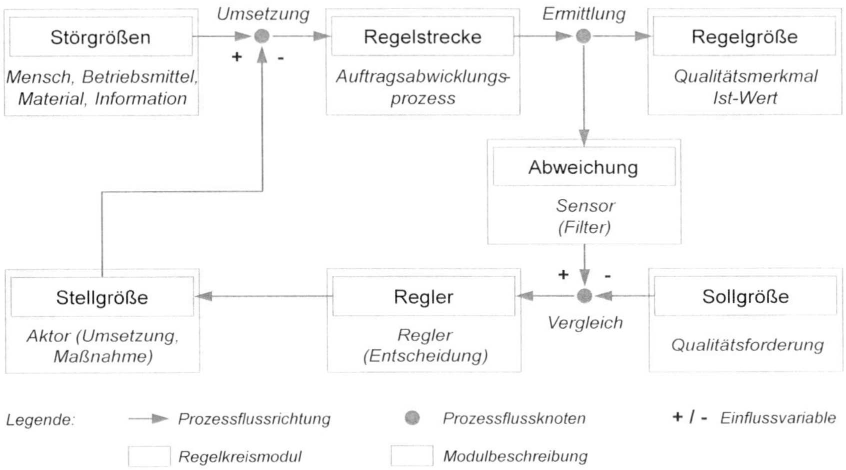

Abbildung 2.8: Grundstruktur des Regelkreises
(i. A. a. Beaujean 2011, S. 92; Pfeifer 2002, S. 145)

Im Kontext dieser Arbeit ist der menschliche Faktor in der manuellen Montage von entscheidender Bedeutung, da die Mitarbeiter direkt auf die Qualität der Montageprozesse und somit auf das Endprodukt einwirken. Zur konzeptionellen Einordnung wird hierfür der Begriff des *sozio-technischen Regelkreis*es verwendet, der sowohl technische Systeme als auch den Menschen einbezieht (Schick et al. 2009b, S. 463f.; Pfeifer 2002, S. 145f.). Im Mittelpunkt steht dabei das Informations- und Fehlermanagement. Einerseits müssen Informationen über die Produktionsprozesse und die Produktqualität präzise und zeitnah erfasst und ausgewertet werden, andererseits müssen mögliche Fehlerursachen identifiziert und nachhaltig behoben werden. Dies schließt ein Lernen aus Fehlern und die kontinuierliche Verbesserung menschlicher Arbeitsprozesse mit ein (Schmitt & Pfeifer 2015, S. 399; Nukta et al. 2012, S. 79).

2.3 Informationsmanagement in der Produktion

Dieses Kapitel befasst sich im Rahmen des zuvor beschriebenen Produktionskontextes mit dem Informationsmanagement. Dazu geht zunächst das Kapitel 2.3.1 auf das allgemeine Verständnis von Daten, Informationen und Wissen ein. Darauf aufbauend werden in Kapitel 2.3.2 die Begriffe der Daten- und Informationsqualität definiert und in den Gesamtkontext der Arbeit eingeordnet. Die Beschreibung allgemeiner Grundlagen zum Daten- und Informationsmanagement schließt in Kapitel 2.3.3 daran an. Abschließend beschreibt das Kapitel 2.3.4 die für den Untersuchungsbereich der Arbeit relevanten Datenarten.

2.3.1 Daten, Informationen und Wissen

Daten, Informationen und Wissen sind von zentraler Bedeutung, da sie wesentliche Bestandteile von Geschäftsprozessen in Unternehmen sind. Insbesondere in Produktionssystemen und innerhalb der Wertschöpfungskette werden sie nahezu an jeder Schnittstelle genutzt (Deuse et al. 2015, S. 101f.; Neuhäuser et al. 2020, S. 66ff.).

In der Literatur existieren zahlreiche unterschiedliche Definitionen zu den Begriffen Daten, Informationen und Wissen, die laut ROWLEY aber immer aufeinander aufbauen und in einem hierarchischen Verhältnis zueinander stehen (Rowley 2007, S. 171). NORTH und CHOO definieren dieses Verhältnis in Form der Wissenstreppe, wie in Abbildung 2.9 dargestellt (North 2021, S. 37; Choo 2006, S. 132). An diesem definitorischen Ordnungsrahmen orientiert sich auch diese Arbeit, die die einzelnen Stufen nachfolgend beschreibt.

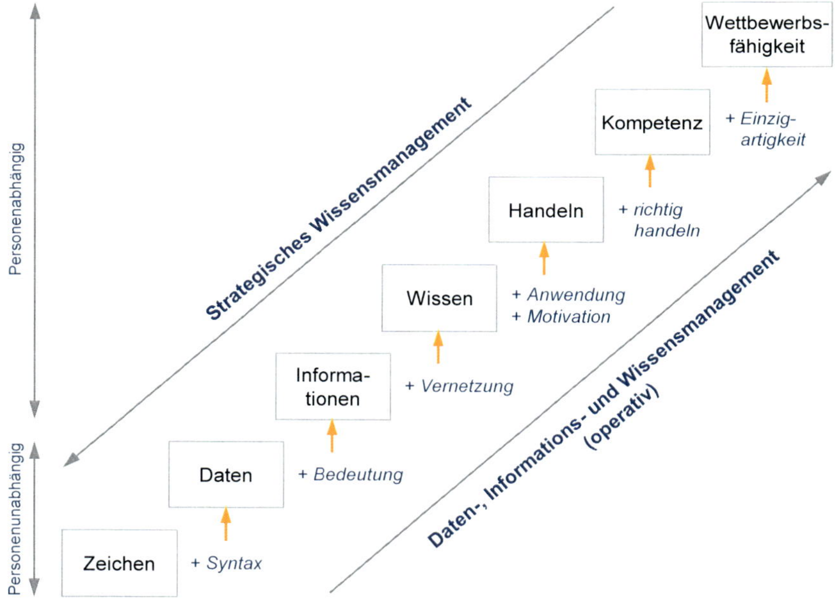

Abbildung 2.9: Wissenstreppe (i. A. a. North 2021, S. 37)

Die *Zeichen* befinden sich auf der untersten Stufe. Sie stellen das kleinste auswählbare Element dar, bspw. ein einzelner Buchstabe, eine Ziffer oder ein Sonderzeichen (Kopetzky 2007, S. 7). Durch die Ergänzung von Ordnungsregeln, einer Syntax, transformieren sich Zeichen in Daten.

ACKOFF und ROWLEY definieren den Begriff *Daten* als eine hierarchische Ebene des menschlichen Verstands. Sie beschreiben Daten als Symbole, die Eigenschaften von Objekten und Ereignissen in ihrer Umgebung darstellen (Ackoff 1989, S. 3; Rowley 2007, S. 166). Einzeln betrachtet können sie auch unorganisiert (unstrukturiert) vorliegen, das heißt in einer bedeutungs- und wertlosen Reihung von Zeichen, so BOCIJ ET AL. (Bocij et al. 2018, S. 6f.). In der ISO/IEC 2382:2015-05 erweitert die Informationstechnik die Definition von Daten zu einer reinterpretierbaren Darstellung von Informationen in formalisierter, strukturierter Weise, die für die Kommunikation, Interpretation oder Verarbeitung geeignet ist (ISO/IEC 2382:2015-05, S. 1f.). Erst durch einen Kontext, und damit durch eine Bedeutung, werden aus Daten Informationen erzeugt (North 2021, S. 36; Birkmeier 2020, S. 16). Dabei können Daten automatisch oder von Menschen verarbeitet werden (ISO/IEC 2382:2015-05, S. 2). Diese Arbeit orientiert sich aufgrund des Themenschwerpunkts und des gültigen ISO/IEC-Standards an dieser erweiterten Definition.

Für die Herleitung der *Information* richtet sich der Fokus nachfolgend auf die strukturwissenschaftlichen Disziplinen. Diese Disziplinen bieten durch ihre Analyse von Strukturen und Beziehungen innerhalb von Systemen eine essenzielle Grundlage, um die Komplexität und die allgemein funktional wirksame Form von Informationen umfassend zu verstehen (Lehner et al. 2008, S. 121; Brill 2005, S. 199). SHANNON konzipiert die mathematische Theorie der Information, indem er die statistischen Aspekte der Zeichen in einem Code analysiert. Dabei kommt er zu dem Ergebnis, dass nur mithilfe des Menschen die Information bestimmt werden könne, da nur dieser die Bedeutung eines Codes bewusst erfassen und sinnvoll bewerten könne (Shannon 1948, S. 379f.). Basierend auf diesen Erkenntnissen beschreiben SCHÖNFELD ET AL. sowie KERSTEN & KLETT die Information im Kontext der Informationstheorie und Nachrichtentechnik als bloßen Informationsgehalt einer Nachricht, der zwischen Sender und Empfänger vermittelt wird (Schönfeld et al. 2012, S. 10; Kersten & Klett 2015, S. 41f.). In der Wirtschaftsinformatik wird diese Definition um eine zeitliche Dimension erweitert. Sie sei als handlungsbestimmendes Wissen des Menschen über vergangene, gegenwärtige und zukünftige Zustände und Vorgänge der Wirklichkeit zu verstehen (Heinrich et al 2004, S. 317). THOME & SOLLBACH erweitern den Fokus um ein produktionsseitiges Verständnis. Sie definieren Information als ein Produkt, dass durch Vernetzung und Nutzung zur Erfüllung von Geschäftsprozessen und somit zur Wertschöpfung beitragen kann (Thome & Sollbach 2007, S. 2). Diese Definition hat auch für diese Arbeit Gültigkeit.

Durch die Vernetzung mit anderen aktuellen oder in der Vergangenheit gespeicherten Informationen entsteht für die Betrachter *Wissen*. Das Wissen ist dabei abhängig vom Kontext und Kenntnisstand der Person (North 2021 S. 36f.; Schreyögg & Koch 2020, S. 399f.). Wissen definiert sich folglich als Gesamtheit der Kenntnisse und Fähigkeiten, die Personen zur Lösung von Problemen einsetzen (Kragulj 2023, S. 1; Porter 2004, S. 275ff.). Erst, wenn das Wissen durch die aktive Anwendung in einer Handlung manifestiert wird, wird der strategische Wert des Wissens für das Unternehmen sichtbar

(Probst 2012, S. 35). Nachfolgend orientiert sich die Arbeit an diesem Verständnis von Wissen.

Das *Handeln* der Person liefert messbare Ergebnisse, die Performanz, inwieweit aus Informationen Wissen generiert und dieses Wissen für Problemlösungen angewendet wird. Im Moment des Handelns und der Wissensanwendung konkretisieren sich die *Kompetenzen* einer Person. Die Kombination aus Können, Wissen und Kompetenz sind entscheidend für das Ergebnis und führen zusammen zur Wertschöpfung für das Unternehmen (North 2021, S. 38f.; Choo 1996, S. 331ff.).

Die *Wettbewerbsfähigkeit* beschreibt weiterhin die Kernkompetenzen einer Organisation und wird als besonders relevant angesehen. Im Verbund von Fähigkeiten und Technologien sind Kernkompetenzen, die auf explizitem und implizitem Wissen beruhen und durch zeitliche Stabilität und produktübergreifenden Einfluss gekennzeichnet sind, von entscheidender Bedeutung (North 2021, S. 39.).

Die Arbeit legt den Schwerpunkt auf die Generierung von Informationen und Wissen auf Basis von Betriebsdaten (vgl. Kap. 2.3.4) und im Kontext des Fehlermanagements in produzierenden Unternehmen (vgl. Kap. 2.2.2).

2.3.2 Daten- und Informationsqualität

Der Begriff *Qualität* ist als „Grad, in dem ein Satz inhärenter Merkmale erfüllt (ist)“ definiert (DIN EN ISO 9000:2015, S. 11). Die Qualität spezifiziert damit, in welchem Maße ein Produkt aus der Sicht des Kunden oder des Gesetzgebers die bestehenden Anforderungen erfüllt (DIN EN ISO 9000:2015, S. 11). In Bezug zur Daten- und Informationsqualität können diese Grundsätze ebenfalls gestellt werden (Scheibmayer 2014, S.13), da Daten und Informationen ein wesentlicher Bestandteil von Geschäftsprozessen in Unternehmen und somit die Grundlage für den Unternehmenserfolg sind (Otto & Österle 2018, S. 1f.; Beckschulte et al. 2022c, S. 22ff.).

Die *Datenqualität* ist als Gesamtheit der Ausprägungen von Qualitätsmerkmalen eines Datenbestandes definiert, die bezüglich der Eignung festgelegte und vorausgesetzte Erfordernisse zu erfüllen hat (Gebauer & Windheuser 2021, S. 88). Die Datenqualität ist somit nur im Kontext ihrer Nutzung zu beurteilen. Sie lässt sich aus der Summe ihrer Datenqualitätskategorien bestimmen, wie in Abbildung 2.10 dargestellt.

Für die Bewertung der vier Kategorien der intrinsischen, kontextuellen, repräsentationalen und Zugriffsqualität sind weitere Attribute notwendig. Diese Qualitätsattribute bilden die operationelle Basis zur Bestimmung der Datenqualität und ermöglichen eine quantitative Aussage zum Qualitätsmaß (Gebauer & Windheuser 2021, S. 89). WANG & STRONG entwickelten eines der meistzitierten konzeptionellen Ansätze zur Beschreibung und Bewertung der Datenqualität. Mit dem Ziel, Datenqualitätskategorien aus der Sicht der Anwender zu identifizieren, führten sie zwei empirische Studien unter IT-Anwendern durch (Wang & Strong 1996, S. 8.; Rohweder et al. 2021, S. 24). In der ersten Studie ermittelten sie 179 Datenqualitätsattribute, die für IT-Anwender relevant zu sein schienen. In der zweiten Studie wurden die Ergebnisse mithilfe einer explorativen Faktoranalyse 15 übergeordneten Datenqualitätsattributen zugewiesen, siehe Abbildung 2.10 (Wang & Strong 1996, S. 8ff.).

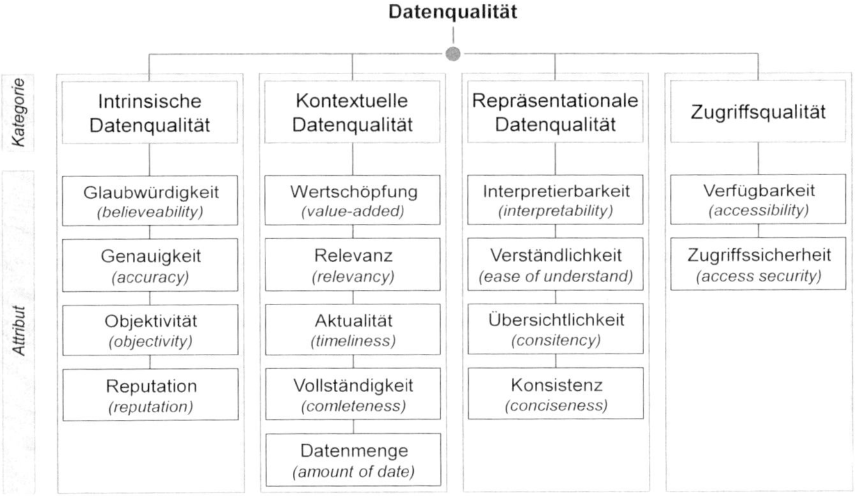

Abbildung 2.10: Konzeptioneller Rahmen für Datenqualität (Wang & Strong 1996, S. 20)

Diese Arbeit konzentriert sich auf die Datenqualitätskategorie der kontextuellen Datenqualität. Gemäß dieser Datenqualitätsattribute müssen die Daten einen wertschöpfenden Effekt aufweisen. Sie müssen von unternehmerischer Relevanz und Aktualität sein. Darüber hinaus sollten die Daten in angemessener Menge und Vollständigkeit vorliegen.

HINRICHS definiert die *Informationsqualität* als den „Grad, in dem [...] Merkmale eines Datenproduktes Anforderungen genügen" (Hinrichs 2002, S. 26). Weiterhin definiert NOHR die Informationsqualität als das Maß, das die Gesamtheit der Anforderungen an eine Information oder ein Informationsprodukt erfüllt (Nohr 2001, S. 67). Diese Anforderungen beziehen sich auf deren Eignung zur Erfüllung gegebener Informationsbedarfe. Die Definitionen ähneln stark der zuvor aufgeführten Definition der Datenqualität nach GEBAUER & WINDHEUSER (Gebauer & Windheuser 2021, S. 88). Das impliziert, dass die Daten- und Informationsqualität in der Praxis kaum voneinander abzugrenzen sind (Klingenberg & Weber 2023, S. 262; Rohweder et al. 2021, S. 24). Bei einer Gegenüberstellung im konzeptionellen Rahmen kommen auch WEBER & KLOTZ sowie SCHEIBMAYER zu diesem Ergebnis, dass keine wesentlichen Unterschiede zwischen den Begriffen in der Anwendung bestehen (Weber & Klotz 2017, S. 190; Scheibmayer 2014, S. 13f.).

Aus diesem Grund wird für diese Arbeit das Begriffsverständnis von WANG & STRONG sowie HINRICHS übernommen. Im Kontext dieser Arbeit folgt daraus die synonyme Verwendung der Begriffe *Datenqualität* und *Informationsqualität*.

2.3.3 Daten- und Informationsmanagement

Das *Datenmanagement* ist definiert als die systematische Organisation, Steuerung und Überwachung aller Datenressourcen innerhalb einer Organisation (Papp & Ortner 2022, S. 147; Krcmar 2015a, S. 42). Laut KRCMAR ist es das Ziel des Datenmanagements, die Daten im Unternehmen so zu erzeugen, zu verwalten und zu nutzen, dass sie zu einer Wertsteigerung beitragen (Krcmar 2015b, S. 179ff.). Zu den zentralen Aufgaben gehören die Datenarchitektur und -modellierung, die Datenadministration, die Datensicherheit sowie die Datentechnik und -konsistenz (Meier 1994, S. 456; Biethan & Rohrig 1990, S. 740). Durch effektives Datenmanagement können Unternehmen ihre Daten nicht nur schützen, sondern auch strategisch nutzen, um Entscheidungsprozesse zu verbessern und die betriebliche Leistungsfähigkeit zu optimieren (Beckschulte et al. 2022c, S. 22ff.; Klingenberg & Weber 2020, S. 259).

Im Kontext der Produktion erfordert das Datenmanagement eine besondere Berücksichtigung. Das Ziel ist es, eine nahtlose Integration zu schaffen, die eine effiziente Datenerfassung, -speicherung und -analyse ermöglicht. Für die Vision von Industrie 4.0 (vgl. Kap. 1.1) ist es entscheidend, wobei Daten unter anderem zur Optimierung von Produktionsprozessen eingesetzt werden. Die Herausforderung besteht darin, große Mengen an Betriebsdaten zu managen (vgl. 2.3.4) und in unternehmensrelevantes Wissen umzuwandeln (vgl. Kap. 2.4.2), die zur Steigerung der Produktqualität und zur Reduktion von Fehlern beitragen (vgl. Kap. 2.2.6). Das effektive Management dieser Daten bildet die Basis für ein leistungsfähiges Informationsmanagement, das darauf abzielt, diese Daten in handlungsrelevante Informationen zu transformieren.

Als Teildisziplin der Wirtschaftsinformatik zielt das *Informationsmanagement* darauf ab, Mitarbeiter und Stakeholder eines Unternehmens effizient mit relevanten Informationen (vgl. Kap. 2.3.1) zu versorgen (Krcmar 2015b, S. 12; Schwarze 1998, S. 45). Dies geschieht durch den Einsatz von IKT (Informations- und Kommunikationstechnologie), die speziell auf die Bedürfnisse und Ziele des Unternehmens ausgerichtet sind. Im Fokus des Informationsmanagements stehen die Beschaffung, Speicherung, Analyse und Bereitstellung von Informationen, die für die Optimierung von Prozessen entscheidend sind (Alpar et al. 2014, S. 39; Schwarze 1998, S. 45).

Die Kombination der Begriffe *Information* und *Management* im Kontext der Produktion implizieren eine zielgerichtete Erfassung, Steuerung und Nutzung von Informationen zur Unterstützung betrieblicher Entscheidungen und Prozesse (Heinrich et al. 2020, S. 32ff.: Koch et al. 2011, S. 547f.;). CLEMENS & WENGER sowie ZELLER & SEELMANN legen den Schwerpunkt auf die Anwendung von IT-Systemen, die darauf ausgelegt sind, Produktionsprozesse transparenter und reaktionsschneller auszulegen (Clemens & Wenger 2022, S. 21; Zeller & Seelmann 2022, S. 33f.). Durch die effektive Verwaltung von Informationen werden Mitarbeiter und Stakeholder befähigt, die Produktionsleistung zu steigern und gleichzeitig die operative Effizienz zu verbessern (Ponce 2022, S. 186; Thoben et al. 2017, S. 5f.). KRCMAR und SCHWARZE ergänzen die Definition des Informationsmanagements durch eine aufgabenorientierte Sichtweise, die eine klare Strukturierung und Zuweisung von Aufgaben sowie Verantwortlichkeiten umfasst. Im Rahmen der Produktion beinhalten diese Aufgaben das Management der Informationswirtschaft, der IKT sowie von Führungsaufgaben, die direkt auf die Erreichung von Produktionszielen ausgerichtet sind (Krcmar 2015a, S. 109; Schwarze 1998, S. 29ff.).

Für die vorliegende Arbeit wird das Verständnis von Daten- und Informationsmanagement in der Produktion nach KRCMAR und SCHWARZE übernommen.

2.3.4 Datenarten im Produktionskontext

Betriebsdaten sind definiert als Sammelbegriff für die Erfassung von Ist-Daten während des Auftragsabwicklungsprozesses (vgl. Kap. 1.4)) (Roschmann 1979, S. 16). Diese beziehen sich auf die Merkmale von Produkten, Prozessen und Ressourcen (Denkena et al. 2022, S. 847; Schuh et al. 2015, S. 200ff.). Im Detail umfassen sie quantitative, kapazitätsbezogene, auftragsrelevante und zeitliche Ist-Werte, die entstehen oder herangezogen werden (Winkelmann & Kässens 2009, S. 3; Kurbel & Endres 2005, S. 299f.). Betriebsdaten lassen sich in organisatorische und technische Daten kategorisieren, siehe Abbildung 2.11 (Ventzislavova & Hensel 2012, S. 82).

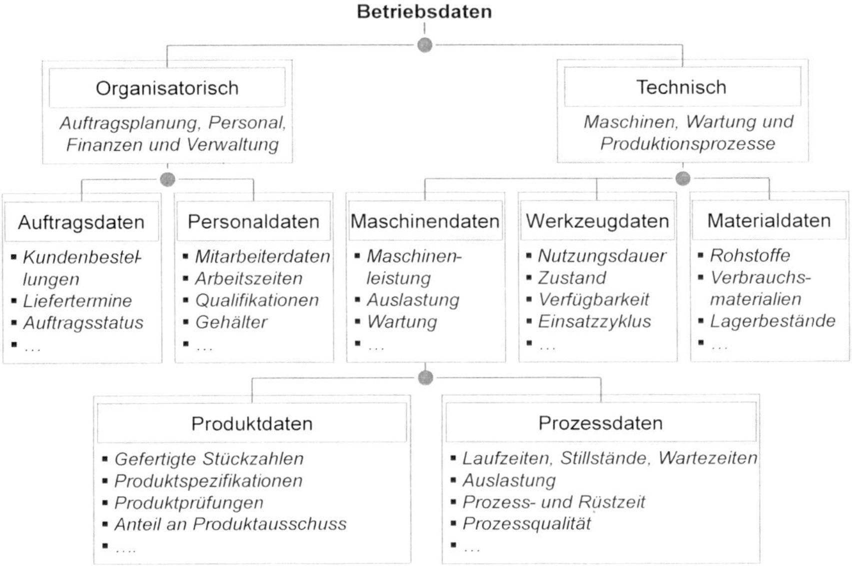

Abbildung 2.11: Betriebsdaten im Produktionskontext

Die *organisatorischen Betriebsdaten* beziehen sich auf Auftrags- und Personaldaten, wie etwa die tatsächliche Dauer eines Arbeitsschrittes, und umfassen ebenfalls personenbezogene Daten. *Technische Betriebsdaten* umfassen vor allem Maschinendaten, Werkzeugdaten sowie Daten zu Materialverbrauch von Roh-, Hilfs- und Betriebsstoffen (Groggert 2019, S. 22; Cronjäger 1994, S.103). Die Maschinendaten unterteilen sich weiterhin in Produktdaten und Prozessdaten. Während sich die *Produktdaten* konkret auf das hergestellte Werkstück und dessen spezifischen Zustand beziehen, umfassen *Prozessdaten* sämtliche Daten, die während des Betriebs der Maschine automatisch oder manuell generiert werden (Schlegel 2022, S. 12f.; Panetto et al. 2012, S. 334f.). Diese Daten werden durch Systeme der BDE (Betriebsdatenerfassung) erfasst und in unternehmensspezifische Produktionsleitsysteme (engl. Manufacturing Execution Systems, MES) übermittelt (Schuh & Schmidt 2014, S. 48).

Der Schwerpunkt dieser Arbeit liegt auf der Erfassung von Betriebsdaten, insbesondere von Maschinendaten. Dabei ist der Fokus weiter auf die Erfassung von Maschinendaten in der manuellen Montage (vgl. Kap. 2.1.4) gerichtet, die für den Fehlermanagementprozess (vgl. Kap. 2.2.4) von Bedeutung sein können. Die technische Realisierung der BDE, insbesondere die Auswahl geeigneter Endgeräte für manuelle Montageformen, ist nicht Gegenstand dieser Arbeit.

2.4 Entscheidungsunterstützung mithilfe von Datenanalyse

Das nachfolgende Kapitel 2.4.1 definiert die Begriffe der Datenanalyse und Prädiktion sowie der Reifegradstufen. Weiterhin beschreibt es einen generischen Datenanalyseprozess (vgl. Kap. 2.4.2), bevor es einen Überblick über die statistischen Methoden der Datenanalyse bietet und sie auf die für diese Arbeit relevanten Methoden einschränkt (vgl. Kap. 2.4.3). Der Zusammenhang zwischen dem zuvor beschriebenen Grundlagenverständnis des Informationsmanagements (vgl. Kap. 2.3) und der Datenanalyse wird im darauffolgenden Kapitel der Entscheidungsunterstützung zusammengeführt (vgl. Kap. 2.4.4).

2.4.1 Datenanalyse und Prädiktion

Die *Datenanalyse* (engl. Data Analytics) ist ein systematischer Prozess, der die Transformation von Daten in Informationen umfasst und daraufhin Wissen generiert, um das Treffen von Entscheidungen zu unterstützen (vgl. Kap. 2.3.1) (Schmitt et al. 2020a, S.491; Groggert 2019, S. 24). Als *Prädiktion* wird insbesondere das Nutzen historischer Daten verstanden, um zukünftige Ereignisse vorherzusagen (Ongsulee et al. 2019, S. 2; Shi-Nash & Hardoon 2017, S. 331). Im Allgemeinen werden hierfür statistische Methoden angewandt (vgl. Kap. 2.4.3) (Buschmann et al. 2021, S. 805; Scheid & Vogl 2021, S. 11).

Es hat sich in der Forschung bewährt, die Datenanalyse in vier Reifegradstufen zu unterteilen, siehe Abbildung 2.12 (Buschmann et al. 2021, S. 804). Jede Stufe repräsentiert ein analytisches Niveau im Datenanalyseprozess, geprägt durch die Nutzung statistischer Methoden, das von Stufe zu Stufe in ihrer Komplexität steigt. Das Ziel ist es, Auffälligkeiten in den Daten zu erkennen, bspw. unbekannte Muster und Zusammenhänge, und die datenbasierte Entscheidungsfindung zu erleichtern (Duan & Xu 2021, S. 5f.; Schmitt et al. 2020b, S. 229).

Die erste Reifegradstufe, die *deskriptive Analyse* (engl. Descriptive Analytics), behandelt die Beschreibung und Untersuchung historischer Daten, um die Leitfrage zu klären: *‚Was ist passiert?‘*. Es werden Daten zusammengefasst und visualisiert, um Muster, Trends und Schlüsselleistungsindikatoren (engl. Key Performance Indicators, KPI) zu identifizieren. Die deskriptive Analyse bietet einen Rückblick auf Ereignisse und ermöglicht ein datenbasiertes Verständnis vergangener Vorkommnisse (Beckschulte & Güngör 2023, S. 779; Schwarz 2023a, S. 86)

Die *diagnostische Analyse* (engl. Diagnostic Analytics) reicht in der zweiten Stufe über die vorherige Beschreibung hinaus. Auf der Suche nach kausalen Beziehungen und Korrelationen fokussiert sie die Leitfrage: *‚Warum ist es passiert?‘*. Diese Stufe analysiert die Faktoren, die spezifische Ergebnisse beeinflussen, und identifiziert die Hauptursachen für beobachtete Muster oder Anomalien (Buschmann et al. 2021, S. 804f.; Shi-Nash & Hardoon 2017, S. 331)

Die dritte Stufe, die *prädiktive Analyse* (engl. Predictive Analytics), nutzt historische Daten und fortgeschrittene statistische Methoden, um zukünftige Ergebnisse zu prognostizieren. Die Leitfrage lautet: *‚Was wird geschehen?‘*. Sie konzentriert sich darauf, Muster und Trends aus der Vergangenheit zu nutzen, damit fundierte Prognosen über zukünftige Szenarien getroffen werden können. Diese Fähigkeit dient als Grundlage für die proaktive Entscheidungsfindung, Risikobewertung und Ressourcenoptimierung (Schwarz 2023b, S. 117; Murphy 2012, S. 12ff.).

Die *präskriptive Analyse* (engl. Prescriptive Analytics) bezeichnet die vierte und anspruchsvollste Stufe der analytischen Reife, indem sie nicht nur zukünftige Ereignisse prognostiziert, sondern auch konkrete Handlungsempfehlungen zur Reaktion auf diese Vorhersagen bietet. Sie befasst sich mit der entscheidenden Frage: *‚Was muss geschehen?‘*. Komplexe Algorithmen, Optimierungstechniken und Entscheidungsmodelle ermöglichen es, datenbasierte Entscheidungen zu treffen, die die gewünschten Ergebnisse maximieren und mit strategischen Zielen im Einklang stehen (Sapp et al. 2019, S. 15ff.; Shi-Nash & Hardoon 2017, S. 331f.).

Von der ersten Stufe an nimmt der menschzentrierte Anteil am Analyseprozess sukzessive ab, wobei der unternehmensseitige Nutzen steigt, bis zu der vierten Reifegradstufe, bei der über die Entscheidungsunterstützung hinaus auch Handlungsempfehlungen (vgl. Kap. 2.3.1) gegeben werden können.

Abbildung 2.12: Vier Reifegradstufen der Analysefähigkeiten (i. A. a. Sapp et al. 2019, S. 16)

Bedingt durch die Fokussierung auf die reaktive Ausrichtung des Fehlermanagements liegt der Schwerpunkt der Arbeit auf der deskriptiven und diagnostischen Analyse. Nichtsdestotrotz kann eine strukturierte und zielgerichtete Datenerfassung die allgemeine Datenqualität erhöhen und folglich prädiktive und präskriptive Analyseziele positiv tangieren.

2.4.2 Datenanalyseprozess

In der Forschung existieren zahlreiche international anerkannte Prozessmodelle zur Strukturierung und Durchführung von Datenanalysen, die sich in der Industrie bewährt haben. Der KDD (engl. Knowledge Discovery in Databases) nach FAYYAD ET AL. ist in diesem Zusammenhang einer der am häufigsten zitierten Ansätze (Fayyad et al. 1996a, S: 28ff.; Kurgan & Musikek 2006, S. 2ff.). Das Ziel des KDD besteht darin, das implizit vorhandene Wissen innerhalb großer Datenmengen aufzuzeigen (Gluchowski 2016, S. 275). Die Analysephase, die den zentralen Schritt im KDD definiert, befasst sich mit der Identifikation und Beschreibung dieser potenziell interessanten Muster und Zusammenhänge innerhalb der Datenmenge (Fayyad et al. 1996b, S. 44). Diese Phase wird oft synonym mit dem Begriff des *Data Mining* verwendet, welcher sich als „Erkennung von Datenmustern" übersetzen lässt (Schlegel 2022, S. 18; Bissantz & Hagedorn 1993, S. 481). Eine bekannte Ableitung des KDD ist SEMMA (engl. Sample Explore Modify Model Assess) (Azevedo & Santos 2008, S. 183). Diese konzentriert sich auf die technische Integration. Dennoch führt die mangelnde Integration in das organisatorische Management zu einer abnehmenden Bedeutung (Mariscal et al. 2010, S:138ff.). Der CRISP-DM (engl. Cross-Industry Standard Process for Data Mining) ist der derzeit am häufigsten verwendete Ansatz für Datenanalyseprozesse (Schäfer et al. 2018, S. 190; Shearer 2000, S. 13ff.). Auf dieser Basis spezifizieren sich weitere Prozessmodelle, wie bspw. der ASUM-DM (engl. Analytics Solutions Unified Method for Data Mining) mit dem Ziel eines verbesserten Change- und Wissensmanagements (Angée et al. 2018, S. 613ff.), der CASP-DM (engl. Context Aware Standard Process for Data Mining) mit einem Fokus auf das Qualitätsmanagement (Martínez-Plumed et al. 2017, S. 12ff.) oder der DEFMP (engl. Data Enabled Failure Management Process) mit dem Schwerpunkt des Fehlermanagements (Günther et al. 2023, S. 459ff.; Schäfer et al. 2018, S. 190). Laut GROGGERT und SCHÄFER ET AL. unterscheiden sich diese Ansätze in ihrer Komplexität und im Anwendungsbereich (Groggert 2019, S. 27; Schäfer et al. 2018, S. 190f.). Jedoch sind die vier grundlegenden Schritte der Datenerhebung, Datenspeicherung, Datenverarbeitung und Datenauswertung obligatorisch, siehe Abbildung 2.13 (Beckschulte et al. 2025, S. 116f.; Wenking et al. 2017, S. 34f.).

Um das Potenzial für eine verbesserte Transferleistung und höhere Akzeptanz zu steigern, konzentriert sich der Untersuchungsbereich dieser Arbeit auf den generischen Datenanalyseprozess, der nachfolgend beschrieben wird.

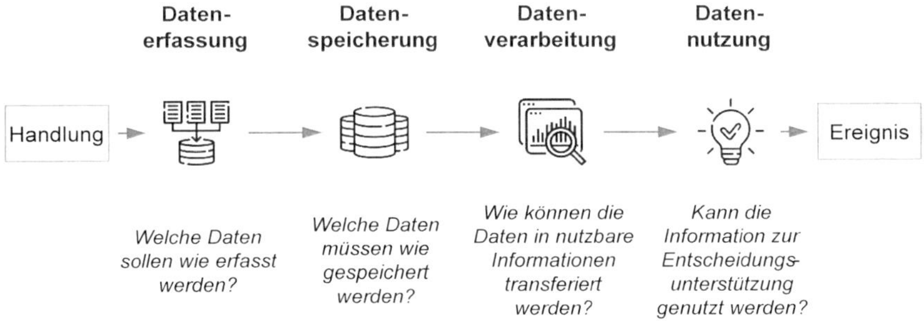

Abbildung 2.13: Generischer Datenanalyseprozess (Beckschulte et al. 2023b, S. 51)

Der erste Schritt der *Datenerfassung* definiert, wie und welche relevanten Daten während des Produktionsprozesses aus verschiedenen Quellen erfasst und gesammelt werden. Hierbei kann es sich um kapazitäts- und auftragsbezogene, mengenmäßige oder zeitliche Ist-Daten handeln, die im Verlauf des Produktionsprozesses generiert, überwacht und anschließend gesichert werden (vgl. Kap. 2.3.4) (Beckschulte et al. 2025, S. 116f.). Das Ziel der Datenerfassung ist es, eine qualitativ und quantitativ ausreichende Datenmenge zu sammeln, um eine Grundlage für nachfolgende Analysen zur Entscheidungsunterstützung zu schaffen (Beckschulte et al. 2025, S. 125f.; Hinrichs et al. 2024, S. 386).

Die *Speicherung* der erfassten Daten erfolgt in einem zweiten Schritt. Hierzu werden die Daten in einem sicheren und strukturierten Speichermedium abgelegt. Das ermöglicht den Zugriff auf historische Daten und stellt sicher, dass die Daten über einen längeren Zeitraum verfügbar sind. Das Ziel der Datenspeicherung ist die langfristige Aufbewahrung und Bereitstellung der Daten für Analysen und Berichte (Beckschulte et al. 2025, S. 116f.; Hinrichs et al. 2024, S. 386).

Der dritte Schritt der *Datenverarbeitung* beschreibt die eigentliche Datenanalytik (engl. Data Analysis). Die zuvor gespeicherten Daten werden analysiert, verarbeitet und interpretiert. Dies umfasst die Anwendung von statistischen Methoden, maschinellem Lernen und anderen Techniken, um Muster, Trends und Abweichungen zu erkennen. Das Ziel des Schrittes ist die Identifikation von relevanten Informationen, um fundierte Entscheidungen im Produktionsprozess zu treffen und Prozess- sowie Produktoptimierungen vorzunehmen (Beckschulte et al. 2025, S. 116f.; Hinrichs et al. 2024, S. 386).

Im vierten Schritt folgt die *Datennutzung*, indem die gewonnenen Erkenntnisse und Ergebnisse aus der Datenverarbeitung in konkrete Maßnahmen umgesetzt werden. Dies kann die Anpassung von Produktionsparametern, Qualitätsmaßnahmen, die Planung von Wartungsarbeiten oder andere Aktionen zur Prozess- und Produktverbesserung beinhalten. Die Ziele können die Steigerung der Effizienz, die Verbesserung der Produktqualität oder die Reduzierung von Ausfällen durch die Nutzung der gewonnenen Erkenntnisse sein (Beckschulte et al. 2025, S. 116f.; Hinrichs et al. 2024, S. 386).

Basierend auf der beschriebenen Ausgangssituation und Problemstellung der Arbeit (vgl. Kap. 1.1) richtet sich die Betrachtung insbesondere auf die Prozessschritte der manuellen Datenerfassung im Montageprozess, der nachgelagerten Datenverarbeitung sowie der Datennutzung im Kontext des Fehlermanagements. Die Datenspeicherung, bedingt durch den geringen industriellen Bedarf an aktueller Forschung (vgl. Kap. 3.2), wird nicht explizit betrachtet.

2.4.3 Statistische Methoden der Datenanalyse

Die *Statistik* als wissenschaftliche Disziplin bietet mit ihren Teilgebieten statistische Methoden an, die unerlässlich sind, um Daten in empirischen Untersuchungen effektiv zu analysieren (Schuh et al. 2019, S. 876). Diese Methoden sind besonders relevant, da sie es ermöglichen, aus umfangreichen Datenmengen verlässliche Informationen für die Entscheidungsunterstützung zu extrahieren (vgl. Kap. 2.4.2) (Beckschulte & Güngör 2023, S. 780; Schmitt et al. 2020b, S. 228).

Die Teilgebiete der Statistik umfassen die deskriptive, explorative und induktive Statistik, siehe Abbildung 2.14. Die *deskriptive Statistik* bereitet Datensätze systematisch auf und analysiert sie (Fahrmeir et al. 2023, S. 12; Scheid & Vogl 2021, S. 15). Das primäre Ziel ist es, Datenmengen zu verdichten, um sie für den Empfänger quantitativ erfassbar und verständlich darzustellen (Fahrmeir et al. 2023, S. 13; Galata & Scheid 2012, S. 15ff.). Zu den Hauptfunktionen gehören das Erstellen von Tabellen und Diagrammen, die Daten strukturieren und visuell explorieren lassen, und das Berechnen von Kennzahlen, bspw. Durchschnitt, Median oder Standardabweichung, zur leichteren Dateninterpretation (Beckschulte et al. 2023c, S. 12; Buschmann et al. 2021, S. 805f.; Cleff 2019, S. 4f.).

Die *explorative Statistik* erweitert die Prinzipien der deskriptiven Statistik und zielt darauf ab, unbekannte Muster, Strukturen und Besonderheiten innerhalb von Daten zu identifizieren, insbesondere wenn wenig über die zugrundeliegenden Zusammenhänge bekannt ist (Fahrmeir et al. 2023, S. 12ff.; von der Hude 2020, S. 11). Die statistischen Methoden arbeiten vorrangig induktiv (Fischer & Malle 1989, S. 269) und tragen zur Bildung von Annahmen oder Hypothesen über die Ursachen und Gründe der beobachteten Daten bei, die anschließend weiter untersucht werden können (Fahrmeir et al. 2023, S. 12ff.; Mittag & Schüller 2023, S. 8).

Die *induktive Statistik* baut auf den Ergebnissen der deskriptiven Statistik auf, indem sie Kenngrößen aus einer Stichprobe verwendet, um fundierte Rückschlüsse auf die Grundgesamtheit zu ziehen (Wermuth 2022, S. 231; Scheid & Vogl 2021, S. 191). In diesem Kontext stellen die beobachteten Merkmale einer Stichprobe eine repräsentative Auswahl der Grundgesamtheit dar (Cleff 2015, S. 4f.; Galata & Scheid 2012, S. 292). Im Gegensatz zur deskriptiven Statistik, die Daten direkt analysiert, berücksichtigt die induktive Statistik die Unsicherheit der Stichprobenauswahl mittels Wahrscheinlichkeitsrechnung (Wermuth 2019, S. 1). Die Methoden umfassen das Prüfen von Hypothesen und das Schätzen von Verteilungsparametern (Wermuth 2022, S. 236; Bas 2020, S. 134). Die induktive Statistik erkennt an, dass Schätzwerte selten genau mit den tatsächlichen Parametern der Grundgesamtheit übereinstimmen (Brell et al. 2017, S. 119f.) und evaluiert die Güte von Schätzungen durch Analyse der Verteilung von Zufallsvariablen (Eckstein 2019, S. 235ff.; Eckle-Kohler & Kohler 2017, S. 195ff.). Sie diskutiert Methoden zur Bewertung der Zuverlässigkeit und Genauigkeit dieser Schätzungen (Buschmann et al. 2021, S. 806; Scheid & Vogl 2021, S. 191).

Ein entscheidender Aspekt bei der Anwendung *statistischer Methoden* besteht darin, das fachliche Problem in klar definierte, standardisierte und gütespezifische Analyseaufgaben zu überführen (Schmitt et al. 2020a, S. 491), denn statistische Methoden können nicht universell eingesetzt werden (Schmitt & Pfeifer 2015, S. 552f.; Pötter et al. 2014, S. 168). Auf Basis der definierten Aufgabenstellung ist eine Auswahl und Kombination geeigneter statistischer Methoden für die Analyse nötig (Koeppe et al. 2020, S. 559; Groggert 2019, S. 26f.). Hierzu definiert RUNKLER sechs Methoden der Datenanalyse, an der sich diese Arbeit orientiert. Die Methoden der Visualisierung, Korrelation, Clustering, Prognose sowie der Regression und der Klassifikation werden nachfolgend erläutert (Runkler 2015, S. 1). Die Zuordnungen zu den Teilbereichen in Abbildung 2.14 sind typisch, aber nicht ausschließlich, da die Übergänge zwischen den Methoden oft fließend sind. Eine detaillierte Übersicht über die Zuordnung der statistischen Methoden, ihrer Verfahren und dem jeweiligen Anwendungsgebiet nach Reifegrad ist dem Anhang angefügt (vgl. Kap. IX.I).

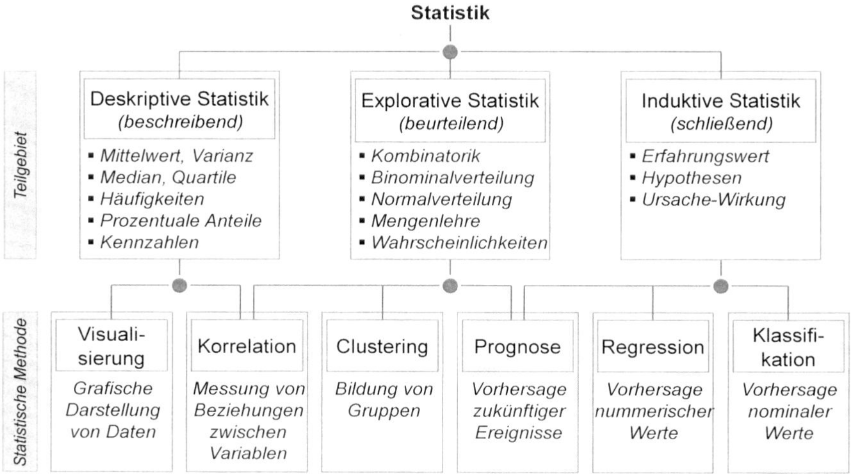

Abbildung 2.14: Einordnung von statistischen Methoden der Datenanalyse

Die *Visualisierung* ist eine der grundlegenden Methoden in der deskriptiven Statistik. Sie transformiert quantitative und qualitative Daten in visuelle Formate wie Diagramme, Graphen und Karten, welche die Interpretation und das Verständnis komplexer Zusammenhänge erleichtern (Landherr et al. 2013, S. 115). Solche Darstellungen sind nicht nur hilfreich, um Muster und Trends in den Daten zu erkennen, sondern auch um sie einem breiteren Publikum zugänglich zu machen. Zu den Standardverfahren gehören unter anderem Balken-, Linien- und Punktdiagramme (Runkler 2020, S. 37ff.; Groggert 2019, S. 25).

Korrelationen quantifizieren die Stärke und Richtung einer Beziehung zwischen Merkmalen. Diese Methode kann aufdecken, inwiefern Merkmale miteinander in Zusammenhang stehen ohne dabei eine Kausalität zu implizieren (Runkler 2015, S. 67; Cleff 2015, S. 135). In Abhängigkeit von der Problemdefinition und den genutzten Verfahren kann die Korrelationsanalyse sowohl der deskriptiven als auch der explorativen Datenanalyse zugeordnet werden. Es ist darauf zu achten, dass Korrelationen durch zufällige oder irreführende Beziehungen verzerrt sein können, weshalb ergänzende Tests und Modelle empfohlen werden, um valide Schlüsse zu ziehen (Runkler 2020, S. 61ff.).

Clustering wird genutzt, um ähnliche Merkmale und Strukturen innerhalb einer Datenmenge zu identifizieren und zu gruppieren (Vogt & Nagel 1992, S: 182f.). Das primäre Ziel des Clustering besteht darin, durch ein unüberwachtes Lernverfahren, welches im Gegensatz zur Klassifikation nicht auf vorher definierten Klasseneinteilungen beruht, unbekannte Gruppen innerhalb der Daten zu identifizieren (Landau & Ster 2010, S. 72) Diese Methode, die ohne vorab festgelegtes Wissen über mögliche Klassen operiert, ermöglicht die Entdeckung neuer Gruppen, die wiederum in verschiedenen Anwendungsgebieten wie der automatisierten Klassifikation, der Mustererkennung in der Bildverarbeitung und der Marktsegmentierung genutzt werden können (Krebs & Hagenweiler 2022, S. 11; Runkler 2020, S. 117).

Prognosemodelle basieren in der Regel auf historischen Daten (Groggert 2019, S. 26). Sie nutzen bspw. komplexe Ansätze wie neuronale Netze, um zukünftige Datenpunkte von Zeitreihen vorherzusagen (Krebs & Hagenweiler 2022, S. 13f.). Diese Verfahren sind essenziell in Bereichen wie Finanzen, Wettervorhersage und Lagerhaltung, wo präzise Vorhersagen kritische Entscheidungen unterstützen (Runkler 2020, S. 89).

Regressionen werden angewandt, um funktionale Abhängigkeiten zwischen einer abhängigen Variable und einer oder mehreren unabhängigen Variablen zu beschreiben und zu analysieren (Galata & Scheid 2012, S. 119). Sie eignen sich, um kausale Zusammenhänge zu untersuchen und Vorhersagemodelle zu erstellen (Elser et al. 2021, S. 281; Backhaus et al. 2023, S. 64f.). In der induktiven Statistik werden Regressionsmodelle verwendet, um aus den Daten von Stichproben auf die Grundgesamtheit zu schließen (Romeike & Stallinger 2021, S. 49). Dabei reicht das Spektrum von einfachen linearen Modellen bis hin zu komplexen nichtlinearen Regressionsverfahren (Runkler 2020, S. 69).

Die *Klassifikation* ermöglicht es, Objekte oder Datenpunkte basierend auf ihren Merkmalen in Klassen einzuteilen. Dafür werden Modelle anhand von Trainingsdaten mit bekannten Klassenzugehörigkeiten trainiert (Buschmann et al. 2021, S. 807; Elser et al. 2021, S. 281). Der Einsatz von Methoden wie Support-Vektor-Maschinen, Entscheidungsbäumen oder Naive-Bayes-Klassifikatoren ist in diesem Zusammenhang nennenswert (Runkler 2020, S. 95).

Der Untersuchungsbereich der Arbeit konzentriert sich auf Analysemethoden, die spezifische Funktionen des reaktiven Fehlermanagements erfüllen. Insbesondere stehen dabei die Methoden der Visualisierung, Korrelation und Clustering im Vordergrund, deren Einsatz sich auf grundlegende, niedrigschwellige Anwendungsszenarien beschränkt. Die Entwicklung allgemeingültiger Analyseansätze ist kein Bestandteil dieser Arbeit, da hier auf Vorarbeiten zurückgegriffen werden kann (bspw. Schlegel 2022; Glöckner 2020; Exner 2019; Groggert 2019).

2.4.4 Datenbasierte Entscheidungsunterstützung

Die empirische Wissenschaft definiert die *Entscheidungsunterstützung* und -findung als kognitiven Prozess, der in der Auswahl einer Handlungsmaßnahme unter mehreren zueinander in Konflikt stehenden Zielgrößen resultiert (Pioch 2021, S. 16; Simon 1977, S. 39ff.). Der Entscheidungsprozess ist ein auf Annahmen über Werte, Präferenzen und Überzeugungen des (menschlichen) Entscheidungsträgers basierender Denkprozess. Dieser kann entweder rational oder irrational sein. Jeder Entscheidungsprozess durchläuft die Phasen der Entscheidungsvorbereitung, der eigentlichen Entscheidung, die zu einem endgültigen Ergebnis führt und das eine Handlung bewusst auslöst oder ablehnt sowie einer Entscheidungskontrolle, siehe Abbildung 2.15 (Chlupsa 2022, S. 14ff.; Pioch 2021, S. 35ff.).

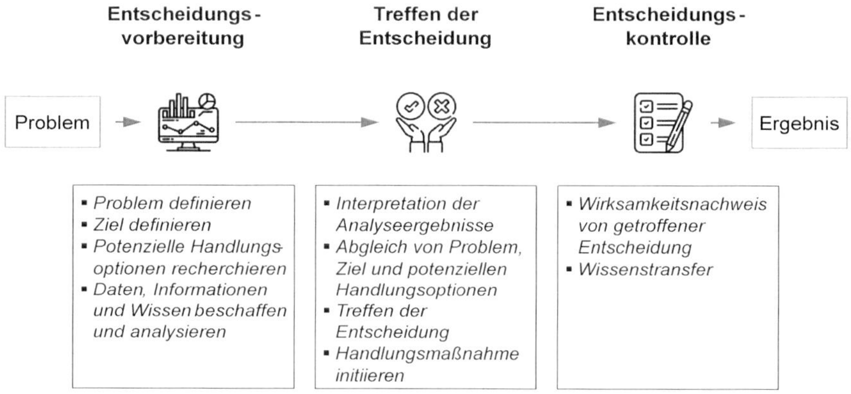

Abbildung 2.15: Entscheidungsprozess (i. A. a. Luft et al. 2016, S. 761)

Die wesentliche Aufgabe und Herausforderung der Entscheidungsunterstützung umfasst die Analyse und Interpretation einer begrenzten Menge zur Verfügung stehenden Informationen (Chlupsa 2022, S. 15; Waller 2020, S. 2f.). Sie kann als eine Problemlösungsaktivität angesehen werden, die zu einer als optimal oder zufriedenstellend angesehenen Lösung führen soll. Es ist daher ein Prozess, der auf explizitem und implizitem Wissen basiert (vgl. Kap. 2.3) (Brockmann & Anthony 2002, S. 436ff.).

Die *datenbasierte Entscheidungsunterstützung* nutzt statistische Methoden der Datenanalyse (vgl. Kap. 2.4.3), um die prozess- und produktbezogene Entscheidungsfindung zu optimieren und rationaler auszurichten (Kiesel et al. 2024, S. 341). Laut Schmitt et al. und Buschmann et al. steigert der datenbasierte Ansatz die Effizienz der Entscheidungsfindung, indem er sowohl Zeit als auch Kosten durch die objektive Auswertung und Interpretation von Daten reduziert (Schmitt et al. 2023, S. 485; Buschmann et al. 2021, S. 800). Zudem minimiert der datenbasierte Ansatz Risiken und steigert die Qualität der Entscheidungsgrundlage, was zu einer höheren Validität und Zuverlässigkeit der Resultate führt (Manyika et al. 2019, S. 2). Diese systematische Nutzung statistischer Methoden resultiert in präziseren, nachvollziehbaren und kosteneffizienten Handlungsmaßnahmen (Purdy & Williams 2023, S. 1f.; Klasen et al. 2022, S. 24f.).

Diese Arbeit bezieht sich auf eine Steigerung der bereitgestellten Daten- und Informationsqualität. Das Ziel ist es, eine Systematisierung der Ausgangssituation für die Entscheidungsvorbereitung und zu treffende Entscheidung zu erzielen. Dies geschieht im Kontext der manuellen Montage.

2.5 Zwischenfazit und Eingrenzung des Untersuchungsbereichs

Auf Grundlage der Problemstellung (vgl. Kap. 1.1) und des heuristischen Bezugsrahmens (vgl. Kap. 1.4) wurde in diesem Kapitel der Untersuchungsbereich festgelegt, klar abgegrenzt und eine gemeinsame Terminologie der Arbeit definiert. Die Gliederung basiert auf den vorgestellten Objektbereichen dieser Arbeit, was ein konsistentes Verständnis für die Arbeit gewährleistet. Die Entscheidungsunterstützung mithilfe von Datenanalyse und Prädiktion (vgl. Kap. 2.4) dient dabei als Bindeglied zwischen den drei Objektbereichen, um sowohl der zunehmenden Bedeutung als auch den gegenseitigen Abhängigkeiten gerecht zu werden. Die *Eingrenzung des Untersuchungsbereichs* in die Objektbereiche und Merkmalsausprägungen ist in Abbildung 2.16 zusammengefasst dargestellt.

Im Rahmen der *Produktionstheorie* ist diese Arbeit der Industriebranche verortet. Hierbei liegt der Fokus auf dem Abschnitt der Produktion innerhalb der unternehmerischen Wertschöpfungskette. Die vorliegende Arbeit konzentriert sich auf die objektbezogene Arbeit während des Montageprozesses. Von Relevanz für das Fehlermanagement ist der Untersuchungsbereich der Sekundärmontage. Dabei untersucht die Arbeit speziell die Rolle qualifizierter Mitarbeiter in der manuellen Montage, der Qualitätssicherung, dem Prüfstand und der Produktabnahme eines Produkts, insbesondere an den Arbeitsschritten, wo es zu einer Fehlerentdeckung und Erfassung kommen kann. Die Arbeit konzentriert sich besonders auf die Großserienfertigung, berücksichtigt jedoch auch die Kleinserien- und Massenfertigung. Die relevante Ablaufart begrenzt sich auf die Auftragsfertigung.

Diese Arbeit folgt einem qualitätsbezogenen Begriffsverständnis, entsprechend der Einordnung des *Fehlermanagements* in das Qualitätsmanagement. Sie fasst den Fehlerbegriff als zustandsorientiert auf und definiert eine Abweichung des physischen Produkts von den festgelegten Anforderungen. Zudem erfolgt eine terminologische Trennung zwischen den Begriffen Fehler, Mangel, Abweichung und Störung. Da sich ein Mangel zu einem Fehler entwickeln kann, berücksichtigt die Betrachtung auch den Bereich des Mangels. Obwohl das primäre Ziel die effektive Vermeidung von Fehlern darstellt, vertritt diese Arbeit einen reaktiven Ansatz im Fehlermanagement. Zur Schärfung des Arbeitsfokus werden präventive Maßnahmen, wie die FMEA (engl. Failure Mode and Effects Analysis), nicht als Bestandteile des Fehlermanagements betrachtet. Das Fehlermanagement umfasst interne und externe Fehler, wobei der Schwerpunkt auf internen Fehlern, also innerhalb der Unternehmensabläufe, liegt. Somit befindet sich die Systemgrenze innerhalb des Produktionssystems. Originäre Fehler können jedoch auch innerhalb des Zuständigkeitsbereichs des Zulieferers auftreten, weshalb dieser Bereich tangiert wird. Innerhalb dieser Grenzen werden die Ursache-Wirkungs-Zusammenhänge analysiert. Der Fokus der Arbeit beschränkt sich auf eine 1:m-Beziehung, da es der Praxis entspricht. Die betrachteten Phasen des Fehlermanagementprozesses konzentrieren sich auf die Erfassung, wobei die Grundvoraussetzung der Entdeckung sowie die Auswirkungen auf die Ursachenanalyse, Maßnahmenentwicklung und Wirksamkeit tangiert werden.

Im Kontext des *Informationsmanagements* begrenzt sich der Untersuchungsbereich auf die Transformation von Daten, Information und Wissen. Bei der Eingrenzung der Datenarten gilt die Definition der Betriebsdaten. Weiterhin umfassen die relevanten Datenarten insbesondere die Maschinendaten, das heißt die Produkt- und Prozessdaten. Da eine vollständig isolierte Betrachtung der Prozess- und Produktdaten nicht möglich ist, werden die Auftragsdaten tangiert betrachtet. Basierend auf den Reifegradstufen liegt der Schwerpunkt auf der deskriptiven und diagnostischen Analyse, bedingt durch die reaktive Ausrichtung des Fehlermanagements. Dasselbe gilt für den Schwerpunkt des Datenanalyseprozesses, der auf der Erfassung und Verarbeitung liegt, die Nutzung aber auch betrachtet wird. Der Untersuchungsbereich konzentriert sich auf Analysemethoden, die spezifische Funktionen des Fehlermanagements erfüllen. Insbesondere stehen dabei Methoden im Vordergrund, deren Einsatz sich auf grundlegende, niedrigschwellige Anwendungen beschränkt. Diese Methoden rücken dann in den Objektbereich, wenn sie zur Erfüllung bestimmter Funktionen des Fehlermanagements verwendet werden. Die Entwicklung allgemeingültiger Analyseansätze ist nicht Gegenstand der Untersuchung, da hier auf Vorarbeiten zurückgegriffen werden kann.

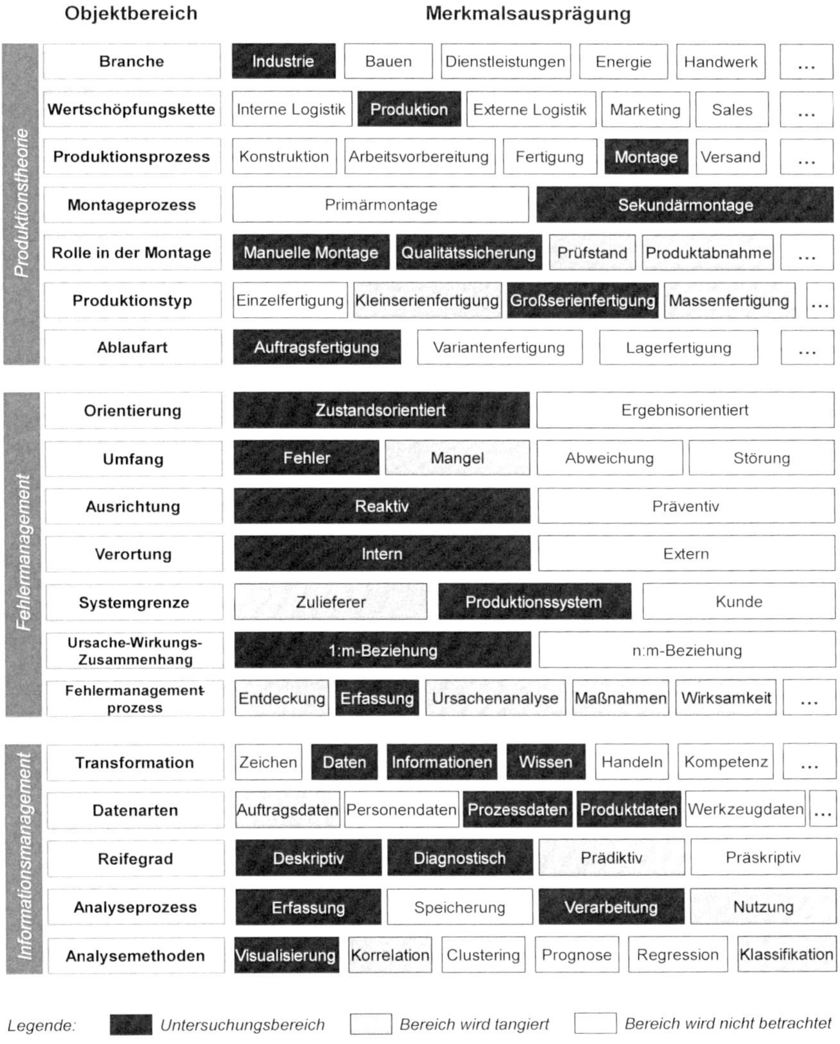

Abbildung 2.16: Abgrenzung des Untersuchungsbereichs der Arbeit

3 Stand der Forschung und Industrie

In diesem Kapitel folgt die Ermittlung des Stands der Forschung und Industrie, basierend auf der im vorherigen Kapitel festgelegten Terminologie und Eingrenzung des Untersuchungsbereichs.

Das Kapitel 3.1 fasst das allgemein gültige methodische Vorgehen zur Ermittlung des Stands der Forschung sowie die Durchführung und Herleitung des Zwischenfazits für die zuvor fokussierten Themenschwerpunkte der manuellen Montage, des Fehlermanagements sowie des Informationsmanagements zusammen. Das Kapitel 3.2 beschreibt die Untersuchungsergebnisse zur aktuellen Anwendung von Datenanalyse und Prädiktion in produzierenden Unternehmen, bevor das Zwischenfazit zum Stand der Industrie folgt. Abschließend konkretisiert das Kapitel 3.3 den Forschungsrahmen mit der Beantwortung der TFF 1. Die gewonnenen Erkenntnisse bilden die Grundlage für eine Spezifizierung des weiteren Forschungsbedarfs.

3.1 Methodisches Vorgehen zur Ermittlung des Stands der Forschung

Im Rahmen dieser Arbeit wurde die PRISMA-Methode angewendet, um den Stand der Forschung innerhalb des in Kapitel 1.4 definierten Untersuchungsbereichs zu ermitteln (vgl. Kap. 3.1.1). Dabei fokussiert sich die Untersuchung auf die Themenschwerpunkte der manuellen Montage, des Fehlermanagements sowie des Informationsmanagements. Diese methodische Herangehensweise zielt darauf ab, die Problemstellung zu verdeutlichen (vgl. Kap. 1.1), die TFF 1 zu beantworten und den Forschungsrahmen weiter zu präzisieren (vgl. Kap. 3.1.2). Die gewonnenen Erkenntnisse bilden die Grundlage für eine Spezifizierung des weiteren Forschungsbedarfs, siehe Kapitel 3.3.

3.1.1 PRISMA-Methode

Im Kontext der Arbeit wird die *PRISMA-Methode* (engl. Preferred Reporting Items for Systematic Reviews and Meta-Analyses) als methodisches Vorgehen zur Ermittlung des aktuellen Stands der Forschung angewendet. Sie repräsentiert einen evidenzbasierten und wissenschaftlich anerkannten Standard für die Durchführung systematischer Literaturrecherchen und Meta-Analysen (Page et al. 2020, S. 1f.). Die PRISMA-Methode verfolgt das Ziel, Forschungsprozesse transparent und umfassend darzustellen, um die Nachvollziehbarkeit des daraus resultierenden Zwischenfazits (vgl. Kap. 3.1.2) zu gewährleisten und eine systematische Literaturrecherche replizierbar zu gestalten (Ziegler et al. 2011, S. 9ff.; Moher et al. 2009, S. 2). Als Forschungsziel wird die Beantwortung der TFF 1 (vgl. Kap. 1.2) seitens Forschung definiert. Das methodische Vorgehen gliedert sich in vier Schritte, die in Abbildung 3.1 dargestellt sind.

Der erste Schritt umfasst die *Definition einer Suchstrategie*, bei der die Forschungsfrage präzise formuliert und eine Strategie entwickelt wird, um relevante Veröffentlichungen in Datenbanken und anderen Medien zu identifizieren (Wachter et al. 2024, S. 1394f.).

Der zweite Schritt beinhaltet die *Festlegung von Aufnahmekriterien*. Dabei werden spezifische Kriterien definiert, nach denen Veröffentlichungen für die Einbeziehung in die Analyse ausgewählt oder ausgeschlossen werden. Dies dient der Sicherstellung, dass nur für die Forschungsfrage relevante Literatur berücksichtigt wird (Wachter et al. 2024, S. 1394f.).

Im dritten Schritt erfolgen die gezielte *Identifizierung und Auswahl* der Literatur. Dieser Prozess teilt sich in drei Teilschritte: Die Identifikation neuer wissenschaftlicher Veröffentlichungen über Datenbanken und Register, die Auswahl potenziell relevanter Veröffentlichungen zur detaillierten Prüfung und die Sichtung, bei der Volltexte auf ihre Eignung hin bewertet und irrelevante Studien ausgeschlossen werden. Die Veröffentlichungen, die alle Kriterien erfüllen, werden schlussendlich in die Übersicht aufgenommen (Page et al. 2020, S. 1ff.).

Der vierte Schritt befasst sich mit der *Extraktion und Synthese* der erforderlichen Informationen. Hierbei werden relevante Informationen aus den ausgewählten Veröffentlichungen extrahiert und im Hinblick auf die definierte Forschungsfrage analysiert und zusammengefasst (Wachter et al. 2024, S. 1394f.; Page et al. 2020, S. 1ff.).

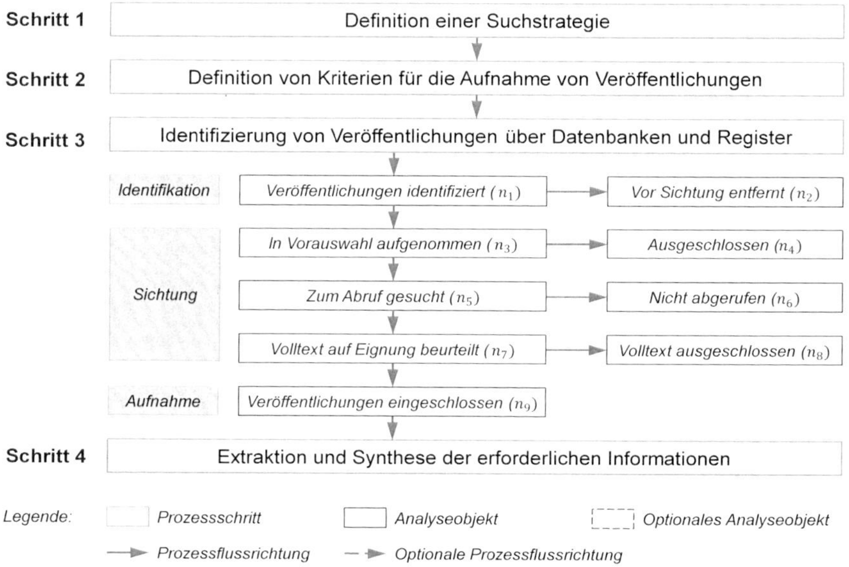

Abbildung 3.1: PRISMA-Methode (i. A. a. Wachter et al. 2024, S. 1394; Page et al. 2020, S. 5)

3.1.1.1 Schritt 1: Definition der Suchstrategie

Für die Beantwortung der TFF 1 (vgl. Kap. 1.2), aus der Perspektive der Forschung, folgt die Anpassung der Frage: *„Welcher Bedarf existiert seitens Forschung für die Systematisierung der Datenerfassung, um die Datennutzung zu steigern?"*. Auf Grundlage der TFF und der Eingrenzung des Untersuchungsbereichs (vgl. Kap. 2.5) lässt sich die Suchstrategie entwickeln, um relevante Veröffentlichungen zu identifizieren.

Für die strukturierte Literaturrecherche sind Suchbegriffe (engl. Search Strings) und Schlüsselwörter (engl. Keywords) definiert und kombiniert, die sowohl das Suchobjekt (engl. Search Object) als auch den Suchbereich (engl. Domain) enthalten. Der Suchbereich ist durch die Schlüsselwörter *Produktion*, *Montage*, *manuelle Montage* oder *Montageprozess* definiert. Das Schlüsselwort *Fehlermanagement* wurde als Suchobjekt eingeführt, ebenso wie die verwandten Schlüsselwörter bezüglich der Bedarfe der *Fehlerdatenerfassung*, *-aufnahme* und *-dokumentation* sowie deren *Fehlerumgang*. Das Hinzufügen der Suchbegriffe *Informationsmanagement* und *-qualität* sowie *Datenverwertung*, *-aufnahme*, *-umgang* und *-nutzung* zu den zuvor definierten Schlüsselwörtern spezifiziert eine prozessübergreifende Anwendbarkeit, um sowohl interne als auch externe Kommunikations- und Analyseeinflüsse auf das Produktionssystem einzubeziehen. Es wurde der Zeitraum zwischen den Jahren 1986 und 2023 ausgewertet. Die Suchbegriffe für die erweiterten Suchfunktionen sind in Tabelle 3.1 aufgeführt, wobei die Recherche in Englisch durchgeführt wurde, da ein Großteil der wissenschaftlichen Veröffentlichungen in diesem Forschungsbereich auf Englisch verfasst ist.

Für die Durchführung der Recherche wurden mit Scopus[1], Web of Science Core Collection[2] und IEEE Xplore Digital Library[3] drei öffentlich zugängliche und wissenschaftlich renommierte Forschungsdatenbanken ausgewählt, die eine Reproduzierbarkeit der Ergebnisse gewährleisten (Gusenbauer & Haddaway 2020, S. 182; Kugley et al. 2017, S. 9). Scopus und Web of Science gelten als zwei der umfangreichsten und vielseitigsten Forschungsdatenbanken weltweit. Sie bieten Zugriff auf eine Vielzahl wissenschaftlich begutachteter Veröffentlichungen, von den Naturwissenschaften und Technik bis hin zu den Sozialwissenschaften und Geisteswissenschaften (Falagas et al. 2008, S. 342). Dies eignet sich insbesondere für diese Arbeit, da sie interdisziplinäre Aspekte beinhaltet. IEEE Xplore Digital Library ist speziell auf Informatik und verwandte ingenieurswissenschaftliche sowie technologische Disziplinen ausgerichtet (Gusenbauer & Haddaway 2020, S. 183). Dies eignet sich insbesondere für die Recherche rund um technologische Innovationen, Informationsmanagement und digitale Transformation. Durch die Kombination der drei Forschungsdatenbanken kann eine hohe Qualität in den wissenschaftlichen Veröffentlichungen, aber auch eine quantitative Abdeckung der Recherche gewährleistet werden (Gusenbauer & Haddaway 2020, S. 188ff.).

---

[1] *https://www.scopus.com/home.uri*
[2] *https://www.webofknowledge.com*
[3] *https://ieeexplore.ieee.org/Xplore/home.jsp*

Tabelle 3.1: Definierte Suchbegriffe für die Forschungsdatenbanken

Forschungsdatenbank	Suchbegriffe
Scopus	TITLE-ABS-KEY ("production" OR "manufacturing" OR "assembly" OR" manual assembly" OR "assembly process") AND TITLE-ABS-KEY ("failure management" OR "error management" OR "defect management" OR "error detection" OR "failure detection" OR "error handling" OR "failure acquisition") AND TITLE-ABS-KEY ("data capture" OR "data acquisition" OR "information management" OR "information quality" OR "data utilization" OR "data usage" OR "data optimization") AND PUBYEAR > 1985 AND PUBYEAR < 2024
Web of Science Core Collection	"production" OR "manufacturing" OR "assembly" OR "manual assembly" OR "assembly process" (All Fields) and "failure management" OR "error management" OR "defect management" OR "error detection" OR "failure detection" OR "error handling" OR "failure acquisition" (All Fields) and "data capture" OR "data acquisition" OR "information management" OR "information quality" OR "data utilization" OR "data usage" OR "data optimization" (All Fields) and 1986-2023 (Year Published)
IEEE Xplore Digital Library	("All Metadata":"production" OR "All Metadata":"manufacturing" OR "All Metadata":"assembly" OR "All Metadata":"manual assembly" OR "All Metadata":"assembly process") AND ("All Metadata":"failure management" OR "All Metadata":"error management" OR "All Metadata":"defect management" OR "All Metadata":"error detection" OR "All Metadata":"failure detection" OR "All Metadata":"error handling" OR "All Metadata":"failure acquisition") AND ("All Metadata":"data capture" OR "All Metadata":"data acquisition" OR "All Metadata":"information management" OR "All Metadata":"information quality" OR "All Metadata":"data utilization" OR "All Metadata":"data usage" OR "All Metadata":"data optimization")

Diese Suchbegriffe sind darauf ausgerichtet, wissenschaftliche Veröffentlichungen in den Forschungsdatenbanken zu identifizieren, die sich mit der Steigerung der Datenqualität und der effizienteren Nutzung der Daten in der Forschung beschäftigen. Sie berücksichtigen technologische Aspekte ebenso wie methodologische und prozessorientierte Faktoren. Unter Verwendung der definierten Suchbegriffe sind 84 wissenschaftliche Veröffentlichungen in Scopus identifiziert worden, 23 in Web of Science Core Collection sowie 38 in IEEE Xplore Digital Library.

3.1.1.2 Schritt 2: Definition von Kriterien für die Aufnahme

Die Kriterien für die Aufnahme von wissenschaftlichen Veröffentlichungen sind in fünf Kategorien unterteilt, siehe Tabelle 3.2. Die erste Kategorie definiert das Forschungsobjekt (engl. Research Object) der wissenschaftlichen Veröffentlichung. Die im ersten Schritt ausgewählten Veröffentlichungen behandeln Bedarfe, die sich auf die Systematisierung der Datenerfassung beziehen, um die Datennutzung zu steigern. Die zweite Kategorie bezieht sich auf ein einheitliches Grundverständnis der Schlüsselwörter, die dem Terminus in Kapitel 2 entsprechen. Die Definitionen für Begriffe wie Fehler oder Mangel sind mit den Definitionen abgestimmt. Die in den ausgewählten Veröffentlichungen vorgestellten Ansätze können sowohl prozedurale Methodologien, generalisierbare Modelle als auch spezifische Softwareanwendungen umfassen. In Bezug auf den Fokus der Veröffentlichungen sollen die vorgeschlagenen Ansätze Lösungen widerspiegeln, die prozessübergreifend oder wertschöpfungskettenübergreifend agieren. Abschließend sollen die Lösungsansätze eine Anwendung in der Industrie adressieren.

Tabelle 3.2: Kriterien für die Aufnahme von Veröffentlichungen

Aufnahmekriterium	Beschreibung
Forschungsobjekt	Quality-oriented needs that focus on optimizing data collection in order to increase data usage
Definition	Alignment with definitions for keywords (for example, failure, effect, error)
Lösungsansatz	Methodologies, models, applications
Fokus	Cross-process/cross value chain
Anwendung	Production/manufacturing industry/manual assembly

3.1.1.3 Schritt 3: Identifizierungen von Veröffentlichungen

In Summe wurden 145 wissenschaftliche Veröffentlichungen (n_1) in den Forschungsdatenbanken abgerufen (Stand Januar 2024). Nach Entfernen der Duplikate blieben 140 Veröffentlichungen (n_3) für die Vorauswahl verfügbar. Die Vorauswahl wurde in einem Single-Blind Review-Verfahren durchgeführt, bei dem Informationen zu den Autoren und Institutionen anonym blieben, um die Wahrscheinlichkeit von Verzerrungen zu verringern (Snodgrass 2007, S. 3). In einer ersten Iteration wurde die Vorauswahl durch Anwendung der Auswahlkriterien auf die Titel durchgeführt. Nach der zweiten Iteration, die die Überprüfung der Abstracts der wissenschaftlichen Veröffentlichungen beinhaltete, wurden 107 Veröffentlichungen (n_5) abgerufen. Zuletzt wurde eine Eignung der Volltexte durchgeführt, was zu einer endgültigen Anzahl von 25 wissenschaftlichen Veröffentlichungen (n_9) führte, die in die Überprüfung aufgenommen wurden, siehe Tabellen 3.3 bis 3.5.

3.1.1.4 Schritt 4: Extraktion und Synthese

In diesem Schritt wurde die Informationsextraktion und -synthese durchgeführt, um die TFF 1 aus der Perspektive der Forschung zu beantworten. Hierzu wurden die wissenschaftlichen Veröffentlichungen drei thematischen Schwerpunkten zugeordnet, zusammengefasst und anhand von sieben hergeleiteten Kriterien bewertet, siehe Tabellen 3.3 bis 3.5.

Der erste thematische Schwerpunkt *Strategische Planung* befasst sich mit Veröffentlichungen, die ihren Fokus auf grundlegenden Herausforderungen zum Thema der Datenqualität legen, insbesondere wie diese die Entscheidungsprozesse beeinflussen. Es schließt Arbeiten ein, die Rahmenwerke entwickeln, um die Datenverarbeitung und -nutzung in strategischen Entscheidungskontexten zu verbessern.

Die *Technologieentwicklung* legt den Schwerpunkt auf der Entwicklung und Implementierung von Technologien und Systemen, die auf die Verbesserung der operativen Effizienz und Anpassungsfähigkeit von Produktionsprozessen ausgerichtet sind. Diese Arbeiten behandeln Ansätze zu entwickelten adaptiven Systemen, die eine dynamische Reaktion auf Veränderungen im Produktionsumfeld ermöglichen.

Der dritte Schwerpunkt, die *Anwendungsfälle*, konzentriert sich auf spezifische Anwendungen und Fallstudien aus der Industrie, die den Einsatz von Modellen und Methoden untersuchen. Diese Arbeiten fassen die forschungsseitigen Erkenntnisse aus operativ durchgeführten Projekten zum Thema der Bedarfe für die Datenerfassung zusammen.

Das erste Kriterium, die *Verbesserung der Datenqualität zur Systematisierung der Entscheidungsfindung*, bewertet methodische und modellbasierte Ansätze zur Erhöhung der kontextuellen Datenqualität. Es konzentriert sich auf die Datenqualitätsattribute der Wertschöpfung, unternehmerischer Relevanz und Aktualität. Darüber hinaus sollten die Daten in angemessener Menge und Vollständigkeit vorliegen (vgl. Kap. 2.3.2).

Das zweite Kriterium, die *Integration von Informations- und Kommunikationstechnologie*, beurteilt die Effektivität der Integration neuer IKT-Lösungen in bestehende Datenerfassungssysteme. Dieses Kriterium zielt darauf ab, die Zugänglichkeit und Nutzung der Daten und Informationen für die Mitarbeiter zu bewerten, was zur Steigerung der Gesamteffizienz der Organisation beiträgt (vgl. Kap. 2.3.3).

Das dritte Kriterium, die *datenbasierte Unterstützung bei der Entscheidungsfindung*, misst den Erfolg bei der Zusammenführung verschiedener Datenquellen in ein einheitliches System. Dies fördert eine ganzheitliche Sicht auf Informationen, die wesentlich zur Unterstützung fundierter Entscheidungsprozesse beiträgt (vgl. Kap. 2.4.4).

Das vierte Kriterium, die *Entwicklung methodischer Ansätze oder Modelle zur Systematisierng der Datenerfassung*, bewertet sowohl die Entwicklung als auch die Implementierung methodischer Ansätze. Diese Ansätze sind darauf ausgerichtet, die Effizienz und Effektivität der Datenerfassungsprozesse zu verbessern, was die Qualität der gewonnenen Daten maßgeblich erhöht (vgl. Kap. 2.4.2).

Das fünfte Kriterium, die *Automatisierung der Datenerfassung*, konzentriert sich auf die Bewertung der Möglichkeiten zur Automatisierung des Datenerfassungsprozesses. Durch die Automatisierung können manuelle Fehler reduziert und die Gesamteffizienz der Datenerhebung signifikant gesteigert werden (vgl. Kap. 2.4.2).

Das sechste Kriterium, die *Feedback- und Fehlerkorrektursysteme*, umfasst die Entwicklung von systemischen Ansätzen, die es ermöglichen, qualitatives Feedback zum Fehlermanagementprozess zu sammeln und Korrekturen zeitnah durchzuführen (vgl. Kap. 2.2.4 und 2.2.5). Derartige Ansätze sind entscheidend für die Erreichung von Zielen des Fehlermanagements (vgl. Kap. 2.2.6).

Schließlich beurteilt das siebte Kriterium, die *Datenpflege und -aktualisierung*, Strategien und Ansätze zur kontinuierlichen Pflege und Aktualisierung der erfassten und verfügbaren Daten. Dieses Kriterium ist essentiell, um die Relevanz, Aktualität und Vollständigkeit der Daten über die Zeit zu erhalten und sicherzustellen, dass die Datenbasis aktuell bleibt (vgl. Kap. 2.3.2 und 2.3.4).

Die Bewertung des Erfüllungsgrades innerhalb der Kriterien erfolgt mithilfe der Harvey-Ball-Matrizen, siehe Tabellen 3.3 bis 3.5. Ein leerer Kreis symbolisiert, dass das Kriterium im Rahmen der wissenschaftlichen Veröffentlichung nicht behandelt oder keine relevanten Informationen zum Kriterium geliefert werden. Ein zu einem Viertel ausgefüllter Kreis bedeutet, dass das Thema nur nebensächlich erwähnt wird oder dass die Informationen minimal bzw. unzureichend sind und keine Transferleistung der Ergebnisse in dem Kriterium möglich ist. Bei einem halb ausgefüllten Kreis werden einige relevante Informationen und Ansätze geboten, jedoch ohne umfassende Tiefe oder Detailgenauigkeit. Eine Transferleistung der Ergebnisse ist nur bedingt möglich. Ein zu drei Vierteln gefüllter Kreis zeigt, dass das Kriterium ausführlich behandelt wird, allerdings einige Aspekte oder Details unberücksichtigt bleiben. Eine Transferleistung der Ergebnisse ist dennoch möglich. Ein vollständig ausgefüllter Kreis bedeutet, dass die wissenschaftliche Veröffentlichung das Kriterium umfassend und detailliert abdeckt und eine Transferleistung im Rahmen der TFF 1 sinnvoll ist.

Im thematischen Schwerpunkt der *strategischen Planung* spielt die Datenqualität eine entscheidende Rolle, da sie grundlegend für die Systematisierung von Entscheidungsprozessen und die Effizienz von Produktionsabläufen ist, siehe Tabelle 3.3. In der Forschung zur Datenqualität und deren Auswirkungen auf Produktions- und Entscheidungsprozesse leiten YUAN ET AL. Herausforderungen und Chancen her, indem sie die Bedeutung präziser Datenqualitätsmerkmale betonen und eine Taxonomie für Datenquellen und -flüsse vorschlagen (Yuan et al. 2021, S. 1200ff.). Weiterhin heben SCHMITT ET AL. die Notwendigkeit geschlossener Qualitätsregelkreise zur Stabilisierung von Geschäftsprozessen durch eine verbesserte Datenerfassung hervor, was zeigt, wie kritisch die fortlaufende Anpassung und Bewertung der Datenqualität ist (Schmitt et al. 2012, S. 439ff.). EGEL ET AL. bauen auf diesen Grundlagen auf und diskutieren ein fortschrittliches Datenframework zur Erfassung von Fehlerinformationen aus früheren Projekten, was die Bedeutung einer projektübergreifenden Integration von Datenflüssen zur Vermeidung zukünftiger Fehler unterstreicht (Egel et al. 2023, S. 327ff.). In ähnlicher Weise hebt die Arbeit von HAGHI ET AL. die Dringlichkeit der Entwicklung fortschrittlicher Analysetechniken hervor, die speziell für die effektive Nutzung großer Datenmengen in industriellen Anwendungen konzipiert sind, um die Leistungsfähigkeit und Effizienz von Produktionsanlagen zu verbessern (Haghi et al. 2018, S. 989ff.). Die Notwendigkeit, Big Data zur Proaktivierung des Fehlermanagements in Produktionssystemen einzusetzen, haben STICH ET AL. untersucht. Sie identifizieren den Bedarf an komplexen Ereignisverarbeitungsalgorithmen, die große Datenmengen in Echtzeit analysieren können, um potenzielle Fehlerquellen frühzeitig zu erkennen (Stich et al. 2015, S. 447ff.). Yu und Frincke setzen diesen Schwerpunkt fort, indem sie die Rolle von Entscheidungsunterstützungssystemen zur Optimierung von Produktionsprozessen durch adaptive Systeme, die dynamisch auf Umgebungsveränderungen reagieren, diskutieren (Yu & Frincke 2004, S. 2004, S. 1ff.). Schließlich betont Pierce die Bedeutung von Kontrollmatrizen zur Bewertung der Datenqualität, was die systematische Identifikation und Behebung von Schwachstellen in der Datenqualität in verschiedenen Branchen unterstützt. Dies unterstreicht die Notwendigkeit, automatisierte Prozesse zur Überwachung und Verbesserung der Datenqualität zu implementieren, um präzisere und effizientere Fehlerkorrektur- und Vermeidungsstrategien zu entwickeln (Pierce 2004, S. 82ff.). Parallel dazu betonen Beckschulte et al. die Notwendigkeit, datenbasierte Fehlermanagementmethoden in der Produktion weiterzuentwickeln, um frühzeitig Fehler erkennen und die Effizienz der Produktionsprozesse steigern zu können. Ihre Forschung unterstreicht die Bedeutung einer verlässlichen, kennzahlenbasierten Entscheidungsfindung, die auf einer fundierten Datenbasis aufbaut (Beckschulte et al. 2023a, S. 192ff.).

Tabelle 3.3: Harvey-Ball Matrix zur Extraktion und Synthese der strategischen Planung

Wissenschaftliche Veröffentlichung: Schwerpunkt: Strategische Planung	**Verbesserung der Datenqualität**	**Integration von IKT**	**datenbasierte Entscheidungsfindung**	**Ansätze zur Datenerfassung**	**Automatisierung der Datenerfassung**	**Feedback- und Fehlerkorrektur**	**Datenpflege und -aktualisierung**
Yuan et al. 2021	◕	○	◕	◕	◑	◑	◔
Schmitt et al. 2012	◔	○	◑	◑	◑	●	◔
Egel et al. 2023	◑	○	◔	○	◔	◑	◔
Haghi et al. 2018	◑	○	◑	◑	◔	◑	○
Stich et al. 2015	◑	◔	◑	◔	◔	◔	◑
Yu und Frincke 2004	◕	◔	◔	◕	◕	◔	◑
Pierce 2004	◑	○	◑	◑	◑	◑	◑
Beckschulte et al. 2023a	◑	◔	◑	◑	◔	◔	◔

Legende: ○ *Nicht behandelt* ◔ *Rudimentär erwähnt* ◑ *Teilweise behandelt* ◕ *Weitgehend behandelt* ● *Umfassend behandelt*

Der thematische Schwerpunkt der *Technologieentwicklung* konzentriert sich auf innovative Lösungen, die die Effizienz und Anpassungsfähigkeit von Produktionsprozessen verbessern, siehe Tabelle 3.4. SOMASEKARAM ET AL. identifizieren notwendige Architekturschichten für kritische Systemanwendungen, welche die Basis für adaptive Systeme bilden, die effizient auf Veränderungen reagieren können. Sie betonen die Notwendigkeit einer nahtlosen Datenintegration, um eine kontinuierliche und effiziente Datenerfassung in industriellen Umgebungen zu gewährleisten (Somasekaram 2022, S. 1ff.). Ergänzend hierzu diskutieren KURYŁO ET AL. die Notwendigkeit, Wissens- und Informationsmanagementsysteme zu erweitern, um die Datennutzung in Produktionsprozessen zu optimieren. Ihre Forschung hebt den Bedarf an fortschrittlichen Methoden hervor, die die Grundlage für den Einsatz von maschinellem Lernen und künstlicher Intelligenz bilden, um aus großen Datenmengen nutzbares Wissen zu extrahieren und dieses effektiv in operative sowie strategische Entscheidungsprozesse zu integrieren (Kuryło et al. 2021, S. 1ff.). AQLAN ET AL. verdeutlichen die Bedeutung der Integration von Datenanalyse und Simulation, um prädiktive Modelle für das Fehlermanagement zu entwickeln. Sie betonen die Notwendigkeit, diese Technologien zu automatisieren und Echtzeit-Entscheidungshilfen zu entwickeln, um die Reaktionsfähigkeit auf Produktionsmängel und -fehler zu verbessern und präventive Maßnahmen zu ermöglichen (Aqlan et al. 2017, S. 3940ff.). CHENG UND LIN beschreiben die Entwicklung eines Informationssystems, das Echtzeit-Datennutzung und maschinelles Lernen kombiniert, um die Entscheidungsprozesse in der Produktion zu unterstützen. Sie argumentieren, dass die Anpassungsfähigkeit und Stabilität dieses Systems durch den Einsatz fortschrittlicher Datenintegrations- und Analysetechniken weiter verbessert werden muss (Cheng & Lin 2004, S. 2377ff.).

Tabelle 3.4: Harvey-Ball Matrix zur Extraktion und Synthese der Technologieentwicklung

Wissenschaftliche Veröffentlichung: Schwerpunkt Technologieentwicklung	**Verbesserung der Datenqualität**	**Integration von IKT**	**datenbasierte Entscheidungsfindung**	**Ansätze zur Datenerfassung**	**Automatisierung der Datenerfassung**	**Feedback- und Fehlerkorrektur**	**Datenpflege und -aktualisierung**
SOMASEKARAM ET AL. 2022	◕	○	◕	◕	◑	◔	◑
KURYŁO ET AL. 2021	◔	○	◑	◑	◔	◔	◔
AQLAN ET AL. 2017	◑	○	◕	◕	◑	◔	○
CHENG UND LIN 2004	◕	○	◑	◑	◔	◔	◑

Legende: ○ *Nicht behandelt* ◔ *Rudimentär erwähnt* ◑ *Teilweise behandelt*
◕ *Weitgehend behandelt* ● *Umfassend behandelt*

Der Schwerpunkt der *Anwendungsfälle* analysiert die Anwendung und Implementierung von Methoden und Modellen im Rahmen des Fehlermanagements und der Datenqualität in produzierenden Unternehmen, um die Anforderungen moderner Produktionsumgebungen zu erfüllen, siehe Tabelle 3.5. Dazu haben GEWOHN ET AL. ein Modell für die intelligente Steuerung von Nacharbeiten entwickelt, das die Bedeutung der Datenqualität betont und die Effizienz von Nacharbeitsprozessen in der Fahrzeugmontage durch ein ausgeklügeltes Informationsmanagementmodell verbessert (Gewohn et al. 2018, S. 54ff.). ZHIVOTOVA UND BERDONOSOV untersuchen den Einsatz von Expertensystemen zur Steigerung der operativen Effizienz, insbesondere in der Flugzeugmontage. Sie zeigen, wie solche Systeme durch die Sammlung und Analyse von Daten aus IKT die Entscheidungsunterstützung auf der operativen Ebene verbessern können (Zhivotova & Berdonosov 2018, S. 1 ff.). AHMER ET AL. thematisieren die Notwendigkeit der Fehlermodus-Klassifikation und empfehlen die Entwicklung von adaptiven Algorithmen, die lernen können, Fehlermodi präzise zu erkennen und zu klassifizieren, um die Genauigkeit und Zuverlässigkeit der Fehlererkennung in Echtzeitproduktionsumgebungen zu verbessern (Ahmer et al. 2022, S. 1479ff.). Schließlich betonen SAND ET AL. die Wichtigkeit der Integration von Energieverbrauchsdaten in die Prozessüberwachung, um eine umfassendere Analyse der Fertigungsprozesse zu ermöglichen und präventive Wartungsstrategien zu unterstützen (Sand et al. 2018, S. 1ff.). Parallel dazu haben SCHNEIDER ET AL. ein cyberphysisches System für Smart Factories entwickelt, das die Diagnose und Reparatur von Maschinenkomponenten durch die Integration von Daten aus programmierbaren Logiksteuerungen und Sensorsystemen unterstützt. Dieser Ansatz zielt darauf ab, die Reaktionsfähigkeit der Produktionsanlagen durch eine schnelle Datenverarbeitung und effiziente Fehlerbehebung zu verbessern (Schneider et al. 2019, S. 300ff.). SELVIK UND SIGNORET diskutieren die Bedeutung der Interpretation sicherheitsrelevanter Ausfälle in Hochrisikoindustrien. Sie betonen die Notwendigkeit, Datenerfassungssysteme zu optimieren und fortschrittliche Sensoren sowie Algorithmen zur Datenanalyse zu entwickeln, um die Sicherheit in der Öl- und Gasindustrie zu erhöhen (Selvik & Signoret 2017, S. 61ff.). MUÑOZ ET AL. heben hervor, wie wichtig die Integration von Prozesssimulation und Echtzeit-Datenverarbeitung für die Bewertung der Leistung von Systemen ist. Ihre Forschung zielt darauf ab, dynamische Datenströme effektiv zu verarbeiten und dadurch die Energieeffizienz sowie Produktionsabläufe zu optimieren (Muñoz et al. 2015, S. 1ff.). JIA ET AL. haben eine Methode zur systematischen Bewertung der Datenqualität und Nutzbarkeit für das Prognostics and Health Management hergeleitet. Sie identifizieren einen Forschungsbedarf zur Verbesserung von Prognosemodellen, die auf maschinellem Lernen basieren und die Genauigkeit der Wartungsplanung steigern können (Jia et al. 2022, S. 55ff.). PARK ET AL. unterstreichen die Bedeutung der Entwicklung von dualen Feature-Vektoren, die mittels funktionaler Support-Vektor-Maschinen Fehler in Produktionsprozessen frühzeitig erkennen können. Diese Technologie zielt darauf ab, die Fehlererkennungsrate in vollautomatisierten Produktionssystemen zu verbessern (Park et al. 2009, S. 480ff.). GEBUS UND LEIVISKÄ diskutieren den Einsatz von neuronalen Netzen für die Fehlerdiagnose und betonen die Notwendigkeit, diese unter variablen

Betriebsbedingungen robust zu gestalten. Ihre Forschung zielt darauf ab, die Genauigkeit und Adaptivität der Fehlererkennung zu verbessern, indem maschinelles Lernen und künstliche Intelligenz in die Diagnosesysteme integriert werden (Gebus & Leiviskä 2009, S. 93ff.). SARWAL UND FILIPOVIC nutzen ein System zur Fehleranalyse in Maschinen, das auf präziser Datenakquise basiert. Ihre Arbeit zeigt die Wichtigkeit auf, Technologien zu entwickeln, die schnelle und präzise Diagnosen liefern können, um Ausfallzeiten zu minimieren und die Produktionsleistung zu maximieren (Sarwal & Filipovic 2004, S. 250ff.). Weiterhin untersuchen ERAN ET AL. den Einsatz von optischen Sensoren zur visuellen Qualitätskontrolle in der Produktion mikroelektronischer Schaltungen. Die Forschung richtet sich auf die Entwicklung neuer Algorithmen, die feinere Linienbreitenvariationen erkennen können, um die Genauigkeit in der Herstellung von Photomasken zu verbessern und die Effizienz des gesamten Fertigungsprozesses zu steigern (Eran et al. 1998, S. 552ff.). Zusätzlich konzentrieren sich BECKSCHULTE ET AL. auf die Verbesserung des Fehlermanagements in der manuellen Montage durch die Einführung einer standardisierten Fehlererfassung. Ihre Forschung zeigt auf, dass die Automatisierung der Datensammlung und -analyse essenziell ist, um die Qualität der erfassten Daten zu sichern und relevante Informationen für die Fehleranalyse bereitzustellen. Zukünftige Forschungsarbeiten sollen die Entwicklung fortgeschrittener Datenerfassungssysteme und Analysemethoden umfassen, die speziell auf die Bedürfnisse der manuellen Montage zugeschnitten sind, um die Effizienz und Effektivität des Fehlermanagements weiter zu verbessern (Beckschulte et al. 2022a, S. 574ff.).

Tabelle 3.5: Harvey-Ball Matrix zur Extraktion und Synthese von Anwendungsfällen

Wissenschaftliche Veröffentlichung: Schwerpunkt Anwendungsfall	**Verbesserung der Datenqualität**	**Integration von IKT**	**datenbasierte Entscheidungsfindung**	**Ansätze zur Datenerfassung**	**Automatisierung der Datenerfassung**	**Feedback- und Fehlerkorrektur**	**Datenpflege und -aktualisierung**
GEWOHN ET AL. 2018	◑	○	◑	◔	◑	◑	◔
ZHIVOTOVA UND BERDONOSOV 2018	◑	◔	◕	◕	◑	○	◑
AHMER ET AL. 2022	◕	◑	◕	◕	◑	◔	◔
SAND ET AL. 2018	◔	○	◕	◕	◕	◔	◔
SCHNEIDER ET AL. 2019	◑	◔	◑	◔	◔	◑	◑
SELVIK UND SIGNORET 2017	◑	◔	◑	◑	◑	◑	◑
MUÑOZ ET AL. 2015	◕	○	◑	◕	◕	◔	◔
JIA ET AL. 2022	◔	○	◕	◕	◑	◔	◔
PARK ET AL. 2009	◔	○	◕	◔	◔	○	◔
JIA ET AL. 2022	◔	○	◕	◕	◑	◔	◔
KURYŁO ET AL. 2021	◔	○	◑	◑	◔	◔	◔
MUÑOZ ET AL. 2015	◕	○	◑	◕	◕	◔	◔
PARK ET AL. 2009	◔	○	◕	◔	◔	○	◔
GEBUS UND LEIVISKÄ 2009	◑	○	◑	◔	○	◑	◔
SARWAL UND FILIPOVIC 2004	◑	◔	◕	◔	◔	◑	◔
ERAN ET AL. 1998	◑	◔	◕	◑	◕	◑	◔
BECKSCHULTE ET AL. 2022a	◕	◑	◑	●	◔	○	◔

Legende: ○ *Nicht behandelt* ◔ *Rudimentär erwähnt* ◑ *Teilweise behandelt* ◕ *Weitgehend behandelt* ● *Umfassend behandelt*

3.1.2 Zwischenfazit zum Stand der Forschung

Zusammengefasst zeigt die strukturierte Literaturrecherche eine deutliche Konzentration auf eine notwendige Verbesserung der Datenqualität in verschiedenen industriellen und wissenschaftlichen Anwendungsbereichen auf, insbesondere im Hinblick auf die Systematisierung der Datenerfassung zur Steigerung der Datennutzung (vgl. Kap. 2.3.2).

In der Forschung zur *strategischen Planung* wird deutlich hervorgehoben, wie entscheidend die Datenqualität für die Systematisierung von Entscheidungsprozessen und die Effizienz von Produktionsabläufen ist. Hochwertige Daten sind dabei essenziell, um effektive Entscheidungen in strategischen Kontexten treffen zu können. Verschiedene Studien haben sich darauf konzentriert, Rahmenwerke und methodische Ansätze zu entwickeln, um die Datenverarbeitung und -nutzung zu verbessern. Ein besonderes Augenmerk liegt auf der Verbesserung der kontextuellen Datenqualität, die Aspekte wie Wertschöpfung, unternehmerische Relevanz und Aktualität umfasst. Diese Eigenschaften sind entscheidend, um die Menge und Vollständigkeit der Daten zu garantieren. Zur Beantwortung der Forschungsfrage, welche Bedarfe für die Systematisierung der Datenerfassung existieren, um die Datennutzung zu steigern, identifiziert die Forschung mehrere wichtige Bereiche. Dazu gehören die Entwicklung von methodischen Ansätzen, die die kontextuelle Qualität der Daten verbessern und somit die Entscheidungsfindung optimieren sowie die Integration von Informations- und Kommunikationstechnologien in bestehende Datenerfassungssysteme, die die Zugänglichkeit und Nutzung der Daten verbessern. Diese Ansätze sind darauf ausgerichtet, die Effizienz und Effektivität der Datenerfassungsprozesse zu steigern und dadurch die Qualität der gewonnenen Daten zu erhöhen.

Die Forschung in der *Technologieentwicklung* fokussiert sich auf innovative Lösungen, die darauf abzielen, die Effizienz und Anpassungsfähigkeit von Produktionsprozessen zu verbessern. Die Bedeutung einer nahtlosen Datenintegration, die eine kontinuierliche und effiziente Datenerfassung in Produktionsprozessen ermöglicht, wird besonders hervorgehoben. In diesem Zusammenhang zeigen die Arbeiten, dass die Entwicklung von Architekturschichten für kritische Systemanwendungen entscheidend ist. Diese Systeme bilden die Basis für adaptive Systeme, die effizient auf Veränderungen reagieren können. Ebenso wird die Notwendigkeit betont, Wissens- und Informationsmanagementsysteme zu erweitern, um die Datennutzung in Produktionsprozessen zu optimieren. Fortschrittliche Methoden, die maschinelles Lernen und künstliche Intelligenz einsetzen, sind von zentraler Bedeutung, um aus großen Datenmengen nutzbares Wissen zu extrahieren und dieses effektiv in operative sowie strategische Entscheidungsprozesse zu integrieren. Die Integration von Datenanalyse und Simulation spielt dabei eine wesentliche Rolle bei der Entwicklung prädiktiver Modelle für das Fehlermanagement. Die Automatisierung dieser Technologien und die Entwicklung von Echtzeit-Entscheidungshilfen verbessern die Reaktionsfähigkeit auf Produktionsmängel und -fehler und ermöglichen präventive Maßnahmen.

Die *Anwendungsfälle* zum Fehlermanagement und der Datenqualität in produzierenden Unternehmen konzentrieren sich zunehmend auf die Entwicklung und Implementierung von Methoden und Modellen, die den spezifischen Anforderungen moderner Produktionssysteme entsprechen. Ein Beispiel in diesem Bereich ist ein Modell zur intelligenten Steuerung von Nacharbeiten in der Fahrzeugmontage, das die Bedeutung der Datenqualität betont und die Effizienz durch ein ausgefeiltes Informationsmanagement steigert. Es wird auch der Einsatz von Expertensystemen in der Flugzeugmontage diskutiert, die durch das Sammeln und Analysieren von Daten aus Informations- und Kommunikationstechnologien die Entscheidungsfindung auf operativer Ebene verbessern. Weiterhin wird die Wichtigkeit der Klassifikation hervorgehoben, wobei die Entwicklung adaptiver Algorithmen empfohlen wird, die die Genauigkeit und Zuverlässigkeit der Fehlererkennung in Echtzeitproduktionsumgebungen verbessern können. Die Integration von Energieverbrauchsdaten in die Prozessüberwachung zur Unterstützung einer umfassenden Analyse der Fertigungsprozesse und der präventiven Wartungsstrategien ist ebenfalls ein wichtiger Forschungsgegenstand. Ein weiterer Ansatz ist die Entwicklung eines cyberphysischen Systems für Smart Factories, das die Diagnose und Reparatur von Maschinenkomponenten durch die Integration von Daten aus programmierbaren Logiksteuerungen und Sensorsystemen erleichtert, was die Reaktionsfähigkeit und Effizienz von Produktionsanlagen verbessert.

Der Stand der Forschung verdeutlicht die zentrale Bedeutung einer hohen Datenqualität und Integration fortschrittlicher Technologien, um Produktionsprozesse in produzierenden Unternehmen zu optimieren. Durch den Einsatz von Datenanalyse, Expertensystemen und Regelkreisen kann die Qualitätssicherung und Prozessoptimierung maßgeblich verbessert werden. Gleichzeitig verdeutlichen die Ergebnisse, dass einerseits ein Mangel an generalisierbaren Modellen und Methoden für die Datenerfassung erkannt worden ist, andererseits der Bedarf jedoch noch nicht gedeckt werden konnte. Diese Ergebnisse unterstreichen die dringende Notwendigkeit einer forschungsseitigen Konzentration auf die verbesserte Erfassung von Daten, um die Entscheidungsfindung zu unterstützen und die Produktions- und Geschäftsprozesse zu optimieren.

3.2 Untersuchung zur aktuellen Anwendung von Datenanalyse und Prädiktion in produzierenden Unternehmen

Das nachfolgende Kapitel 3.2.1 präsentiert Entwicklungen zur Anwendung von Datenanalysen in der Industrie und leitet daraus den Bedarf ab, eine deskriptive Industriestudie durchzuführen, um aktuelle Kennzahlen und den industrieseitigen Bedarf der Arbeit zu erheben. Kapitel 3.2.2 fasst die Rahmenbedingungen und Durchführung der Industriestudie zusammen. Dies inkludiert eine detaillierte Auswertung der Ergebnisse und Aufführung der ermittelten Herausforderungen. Das Zwischenfazit zum Stand der Industrie folgt in Kapitel 3.2.3.

3.2.1 Entwicklungen zur aktuellen Anwendung von Datenanalyse und Prädiktion

In den Jahren 2010 bis 2025 hat sich die Datenmenge der jährlich erzeugten digitalen Daten von 2 auf 188 Zettabyte weltweit erhöht. Bis 2027 prognostiziert STATISTA ein weiteres Wachstum auf rund 285 Zettabyte, was einem Anstieg von 14.150 % in 15 Jahren gleichkäme, siehe Abbildung 3.2 (Statista 2023a).

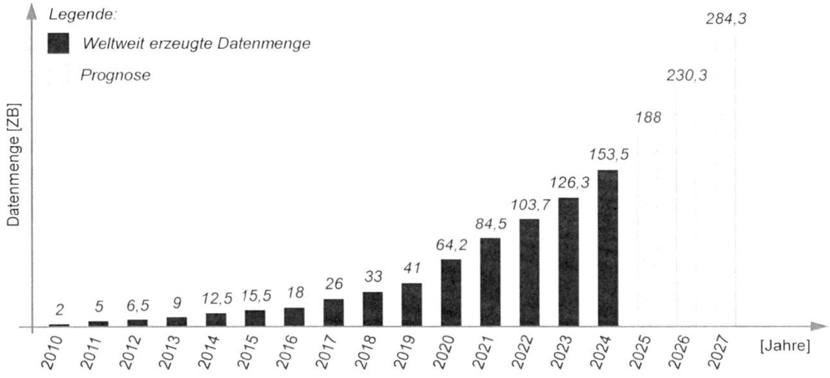

Abbildung 3.2: Prognose zur weltweit erzeugten Datenmenge bis 2027 (Statista 2023a)

Die zunehmende Datenmenge birgt auch für produzierende Unternehmen ein erhebliches Analyse- und Optimierungspotential (West et al. 2024, S. 41ff.; Beckschulte et al. 2023a, S. 99), das jedoch nur unzureichend genutzt wird (Deuse et al. 2022, S. 2f.; Groggert et al. 2018, S. 244). Zwar erkennen Unternehmen zunehmend die Bedeutung von Datenanalysen für die digitale Transformation, 84 % sehen es als relevant an (Ahlemann et al. 2021, S. 28), jedoch erreichen 75 bis 85 % der Digitalisierungsprojekte ihre Ziele nicht oder scheitern ganz (Cazes et al. 2023, S. 14f.; Ganesan 2022, S. 43). Dies deutet auf eine erhebliche Diskrepanz zwischen dem erkannten Potential und der tatsächlichen Umsetzung in der Praxis hin.

Die Datenqualität spielt eine entscheidende Rolle bei der effektiven Nutzung von Datenanalysen. Vergangene Studien zeigen auf, dass lediglich 20 bis 36 % der produzierenden Unternehmen ihre Datenqualität als sehr gut oder gut einstufen (Wenking et al. 2017, S. 37; Götze et al. 2014, S. 17). Das sind Herausforderungen, die Unternehmen bei der Sicherstellung der Datenintegrität und -relevanz zu bewältigen haben.

Die Anwendung von Datenanalysen zur Entscheidungsunterstützung bei produzierenden Unternehmen ist ebenfalls begrenzt. Weniger als 25 % der Unternehmen nutzen Datenanalysen, um fundierte Entscheidungen zu treffen (Weskamp 2014, S. 7). Weiterhin beträgt der durchschnittliche Wirkungsgrad von verfügbaren Daten, die Unternehmen zur Entscheidungsunterstützung nutzen, nur 6 % (Groggert et al. 2017, S. 781).

Darüber hinaus berichtet die Unternehmensberatung DELOITTE, dass 52 % der Unternehmen Entscheidungen ohne eine ausreichend datengestützte Grundlage treffen, was die Dringlichkeit einer verbesserten Datenstrategie unterstreicht (Reker & Anderson 2014, S. 9).

Trotz der Vision von Industrie 4.0 und dem Streben nach digitalen und vernetzten Unternehmen (vgl. Kap. 1.1) erfolgt die Datenerfassung in vielen produzierenden Unternehmen noch immer auf traditionelle Weise. Rund 50 % werden analog (bspw. papierbasiert) und etwa 55 % manuell (durch den Menschen) erfasst (Groggert et al. 2017, S. 781). Das ist ein Indikator dafür, dass zahlreiche produzierende Unternehmen noch Wege finden müssen, um ihre Datenerfassung zu digitalisieren und zu automatisieren.

Abschließend lässt sich festhalten, dass eine erhebliche Diskrepanz zwischen dem Potenzial der Datenanalyse und deren tatsächlicher Nutzung in produzierenden Unternehmen zu bestehen scheint (TFF 1). Diese Lücke erfordert eine strategische Überprüfung. Es ist essenziell, die aktuelle Situation mithilfe einer Reifegrad- und Wirkungsgradermittlung zu evaluieren, um im Rahmen dieser Arbeit gezielte Maßnahmen zu ergreifen. Das Ziel ist anschließend, die Datenqualität zu verbessern und die Datenerfassung zu optimieren. So können Analysepotenziale erweitert werden, um ungenutztes Potenzial der Daten in der Produktion zu erschließen.

3.2.2 Aktueller Status in produzierenden Unternehmen

Die angewandte Forschung (vgl. Kap. 1.4) setzt die frühzeitige Integration der Praxis voraus, um relevante Probleme zu erfassen, wobei sie sich auf die Verwendung von Methoden der empirischen Formalwissenschaften stützt (Ulrich 1984, S. 193). Im Rahmen dieser Arbeit wurde deshalb eine empirische Industriestudie durchgeführt, um den aktuellen Status in produzierenden Unternehmen zu ermitteln. Diese Studie, die in Kooperation mit dem ITEM (Institut für Technologiemanagement) der UNIVERSITÄT ST. GALLEN entwickelt wurde, profitierte zudem von einem fachlichen Austausch mit der DGQ (DEUTSCHE GESELLSCHAFT FÜR QUALITÄT) und dem VDMA (VERBAND DEUTSCHER MASCHINEN- UND ANLAGENBAU), die maßgeblich am Design der Studie beteiligt waren und zur Gewinnung von zielgruppengerechten Studienteilnehmern beitrugen (vgl. Kap. 3.2.2.3). Die Ergebnisse dieser Studie wurden in BECKSCHULTE ET AL. veröffentlicht (Beckschulte et al. 2023b).

3.2.2.1 Zielgruppendefinition

Die Zielgruppe ist definiert als Unternehmen des produzierenden Gewerbes innerhalb der DACH-Wirtschaftsregion (Deutschland, Österreich und Schweiz). Teilnahmevoraussetzung war das Vorhandensein eines Produktionsprozesses im Unternehmen, verstanden als Transformationsprozess von physischem Input zu Output (vgl. Kap. 2.1.1). Weiterhin war eine Unternehmensgröße mit mehr als neun Beschäftigten erforderlich, da diese einerseits oft stabiler und nachhaltiger in ihren Operationen sind. Sie verfügen in der Regel über etablierte Produktionsprozesse und Managementstrukturen, die in einer empirischen Studie zuverlässigere und generalisierbare Daten liefern können (Scherf et al. 2021, S. 13ff.). Andererseits verfügen sie über tendenziell komplexere Produktionsprozesse und Organisationsstrukturen, was ein breiteres Spektrum an Daten und Einblicken bietet (Ahlemann et al. 2021, S. 10ff.; Scherf et al. 2021, S. 25f.).

Basierend auf den im Jahr 2023 von STATISTA publizierten Daten existierten im Jahr 2022 302.471 produzierende Unternehmen in Deutschland, exklusive des Baugewerbes (Statista 2023b). Unternehmen mit weniger als zehn Beschäftigten sind von dieser Untersuchung ausgenommen, wodurch sich die Zahl relevanter Unternehmen auf 72.300 reduziert (Statista 2023c). Parallel dazu waren in Österreich und in der Schweiz 31.041 bzw. 42.860 produzierende Unternehmen registriert (Statistik Austria 2024; Bundesamt für Statistik 2023). Unter der Prämisse einer konstanten Anzahl an produzierenden Unternehmen in der DACH-Wirtschaftsregion wird eine konservativ aufgerundete Zielgruppengröße (N) von 155.000 produzierenden Unternehmen angenommen. Unter Einbeziehung eines Konfidenzniveaus von 95 % (z-*Wert* = 1,96), einer Standardabweichung (p) von 50 %, entsprechend anerkannten wissenschaftlichen Kriterien (Papula 2016, S. 515ff.; Quatember 2015, S. 43ff.) sowie einer kalkulierten Fehlerspanne (e) von 9 % ergibt sich ein notwendiger Stichprobenumfang (n) von aufgerundet 119 produzierenden Unternehmen, siehe Formel 3.1 (Grüger et al. 2023, S. 84; Holland & Scharnbacher 2004, S. 69ff.). Dieser Stichprobenumfang wurde mit der Teilnahme von 125 produzierenden Unternehmen überschritten, was die Repräsentativität bezüglich der Grundgesamtheit der Zielgruppe (N) unterstreicht (Beckschulte et al. 2023b, S. 21f.).

$$n = \frac{\frac{z^2 * p\,(1 - p)}{e^2}}{1 + (\frac{z^2 * p\,(1 - p)}{e^2\,N})} = 118{,}48 \qquad (3.1)$$

Die Klassifizierung der Unternehmen erfolgte gemäß dem ICB (engl. Industry Classification Benchmark), wobei alle im Benchmark aufgeführten produzierenden Industrien in der Studie vertreten sind, siehe Abbildung 3.5 (Vass 2019, S. 4ff.). Dies garantiert eine breite Gültigkeit der Ergebnisse und bietet einen fundierten Überblick über den aktuellen Status produzierender Unternehmen (Groggert et al. 2017, S. 779).

3.2.2.2 Studiendesign

Für das Studiendesign wurde ein methodischer Ansatz gewählt, der sich auf wissenschaftlich anerkannte Richtlinien von HÄDER sowie JACOB ET AL. stützt (Häder 2022; Jacob et al. 2013). Diese Richtlinien umfassen die systematische Planung und Durchführung von Erhebungen zur Datensammlung über spezifische Themenstellungen und

Forschungsfragen. Sie beinhalten die Definition der Zielgruppen (vgl. Kap. 3.2.2.1) sowie die der TFF 1 (vgl. Kap. 1.2) seitens Industrie. Das Studiendesign legt weiterhin die Auswahl der Datenerhebungsmethodik und die Entwicklung eines strukturierten Fragebogens fest. Hierbei werden auch der Erhebungszeitraum sowie die Erhebungs- und Auswertungsprozesse festgelegt (Häder 2022, S. 65ff.; Jacob et al 2013, S. 232ff.).

Diese Industriestudie nutzt einen deskriptiven Ansatz, der darauf abzielt, eine umfassende und präzise Darstellung der identifizierten Problemstellung in der Industrie beschreiben zu können (vgl. Kap. 1.1). Mit einem Fokus auf Objektivität verzichtet sie auf das Aufstellen und Überprüfen von Hypothesen (vgl. Kap. 1.4) (Ulrich 1981, S. 20). Stattdessen strebt sie danach, detaillierte Charakteristika, statistische Darstellungen und Trends innerhalb der ausgewählten Zielgruppendefinition (vgl. Kap. 3.2.2.1) zu präsentieren und die Notwendigkeit eines Lösungsmodells zu begründen (vgl. Kap. 3.2.3) (Cleff 2015, S. 4f.; Österle et al. 2010, S. 666f.).

Angesichts des deskriptiven Charakters der TFF 1 wurde ein strukturierter Fragebogen mit 55 geschlossenen und offenen Fragen konzipiert, um qualitative und quantitative Daten mittels Online-Erhebung zu sammeln. Der Fragebogen wurde gemäß dem Leitfaden von DILLMANN ET AL. entwickelt (Dillmann et al. 2014). Dieser ist in die folgenden sechs Abschnitte unterteilt, um spezifische Informationen und verschiedene Aspekte im Zusammenhang mit Datenanalyse, strategischer Integration, Datenmanagement und organisatorischer Leistung zu untersuchen.

Der erste Abschnitt, *Statistische Erhebung und generelle Informationen*, erfasst demografische Daten der Teilnehmer. Zusätzlich werden Angaben zur Unternehmensgröße, Branche und organisatorischen Struktur erfragt. Diese Informationen ermöglichten es, verschiedene Gruppen zu bilden, die in Analysen genutzt wurden.

Im zweiten Abschnitt *Strategie und Organisation* liegt der Fokus auf der Untersuchung, wie die Datenanalyse strategisch in die Unternehmensprozesse integriert wird. Es wurden spezifische Fragen zur Bedeutung, Priorisierung und Eingliederung der Datenanalyse in die Unternehmensstrategie gestellt.

Der dritte Abschnitt, *Daten, Systeme und Befähigung*, ist weiter in die vier Teilabschnitte der *Datenerfassung*, *-speicherung*, *-verarbeitung* und *-nutzung* untergliedert. Diese Abschnitte folgen den Schritten des Datenanalyseprozesses (vgl. Kap. 2.4.2) und untersuchen die verwendeten Erfassungsmethoden, die Dateninfrastruktur, Analyseverfahren sowie die praktische Anwendung der Ergebnisse der Datenanalyse im Unternehmen.

Der Abschnitt *Lean Management in produzierenden Unternehmen* wird im Rahmen dieser Arbeit nicht detailliert behandelt, ist jedoch aus Gründen der Vollständigkeit erwähnt. Eine Betrachtung dieses Themas ist für zukünftige Publikationen vorgesehen.

Im fünften Abschnitt *Business Performance Impact* wird der Einfluss der unternehmerischen Aktivitäten auf übergeordnete Geschäftskennzahlen und qualitative Wettbewerbsprioritäten analysiert. Hierbei werden Erfolgsfaktoren identifiziert, die Unternehmensleistung gemessen und die Bedeutung der Datenanalyse erörtert, jeweils unter Berücksichtigung der Optimierung der Leistung.

Der letzte Abschnitt bietet einen *Ausblick* auf zukünftige Perspektiven der Datenanalyse und deren Einfluss auf die Wettbewerbsfähigkeit des Unternehmens. Den Teilnehmern wurde die Möglichkeit gegeben, ihre Einschätzungen und Erwartungen bezüglich der zukünftigen Entwicklungen darzulegen.

3.2.2.3 Statistische Erhebung und generelle Informationen

An der Studie nahmen 154 Personen in produzierenden Unternehmen verschiedener Größen teil, die insgesamt 125 unterschiedliche Unternehmen repräsentieren. Die Erhebung fand vom 1. Juni 2023 bis zum 14. August 2023 statt, wobei eine Rücklaufquote von 30,92 % erzielt wurde. Die Stichprobe umfasst 81 % männliche und 19 % weibliche Teilnehmer, siehe Abbildung 3.3. Die Altersverteilung bei weiblichen Teilnehmerinnen reicht von 24 bis 55 Jahren mit einem Median von 34 Jahren, wobei das untere Quartil bei 28 Jahren und das obere Quartil von 39 Jahren liegt. Männliche Teilnehmer sind zwischen 26 bis 63 Jahren alt, mit einem Median von 41 Jahren, einem unteren Quartil von 33 Jahren und einem oberen Quartil von 52,5 Jahren. Insgesamt reicht das Alter des Stichprobenumfangs von 24 bis 63 Jahren, der Median liegt bei 39 Jahren, das untere Quartil bei 32 Jahren und das Obere bei 47 Jahren. 55 % der Teilnehmer (85 Personen) gaben an, Personalverantwortung zu übernehmen.

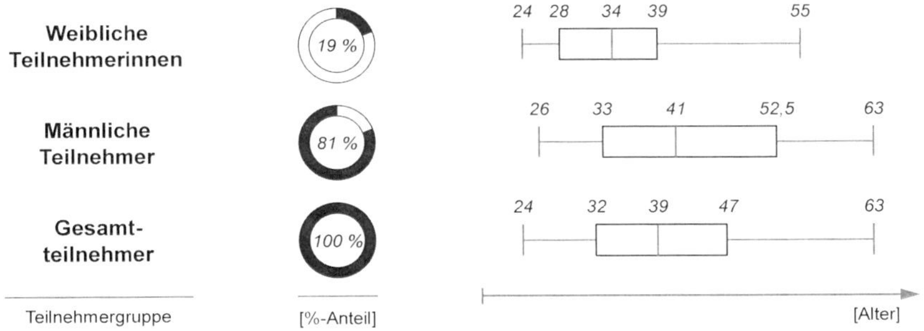

Abbildung 3.3: Gesamtverteilung der Studienteilnehmer

Der Stichprobenumfang entspricht in der Geschlechts- und Altersverteilung der Erwerbsbeteiligung nach Berufsgruppen, was die Repräsentativität der Daten unterstützt (DESTATIS 2023). Die Größe der teilnehmenden Unternehmen variiert erheblich: Von multinationalen Konzernen mit bis zu 675.000 Beschäftigten bis zu kleinen Unternehmen mit einigen hundert Mitarbeitern. 36,4 % der Teilnehmer sind in Unternehmen mit mehr als 20.000 Beschäftigten tätig, 16,4 % in Unternehmen mit 10.000 bis 20.000 Mitarbeitern, 5 % in solchen mit 5.000 bis 10.000 Mitarbeitern, 21,4 % in Unternehmen mit 1.000 bis 5.000 Mitarbeitern und 8,6 % in Unternehmen mit 250 bis 1.000 Mitarbeitern. Klein- und mittelständische Unternehmen (KMU) mit weniger als 250 Beschäftigten machen 12,2 % der Teilnehmer aus. Die Unternehmen lassen sich weiterhin in ihre Branchen gemäß dem ICB klassifizieren. Abbildung 3.4 fasst die Verteilung des Stichprobenumfangs zusammen.

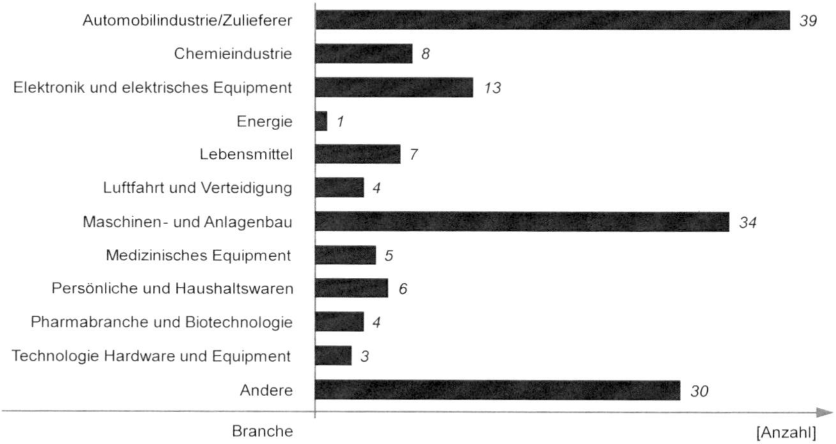

Abbildung 3.4: Branchenverteilung der Unternehmen

Die Teilnehmer haben sich in eine der vier *Reifegradstufen* eingestuft, basierend auf der Selbsteinschätzung ihrer unternehmenseigenen Analysefähigkeiten (vgl. Kap. 2.4.1), siehe Abbildung 3.5. Dies ermöglichte einen besseren Vergleich der Analysekapazitäten sowohl innerhalb der gleichen Stufen als auch zwischen den verschiedenen Stufen. Die Selbsteinschätzung ergab, dass 26,3 % der Teilnehmer ihre Fähigkeiten als deskriptiv und 50,1 % als diagnostisch einstufen. Weiterhin stufen 15,1 % ihre Fähigkeiten als prädiktiv ein. Die Stufe der präskriptiven Analyse wurde von 5,3 % der Teilnehmenden angegeben. Lediglich 2,6 % der Teilnehmer nutzen keine Datenanalysemethoden oder machten keine entsprechenden Angaben.

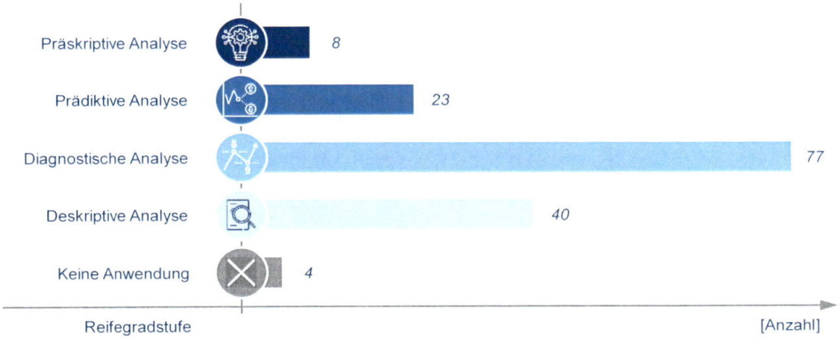

Abbildung 3.5: Reifegradstufenverteilung der Studienteilnehmer

Bezüglich der Effektivität der Datenanalysen im Kontext der Montage zeigt sich eine allgemeine Unzufriedenheit unter den Teilnehmern. 84,5 % sind nur mäßig zufrieden mit der Zielerreichung durch Datenanalysen. Vor allem Unternehmen, die sich auf der deskriptiven oder diagnostische Stufe befinden, erleben Schwierigkeiten, aus ihren Datenanalysebemühungen Nutzen zu ziehen. Mögliche Ursachen für diese Diskrepanz zwischen der Erwartung und der tatsächlichen Auswirkung der Datenanalyse werden in den nachfolgenden Kapiteln 3.2.2.4 bis 3.2.3 aufgeführt.

3.2.2.4 Strategie und Organisation

Dieser Teilabschnitt analysiert, wie die Datenanalyse als strategisches und organisatorisches Element in produzierenden Unternehmen integriert ist. Untersucht wurde vor allem die Rolle der Datenanalyse innerhalb der *Unternehmensstrategie*, wobei der Fokus auf deren Bedeutung und Priorisierung lag. Ein Großteil der Teilnehmer (76,2 %) gab an, in ihren Unternehmen bereits seit über drei Jahren mit Datenanalysen zu arbeiten, während 18,8 % erst seit ein bis zwei Jahren Datenanalysen aktiv nutzen. Nur eine Minderheit von 2,9 % hat weniger als ein Jahr Erfahrung und 2,1 % haben noch gar nicht begonnen.

Es zeigt sich, wie in Abbildung 3.6 dargestellt, dass 46 % der Teilnehmer in Unternehmen arbeiten, die keine explizite Strategie zur Datenanalyse etabliert haben, obwohl sie die Notwendigkeit dafür erkennen. In der Regel beginnen diese Unternehmen mit operativen Pilotprojekten, die bei Erfolg unternehmensweit ausgeweitet werden. Die institutionelle Verankerung innerhalb der *Unternehmensorganisation* ist unterschiedlich ausgeprägt. Eine Mehrheit (65,5 %) bevorzugt einen dezentralen Ansatz, bei dem Analysten in verschiedenen Abteilungen arbeiten. Unter diesen nutzen 22,5 % spezialisierte Exzellenzzentren und 16,6 % greifen auf gemeinsame Servicezentren zurück. Eine solche dezentrale Struktur fördert die Verbreitung von Fachwissen, führt aber auch zu unterschiedlichen Analysekompetenzen im Unternehmen. Im Gegensatz dazu haben 16,6 % der Unternehmen Datenanalysen zentralisiert, während 17,9 % keine spezifischen Strukturen für Datenanalysen entwickelt haben.

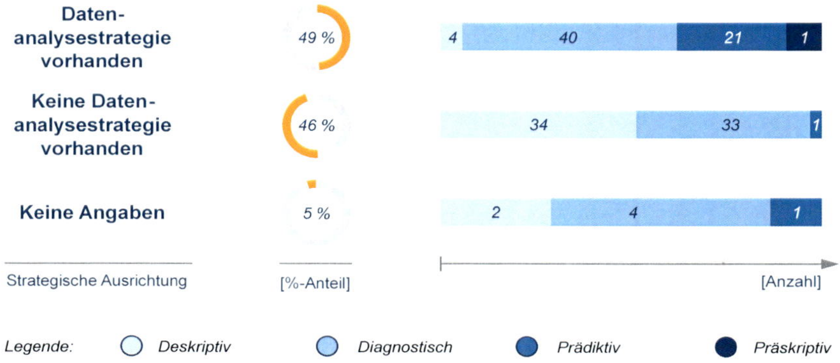

Abbildung 3.6: Datenanalysestrategieverteilung innerhalb der Reifegradstufenverteilung

Abbildung 3.7 fasst die Beteiligung verschiedener Rollenprofile an Datenanalysen in der Montage zusammen. Strategische Rollen sind über alle vier Reifegradstufen hinweg stärker involviert als die operativeren Ebenen. Gleichzeitig zeigt sich, dass Unternehmen mit höheren Reifegradstufen stärker involviert sind.

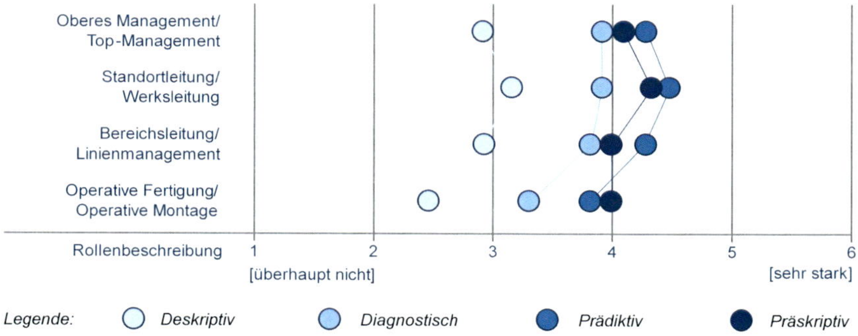

Abbildung 3.7: Beteiligung an Datenanalysen innerhalb der Reifegradstufenverteilung

Produzierende Unternehmen arbeiten typischerweise mit Lieferanten und Kunden entlang der Wertschöpfungskette zusammen. Wie erwartet, wird die Zusammenarbeit mit Lieferanten und Kunden als sehr wichtig eingestuft. Im Gegensatz dazu werden Wettbewerber üblicherweise von der Kooperation ausgeschlossen. Beratungsunternehmen und Forschungsinstitute hingegen haben eine relativ geringe Bedeutung für die strategische Zusammenarbeit. Interne Stakeholder werden ähnlich wichtig wie Lieferanten und Kunden angesehen. Diese Beobachtung könnte mit der Vertraulichkeit und dem Wert des Umgangs mit internen Daten in Verbindung gebracht werden. Schließlich wird der Kooperation mit staatlichen Behörden und Verbänden wenig Bedeutung beigemessen, siehe Abbildung 3.8.

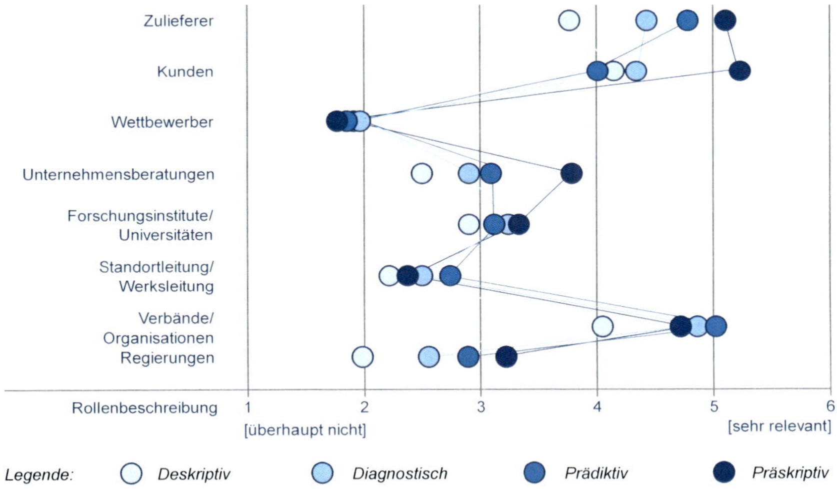

Abbildung 3.8: Zusammenarbeit bei Datenanalysen innerhalb der Reifegradstufenverteilung

Abbildung 3.9 zeigt die allgemeine Zufriedenheit der Teilnehmer mit den Datenarten im Produktionskontext (vgl. Kap. 2.3.4). In diesem Zusammenhang bewerten die meisten Teilnehmer auf der deskriptiven Reifegradstufe ihre Zufriedenheit mit 3 oder niedriger auf einer Likert-Skala von 1 bis 6. Im Gegensatz dazu bewerten alle anderen Reifestufen ihre Zufriedenheit überwiegend mit 4 oder höher.

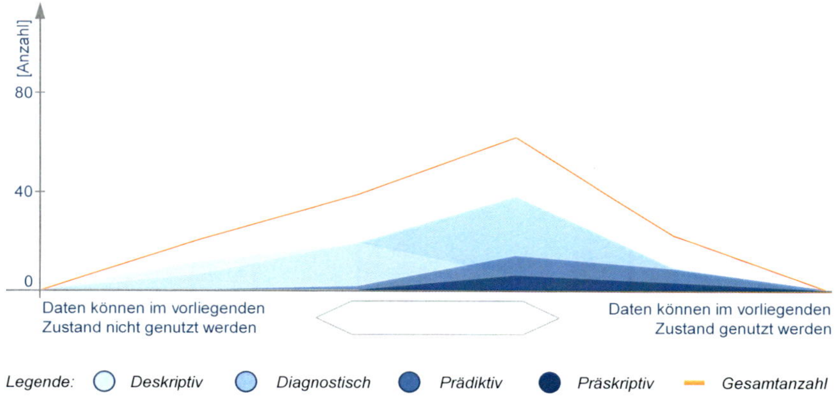

Abbildung 3.9: Zufriedenheit mit Daten innerhalb der Reifegradstufenverteilung

Die *Datenqualität* (vgl. Kap. 2.3.2) ist ein entscheidender Einflussfaktor für die Zuverlässigkeit der Analyseergebnisse. Die Teilnehmer bewerteten ihre Datenqualität im Durchschnitt mit 3,6 auf einer Likert-Skala von 1 bis 6. Wie in Abbildung 3.10 dargestellt, wurde besonders die Aktualität der Daten als verbesserungswürdig eingestuft, während die Genauigkeit, Vollständigkeit, Zuverlässigkeit, Relevanz und Validität als gleichmäßig bewertet wurden. Unternehmen, die eine höhere Reifegradstufe angaben, zeigen eine höhere Zufriedenheit mit ihrer Datenqualität, was auf einen höheren Qualitätsanspruch und aktive Bemühungen zur Datenverbesserung hinweisen kann.

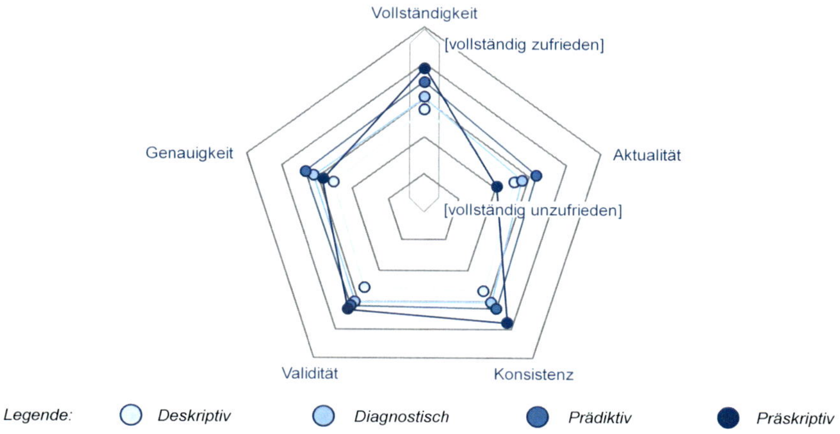

Abbildung 3.10: Bewertung der Datenqualität innerhalb der Reifegradstufenverteilung

3.2.2.5 Schritt 1: Datenerfassung

Der erste Schritt im Datenanalyseprozess ist die Datenerfassung (vgl. Kap. 2.4.2). In dieser Phase bestimmen und spezifizieren produzierende Unternehmen die Datenanforderungen. Sie extrahieren relevante Daten aus einer Vielzahl von Sensoren und Maschinen, die über den Produktionsbereich verteilt sind. Laut den Ergebnissen sammeln die Unternehmen aktiv 54,6 % der potenziell zugänglichen Daten, siehe Abbildung 3.15.

Bei einer möglichen Mehrauswahl gaben 92,8 % der Teilnehmer an, Daten bezüglich auftretender Defekte (bspw. Nacharbeit und Ausschuss) zu sammeln, während 90,2 % Maschinenparameter (bspw. Betriebsparameter und Maschineneinstellungen) erfassen. Zudem werden von 88,9 % Produkteigenschaften (bspw. Testergebnisse zur Spezifikationskonformität), erfasst und 88,2 % der Teilnehmer sammeln Prozessdaten (bspw. Durchsatz und Zykluszeit). Trotz dieser hohen Erfassungsquoten bei bestimmten Datentypen werden Wissensdaten (bspw. Problem- und Lösungsdokumentationen) und Umweltdaten (bspw. Raumtemperatur und mitarbeiterbezogene Informationen) nur von 53,9 % bzw. 50,7 % der Teilnehmer erhoben. Es wurde weiterhin festgestellt, dass Daten zur Verfolgung und Rückverfolgung (bspw. aktuelle Position und Transportroute) nur in 44,1 % der Fälle erfasst werden. Diese Erkenntnisse wurden in Abbildung 3.11 dargestellt, die die erfassten Datentypen innerhalb der verschiedenen Reifegradstufen verdeutlicht.

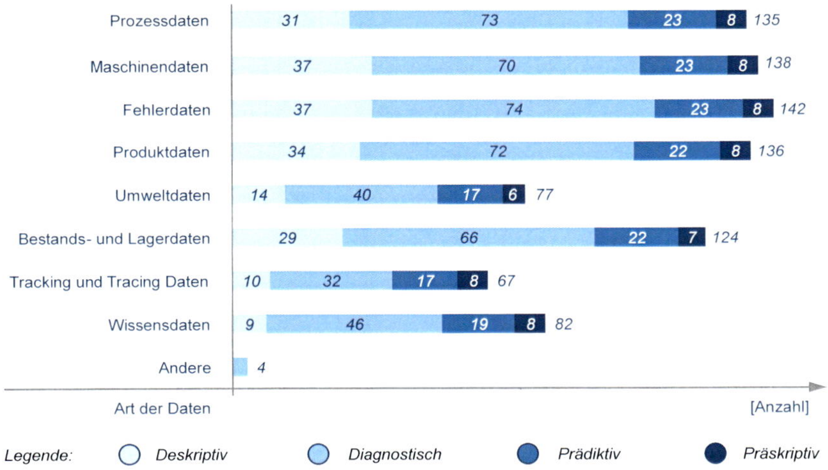

Abbildung 3.11: Erfasste Datentypen innerhalb der Reifegradstufenverteilung

Etwa zwei Drittel der Daten werden von Unternehmen mit hoher Reifegradstufe digitalisiert erfasst, wohingegen auf den niedrigeren Reifegradstufen, beschreibend und diagnostisch, 50 % der Daten noch in papierbasierter Form vorliegen, siehe Abbildung 3.12. Weiterhin haben Unternehmen mit hoher Reifegradstufe zu etwa 67 % ihre Datenerfassungsprozesse automatisiert, während andere circa 50 % ihrer Daten manuell erfassen.

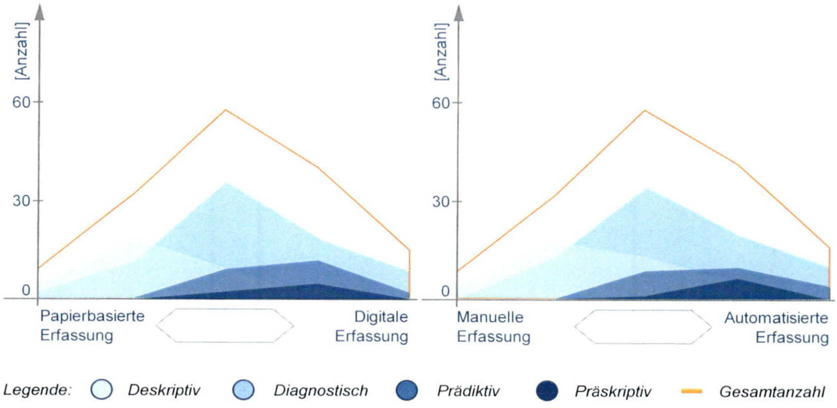

Abbildung 3.12: Formen der Datenerfassung innerhalb der Reifegradstufenverteilung

3.2.2.6 Schritt 2: Datenspeicherung

Die Ergebnisse zeigen, dass im Schritt der *Datenspeicherung* durchschnittlich 58,4 % der erfassten Daten gespeichert werden, siehe Abbildung 3.15. Die Effektivität der Datenanalyse hängt wesentlich von der Klarheit und Verständlichkeit der Datenstruktur sowie der Zugänglichkeit und Nachvollziehbarkeit der gespeicherten Daten ab. Oftmals mangelt es jedoch an dieser Transparenz. Insbesondere in den Reifegradstufen der deskriptiven und diagnostischen Analyse besteht laut Aussage der Teilnehmer ein Defizit an konzeptionellen Überlegungen zu Datenspeicherungsstrategien (42 %). Lediglich 6,7 % der Teilnehmer gaben an, dass in ihren Unternehmen ein Konzept für die Speicherung von Daten in der Montage existiert. Ferner bestätigen 24,3 % der Teilnehmer, dass ihre Systeme hinreichend vernetzt sind, um den Zugriff auf eine gemeinsame Datenbasis zu ermöglichen.

3.2.2.7 Schritt 3: Datenverarbeitung

Die Informationsgewinnung aus archivierten Datenbeständen gilt als kritischer und zugleich herausforderndster Schritt in der Datenanalyse (Kreis et al. 2021, S. 155ff.). Zudem ist der Prozess der *Datenverarbeitung* komplex und kostenintensiv (Grande et al. 2020, S. 4ff.), was teilweise auf die geringe Verarbeitungsquote von etwa 16,1 % aller vorhandenen Daten zurückzuführen ist, siehe Abbildung 3.15. Nach Angaben der

Teilnehmer dienen die Hauptziele der Datenverarbeitung der Erstellung von Visualisierungen (94,5 %), der Bildung von KPIs (89,8 %) sowie der Anwendung klassischer statistischer Methoden (68 %). Fortgeschrittenere statistische Methoden finden seltener Anwendung (36,1 %), wie Abbildung 3.13 verdeutlicht. Insbesondere auf der deskriptiven Reifegradstufe beschränken sich die Aktivitäten meist auf Visualisierungen und Konsolidierungen zu KPIs. Die Ergebnisse zeigen weiterhin, dass traditionelle statistische Methoden (bspw. statistische Prozesskontrolle) in der Produktion weit verbreitet sind. Auch auf der präskriptiven Reifegradstufe wird berichtet, dass moderne statistische Methoden nicht umfassend genutzt werden, was auf signifikante Defizite in den Kenntnissen und Fähigkeiten im Bereich moderner statistischer Methoden in produzierenden Unternehmen hinweisen kann. Der Grad der Automatisierung in der Datenverarbeitung ist ebenfalls niedrig mit 58 % der Teilnehmer, die angeben, Daten hauptsächlich manuell zu verarbeiten. Zudem setzen nur etwa die Hälfte der produzierenden Unternehmen Daten in Echtzeit ein, ein Umstand, der durch erhöhte Automatisierung verbessert werden könnte.

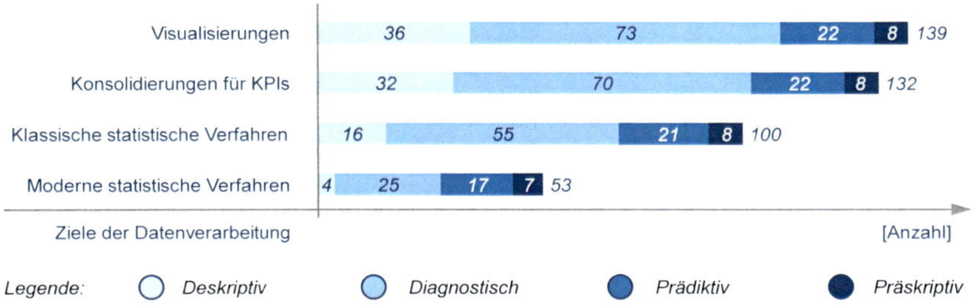

Abbildung 3.13: Ziele der Datenanalyse innerhalb der Reifegradstufenverteilung

Laut der Studienteilnehmer stehen die Mitarbeiter vor der Herausforderung, unter verschiedenen statistischen Methoden der Datenanalyse diejenige auszuwählen, die am effektivsten verwertbare Informationen aus den Datensätzen extrahieren kann. Dies ist einer der anspruchsvollsten Schritte in der Datenverarbeitung, da die Auswahl der Methoden stark von den Analysekompetenzen des Unternehmens abhängt (Sapp et al. 2019, S. 18). Die eingesetzten statistischen Methoden verteilen sich wie in Abbildung 3.14 dargestellt. Korrelation (89 %), Regression (80,1 %) und Klassifikation (56,5 %) sind die am häufigsten verwendeten Techniken, während Prognosen (36,7 %), Clustering (32 %) und Optimierung (26,5 %) weniger häufig Anwendung finden. Insbesondere in Unternehmen mit einer niedrigeren Reifegradstufe beschränkt sich der Einsatz auf wenige statistische Methoden.

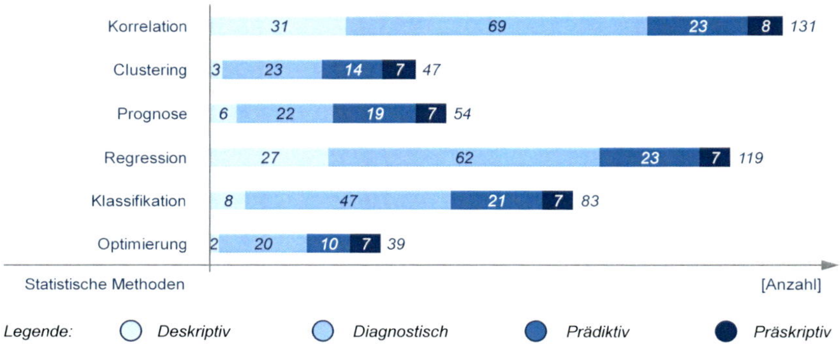

Abbildung 3.14: Eingesetzte statistische Methoden innerhalb der Reifegradstufenverteilung

Ein weiterer Aspekt der Datenverarbeitung ist die Verfügbarkeit und der Einsatz geeigneter Softwarelösungen. Im Durchschnitt werden vier unterschiedliche Programme zur Datenverarbeitung verwendet, wobei die Programme MS Excel (84,2 %), MS Power BI (62,3 %), Minitab (40,4 %), SPSS (25,3 %) und Statistica (18,5 %) am häufigsten eingesetzt werden.

Die Ergebnisse der Studie zeigen weiterhin, dass Teilnehmer der deskriptiven Reifegradstufe einen signifikant höheren manuellen Aufwand in der Datenverarbeitung betreiben als diejenigen auf höheren Stufen. Generell wird ersichtlich, dass mit steigendem Reifegrad der Trend zur Automatisierung der Datenverarbeitung zunimmt.

3.2.2.8 Schritt 4: Datennutzung

Der vierte Schritt im Prozess der Datenanalyse, die *Datennutzung*, nutzt die zuvor gewonnenen Analyseresultate zur Entscheidungsunterstützung (vgl. Kap. 2.4.2). Dieser Schritt ist entscheidend, um die Bemühungen der Datenanalysemethoden in substanzielle Verbesserungen umzusetzen. Die Ergebnisse offenbaren, dass nur 49,5 % der verarbeiteten Daten effektiv genutzt werden, was einem *Wirkungsgrad* von 8,0 % der gesamten verfügbaren Daten entspricht, siehe Abbildung 3.15.

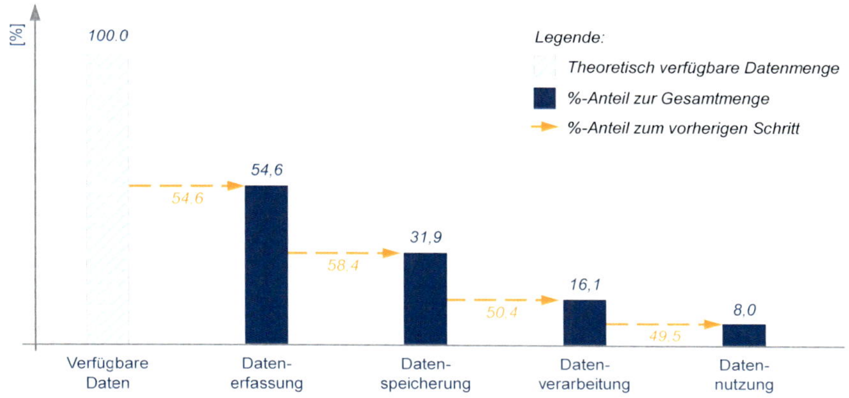

Abbildung 3.15: Aktueller Wirkungsgrad in produzierenden Unternehmen

3.2.2.9 Herausforderungen

Die Ergebnisse zeigen, dass das Thema der Datenanalysen in produzierenden Unternehmen oft nicht *strategisch* und *organisatorisch* angegangen und verortet ist. Besonders auffällig ist, dass operativ agierende Mitarbeiter in Produktionsprozessen häufig nicht im Zentrum der Datenanalyse stehen, obwohl sie die Quelle der Daten darstellen und potenzielle Produktionsprobleme als Erste erkennen und beheben könnten (vgl. Kap. 2.2.5). Weiterhin liegt der Fokus vieler Unternehmen primär auf der direkten Wertschöpfungskette und dem Kunden. Diese Ausrichtung mag zwar kurzfristig die Kundenbeziehungen stärken, sie vernachlässigt jedoch die Optimierung interner Prozesse, die für die langfristige Effizienzsteigerung und Problemlösungskapazität essenziell sind.

Zusätzlich wurde über alle Reifegradstufen hinweg festgestellt, dass die größten Herausforderungen in der *Datenerfassung* in den begrenzten verfügbaren Kapazitäten und einem mangelnden Bewusstsein für die Potenziale der Datenanalyse liegen. Rechtliche Rahmenbedingungen und die Kosten bzw. Qualität der notwendigen Hardware wurden als weniger signifikante Hindernisse identifiziert.

Als primäre Herausforderungen im Bereich der *Datenspeicherung* werden vor allem der Mangel an erforderlichen Fähigkeiten und Kapazitäten sowie eine fehlende Transparenz bezüglich der notwendigen Anforderungen und die hohe Komplexität des Datenmanagements angeführt.

Weiterhin lässt sich feststellen, dass die *Datenverarbeitung* als der komplizierteste Schritt für den erfolgreichen Einsatz von Datenanalysen in der Produktion angesehen wird, was Unternehmen aller Reifegradstufen vor erhebliche Herausforderungen stellt. Eine Mehrheit der Teilnehmer (69 %) definiert keine spezifischen Analyseziele vor der Verarbeitung der erfassten Daten, was zu Unsicherheiten bezüglich der Relevanz und des Mehrwerts der Daten führt. Diese Problematik betrifft Unternehmen mit unterschiedlichen Reifegradstufen gleichermaßen, was auf ein generelles Defizit an grundlegendem Wissen und Fähigkeiten in der Datenanalyse schließen lässt.

Im Schritt der *Datennutzung* zur Entscheidungsunterstützung bestehen diverse Herausforderungen. Ein grundlegendes Problem ist der Mangel an Wissen über Anwendungsfälle für Daten, der zu suboptimalen Entscheidungen führen kann. Zusätzlich begrenzt die fehlende Datenmenge in produzierenden Unternehmen die Analysemöglichkeiten, die für qualifizierte Entscheidungen notwendig sind. Probleme mit der Datenrelevanz und -qualität können zudem zu fehlerhaften Schlussfolgerungen führen. Der Mangel an notwendigen Fähigkeiten und Kapazitäten erschwert die effektive Verarbeitung großer Datensätze und vermindert das Potenzial für eine umfassende Entscheidungsunterstützung. Eine ganzheitliche Strategie, die die Entwicklung von Expertise, Kapazitätserweiterung und technologischen Innovationen beinhaltet, ist erforderlich, um diese Herausforderungen zu bewältigen.

3.2.3 Zwischenfazit zum Stand der Industrie

In der Industriestudie wurde eine unzureichende Verteilung der Reifegradstufen (vgl. Kap. 3.2.2.1) und ein nicht zufriedenstellender Wirkungsgrad bei der Anwendung von Datenanalyseansätzen in produzierenden Unternehmen aufgedeckt (vgl. Kap. 3.2.2). Diese Ergebnisse verdeutlichen zusammen mit den Entwicklungen zur aktuellen Anwendung von Datenanalyse und Prädiktion ein erhebliches Potenzial, das allerdings noch nicht zufriedenstellend genutzt wird (vgl. Kap. 3.2.1). Die Studienteilnehmer sehen in diesem Potenzial einen entscheidenden Indikator für zukünftige Wettbewerbsfähigkeit und planen unternehmensseitig, ihre Aktivitäten entsprechend auszubauen. Trotz dieser positiven Einschätzung werden zahlreiche Herausforderungen in der Datenerfassung, -speicherung, -verarbeitung und -nutzung identifiziert und aufgezeigt, die eine umfassende Implementierung der Datenanalyse als Methode verhindern (vgl. Kap. 3.2.2.9).

Die Ergebnisse seitens Industrie legen nahe, dass produzierende Unternehmen den Umgang mit Datenmengen im Kontext der fortschreitenden Digitalisierung als ineffektiv bewerten und eine dringende Notwendigkeit für Maßnahmen zur Steigerung der Datenkompetenz, -qualität und -verarbeitungsfähigkeiten besteht, um im digitalisierten Markt wettbewerbsfähig zu bleiben. Es zeigt sich ein breites Spektrum an erfassten Datentypen, jedoch ein eingeschränkter Einsatz von Analysemethoden. Spezifische Ressourcen und Fähigkeiten sind erforderlich, um Datenanalysemethoden erfolgreich einzusetzen und daraus resultierende Wettbewerbsvorteile zu generieren.

Als Zwischenfazit zum Stand der Industrie ist festzuhalten, dass die Auswirkungen der Datenanalyse in produzierenden Unternehmen auf die Leistungsverbesserung generell nicht zufriedenstellend sind. Unternehmen bewerten ihren aktuellen Status in der Bewältigung der wachsenden Datenmengen weiterhin als nicht ausreichend effektiv. Sie erfassen zwar verschiedene Datentypen, nutzen jedoch vorwiegend klassische statistische Analysemethoden. Diese Ergebnisse unterstreichen die dringende Notwendigkeit für eine Erweiterung der methodischen Ansätze und den Aufbau spezifischer Ressourcen, um das analytische Potenzial weiter ausschöpfen zu können und langfristige Wettbewerbsvorteile zu sichern.

3.3 Zwischenfazit zum Stand der Erkenntnisse und Reflexion

Die identifizierten und beschriebenen Defizite in der Forschung (vgl. Kap. 3.1.2) und Industrie (vgl. Kap. 3.2.3) offenbaren eine signifikante Konzentration auf Bedarfe, die für die Systematisierung der Datenerfassung essentiell sind, um die Nutzung der Daten zu steigern, siehe Abbildung 3.16. Es ist festzuhalten, dass aktuell keine methodischen oder modellbasierten Ansätze zur Systematisierung der Datenerfassung in den Bereichen Produktion und Fehlermanagement existieren, obwohl sowohl die Forschung als auch die Industrie den Bedarf hierfür klar erkannt haben. Die bestehenden Ansätze in diesem Untersuchungsbereich decken die vorhandenen Bedürfnisse nicht oder nur teilweise ab. Weiterhin ist erkennbar, dass die Datenqualität einen direkten Einfluss auf die Effizienz und Effektivität der Datennutzung in verschiedenen industriellen und wissenschaftlichen Anwendungen hat. Die TFF 1 lässt sich damit beantworten, dass die Systematisierung der Datenerfassung eine zentrale Herausforderung in der Forschung und Industrie darstellt, deren Lösung erhebliche Auswirkungen auf die Datenqualität und die darauf basierenden Entscheidungen und Prozesse im Unternehmen hat. Auf dieser Erkenntnis aufbauend, wird im nächsten Kapitel die Konzeption der Vorgehensweise zur Entwicklung eines neuen Beschreibungs- und Gestaltungsmodells vorgestellt, das auf diese Bedürfnisse abzielt.

Teilforschungsfrage 1

Welcher Bedarf existiert für die Systematisierung der Datenerfassung, um die Datennutzung zu steigern?

Forschung

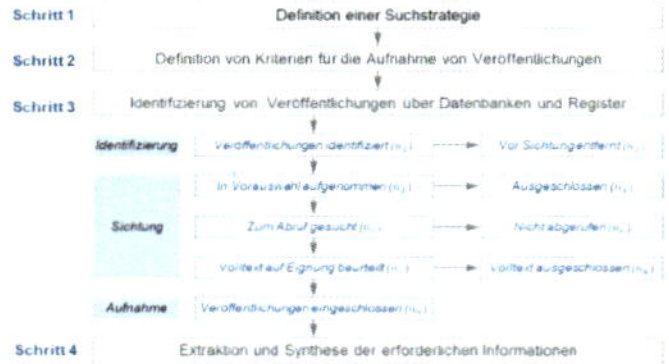

Kritische Schnittstelle

Die Datenerfassung ist als Schlüsselschnittstelle für die Verbesserung der Datenqualität und Prozesseffizienz erkannt worden.

Methodische Verbesserungen

Es besteht Bedarf an neuen Methoden, die speziell die Datenerfassung optimieren und die Datenqualität direkt verbessern.

Fehlende Modelle

Aktuell mangelt es an generalisierbaren Modellen, die eine effiziente Datenerfassung in unterschiedlichen Kontexten unterstützen.

Technologieintegration

Einbindung fortschrittlicher Technologien in Datenerfassungssysteme ist notwendig, um Zugänglichkeit und Nutzbarkeit der Daten zu erhöhen.

Industrie

Unzureichender Reife- und Wirkungsgrad

Unzureichende Datenerfassung

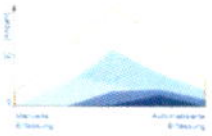

≈ 50 % der Daten werden manuell und papierbasiert erfasst.

Verbesserung der Datenqualität

Bedarf, Genauigkeit und Vollständigkeit der Daten erhöhen.

Erweiterung der Analysemethoden

Beschränkung auf klassische statistische Methoden.

Herausforderungen in der Datennutzung

Fehlende Analysestrategien verhindern gezielte Erfassung.

Stärkerer operativer Fokus

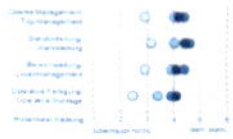

Montagemitarbeiter müssen stärker befähigt werden.

Die Systematisierung der Datenerfassung stellt eine zentrale Herausforderung in der Forschung und Industrie dar, deren Lösung erhebliche Auswirkungen auf die Datenqualität und die darauf basierenden Entscheidungen und Prozesse in Unternehmen hat.

Abbildung 3.16: Beantwortung der ersten Teilforschungsfrage

4 Konzeption der Vorgehensweise

Für eine fundierte wissenschaftliche Auseinandersetzung mit der beschriebenen Ausgangssituation und Problemstellung (vgl. Kap. 1.1) ist es unabdingbar, sich auf eine methodische Vorgehensweise zu stützen, die sowohl belastbar als auch evaluierbar ist. Zudem ist eine kritische Betrachtung der formalen sowie der problembezogenen Anforderungen an das angestrebte Forschungsergebnis erforderlich (Nachreiner 1997, S. 87; Raffée 1993, S. 11; Schneeweiß 1992, S. 254). Das Kapitel hat daher zum Ziel, eine adäquate wissenschaftliche Vorgehensweise zur Modellentwicklung zu formulieren, die eine wissenschaftlich nachvollziehbare sowie systematische Beantwortung der FLF ermöglicht.

In Kapitel 4.1 erfolgt die Beschreibung relevanter Grundlagen der Modellbildung, die für die inhaltliche Ausgestaltung des Modells genutzt werden. Darauf aufbauend wird in Kapitel 4.2 die Konkretisierung zur Vorgehensweise der Modellentwicklung hergeleitet. Abschließend wird die Konzeption zur weiteren Vorgehensweise in Kapitel 4.3 zusammengefasst.

4.1 Grundlagen der Modellbildung

Das Ziel der Modellbildung ist es, komplexe Systeme und bestimmte Aspekte der Realität durch methodische Vereinfachung abzubilden. Das Modell soll das Verhalten des realen Systems so genau wie nötig für den jeweiligen Anwendungsfall beschreiben (Schmitt & Andres 2023, S. 4f.; Eichstädt & Spieker 2021, S. 168). Verschiedene Modelltypen bieten einen strukturierten Rahmen, um das Verhältnis zwischen der Perspektive des Betrachters und den Merkmalen des abzubildenden Systems zu verstehen (vgl. Reschke 2019, S. 71ff.). Ein Überblick über die Zweckausrichtung und damit einhergehenden Modelltypen ist in Kapitel 4.1.1 dargestellt, bevor in Kapitel 4.1.2 eine kritische Betrachtung im Hinblick auf den angestrebten Zweck erfolgt, die zur relevanten Modellauswahl für diese Arbeit führt.

4.1.1 Zweckausrichtung und Modelltypen

Modelle lassen sich im wissenschaftlichen Diskurs nach ihrer *Zweckausrichtung* in Ist-Modelle und Soll-Modelle differenzieren. *Ist-Modelle* haben die Aufgabe, real existierende Zustände zu illustrieren, Hypothesenbildung und -überprüfung zu ermöglichen, theoretische Einsichten zu liefern sowie Entscheidungs- und Planungsprozesse zu unterstützen. Diese Modelle stellen ein reales System dar und zielen darauf ab, durch Modellierung Erkenntnisse über dieses System zu generieren (Reschke 2019, S. 73; Stachowiak 1973, S. 157).

Im Kontrast dazu verfolgen *Soll-Modelle* eine konstruktive Zielsetzung. Sie können unabhängig von einem realen System entwickelt oder aus der Analyse eines Ist-Modells abgeleitet werden, wobei sie im Einklang mit der anwendungsorientierten Sozialwissenschaft und explorativen Forschungsansätzen stehen sowie als normatives Ideal oder anzustrebendes Vorbild fungieren (Krcmar & Schwarzer 1994, S. 14ff.; Stachowiak 1973, S. 129).

Modelltypen reflektieren die Vielfalt und Komplexität der Modellierung, siehe Abbildung 4.1. Diese lassen sich in Beschreibungs- und Analysemodelle unterteilen. Letztere können weiter in Erklärungs-, Entscheidungs- und Gestaltungsmodelle gegliedert werden (Friedli 2000, S. 77ff.). Diese Kategorien unterscheiden sich durch ihre Zielsetzung, ihren Systemaufbau, ihr Systemverhalten und den damit verbundenen Einsatz sowie ihrer Betrachterperspektive. Die Zuordnung der Modelle zu diesen Kategorien ist nicht immer eindeutig möglich (Reschke 2019, S. 73; Bandte 2007, S. 200ff.).

Beschreibungsmodelle bilden den Ist-Zustand ab und zielen darauf ab, Zustände und Phänomene möglichst klar zu erfassen und darzustellen. Sie zeichnen sich durch eine objektive und neutrale Betrachterperspektive aus, die das Ziel hat, ein System anhand ihrer Leistungsmerkmale zu charakterisieren, ohne die Ursachen oder die Gültigkeitsbedingungen zu hinterfragen (Corsten 2000, S. 644; Patzak 1982, S. 313).

Gestaltungsmodelle repräsentieren Soll-Modelle und skizzieren den gewünschten Zielzustand eines Systems (Patzak 1982, S. 313). Sie vereinen deskriptive, explikative und entscheidungsunterstützende Elemente und dienen als Orientierung für die Systemgestaltung (Schmitt 2012, S. 114; Friedli 2000, S. 75f.; Ulrich & Hill 1979, S. 161ff.).

Erklärungsmodelle hingegen zielen darauf ab, kausale Zusammenhänge und Gesetzmäßigkeiten zu identifizieren, um Ereignisse und Phänomene nachvollziehbar zu machen und Vorhersagen zu ermöglichen (Patzak 1982, S. 313). Sie bauen auf deskriptiven Modellen auf und bieten Erklärungen für die in diesen Modellen beobachteten Zustände (Corsten & Corsten 2019, S. 21; Reschke 2019, S. 73f.).

Entscheidungsmodelle, die als normative Modelle betrachtet werden können, leiten Handlungsempfehlungen aus definierten Zielsetzungen und Rahmenbedingungen ab und fokussieren die Identifizierung optimaler Handlungsalternativen (Obermaier & Saliger 2020, S. 17ff.). Sie tragen damit zu einer eher subjektiven und zielgerichteten Sichtweise bei und unterstützen Entscheidungsprozesse (Corsten & Corsten 2019, S. 261).

Abbildung 4.1: Modellbildung und Modelltypen (Reschke 2019, S. 74)

4.1.2 Modellauswahl und Systematik der Konzeption

Durch die definierte Zielstellung der Arbeit (vgl. Kap. 1.2) und den erläuterten wissenschaftstheoretischen Bezugsrahmen (vgl. Kap. 1.3) werden die Rahmenbedingungen für die *Modellauswahl* festgelegt. Es hat sich bei der Modellbildung bewährt, zum Erreichen des Zielmodells dieses in Modellierungsstufen zu gliedern und in Iterationsschritte zu unterteilen, um die Zielsetzung zu erfüllen (Gadatsch 2017a, S. 24). Im Kontext dieser Arbeit werden drei Iterationsschritte durchgeführt, um das Zielmodell herzuleiten und anzuwenden, siehe Abbildung 4.2.

In dem ersten Iterationsschritt wird der Ist-Zustand abgebildet, um die aktuelle Situation bei der Modellbildung zu erfassen und darzustellen. Wie in Kapitel 4.1.1 definiert, eignet sich hierfür ein Beschreibungsmodell, das bestimmte Aspekte des realen Produktionssystems durch methodische Vereinfachung abbildet. Dabei ist es das Ziel, das Verhalten des realen Systems so genau zu beschreiben, wie es für den jeweiligen Anwendungsfall erforderlich ist (Stachowiak 1973, S. 157). Dieser Modellierungsprozess verfolgt das Ziel, Informationen zu gewinnen, die als Basis für das nachgelagerte Soll-Modell dienen, welches den zweiten Iterationsschritt darstellt. Auf Grundlage der Analyse des Ist-Modells wird anschließend ein Soll-Modell mit gestaltungsorientiertem Zweck entwickelt. Dieses wird durch den direkten Bezug zum realen System konstruiert (Krcmar & Schwarzer 1994, S. 14ff.). Die Struktur des entstehenden Gestaltungsmodells entspricht dem Verständnis der anwendungsorientierten Sozialwissenschaft nach ULRICH UND HILL sowie der explorativen Forschung nach KUBICEK (Ulrich & Hill 1976, S. 305; Kubicek 1997, S. 12f.). Das Gestaltungsmodell fungiert folglich als Vorlage für das Realsystem (Reschke 2019, S. 73; Stachowiak 1973, S. 129). Im dritten Iterationsschritt wird das entwickelte Gestaltungsmodell im Produktionssystem angewandt, um es iterativ weiterzuentwickeln und zum Zielmodell zu optimieren.

Abbildung 4.2: Systematik der Modellkonzeption im eigenen Forschungsprozess

4.2 Konkretisierung der methodischen Vorgehensweise

In der Modellbildung hat sich die methodische Strukturierung in Modellierungsstufen und Iterationsschritte als bewährtes Vorgehen der Forschung etabliert, wie in Kapitel 4.1.2 erläutert. Diese systematische Herangehensweise fördert die Fokussierung auf den Forschungsprozess und die Beantwortung der TFF (Schmitt & Andres 2023, S. 58; Gadatsch 2017a, S. 24). Eine Konkretisierung der methodischen Vorgehensweise ist in den Kapiteln 4.2.1 bis 4.2.3 beschrieben. Im Speziellen erörtert das Kapitel 4.2.1 die Entwicklung des Beschreibungsmodells, das im ersten Iterationsschritt die Modellierung des Informationsmodells in den Vordergrund stellt. Darauf folgend thematisiert das Kapitel 4.2.2 die Vorgehensweise zur Entwicklung des Gestaltungsmodells, wobei die Modellierung des Datenmodells Teil des zweiten Iterationsschrittes ist. Der dritte Iterationsschritt, die Vorgehensweise zur Anwendung des Gestaltungsmodells, wird abschließend in Abschnitt 4.2.3 beschrieben.

4.2.1 Iterationsschritt 1: Entwicklung des Beschreibungsmodells

Die Abbildung 4.3 illustriert die Entwicklung des Beschreibungsmodells, ausgehend von den TFF 2 und TFF 3. Diese Fragen bilden die Grundlage für die weiteren Entwicklungsschritte des Modells, mit dem Ziel, den Forschungsbedarf zu identifizieren. Für die Beantwortung der TFF 2 und TFF 3 werden Anforderungen der Ausgangssituation und Problemstellung (vgl. Kap. 1.1) beschrieben, abgeleitet und auf die Modellziele ausgerichtet. Für die Operationalisierung ist die Domänenbeschreibung und Anforderungsermittlung entscheidend, um eine solide Basis für die systematische Informationsbedarfsanalyse zu schaffen. Diese folgt, um den bestehenden Informationsbedarf sowie das Informationsangebot und die Informationsnachfrage im Rahmen der dargestellten Zielsetzung (vgl. Kap. 1.2) zu ermitteln. Diese Analyse ist entscheidend für die Festlegung eines umfassenden Ist-Zustands und der Identifikation aller relevanten Prozessrollen. Dieser Schritt umfasst die Modellierung, in dem die Elemente (Rollen und Aktivitäten) und Beziehungen (Informationsflüsse) zwischen den verschiedenen Informationen sowie ihrer Informationserzeuger und -konsumenten dargestellt werden. Die Informationsmodellierung erlaubt es, komplexe Zusammenhänge über

Ursache-Wirkungs-Beziehungen zu visualisieren (vgl. Kap. 2.2.5). Im letzten Schritt erfolgt die Verwertung der Ergebnisse, die als Eingangsgröße für die Entwicklung des Gestaltungsmodells (vgl. Kap. 4.2.2) fungiert. In diesem Schritt wird der wissenschaftliche und industrielle Nutzen des Beschreibungsmodells realisiert.

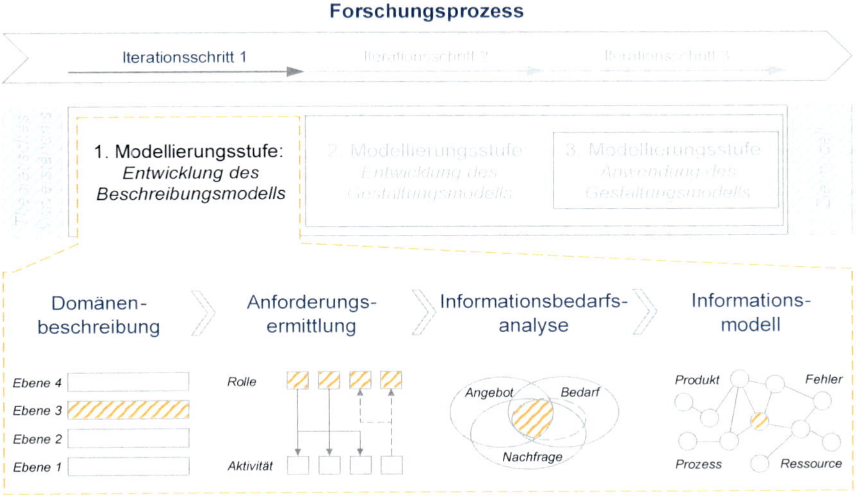

Abbildung 4.3: Vorgehensweise zur Entwicklung des Beschreibungsmodells

4.2.2 Iterationsschritt 2: Entwicklung des Gestaltungsmodells

Der Prozess zur Entwicklung eines Gestaltungsmodells ist in Abbildung 4.4 dargestellt und baut auf den Ergebnissen des vorherigen Beschreibungsmodells auf. Die Entwicklung beginnt mit den TFF 4 und TFF 5, die den Fokus und die Ziele des Modells festlegen und die weitere Operationalisierung leitet. Hierzu zählt die Beschreibung und Festlegung der Gestaltungselemente (Entitäten und Attribute) sowie ihrer Beziehungen zueinander. Anschließend erfolgt die Datenmodellierung mithilfe relevanter Datenarten (vgl. Kap. 2.3.4), bei der die gesammelten Informationen genutzt werden, um das Gestaltungsmodell zu entwickeln. In diesem Schritt wird das konzeptionelle Datenmodell erstellt. Das Ziel ist es, die Objekte des Datenmodells weiter zu spezifizieren, einschließlich der notwendigen Entitäten, Attribute und Beziehungen zueinander, um einen klaren Überblick über die Datenstruktur zu gewinnen (Ferstl & Sinz 2006, S. 131). Dazu zählt auch die formale Abbildung des heuristischen Bezugsrahmens (vgl. Kap. 1.4). Abschließend folgt die Darstellung der modellbasierten Datenanalyse, um diese für die dritte Iterationsstufe vorzubereiten.

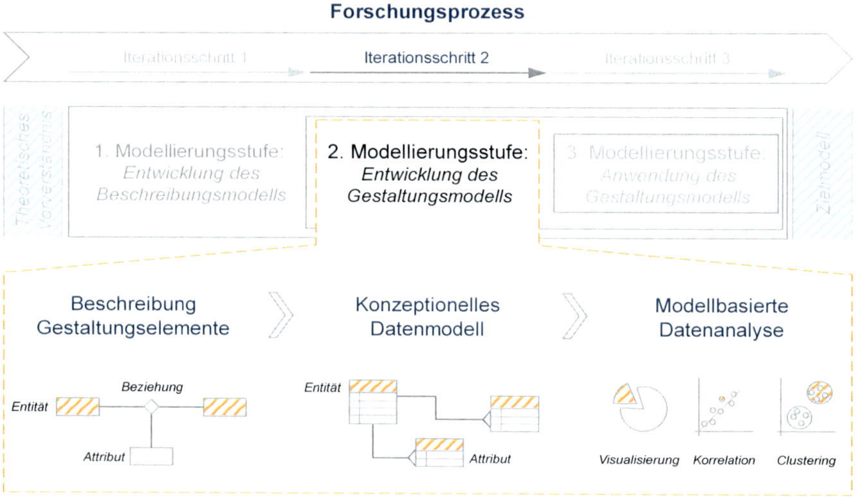

Abbildung 4.4: Vorgehensweise zur Entwicklung des Gestaltungsmodells

4.2.3 Iterationsschritt 3: Anwendung des Gestaltungsmodells

Bei der Anwendung des generalisierten Gestaltungsmodells wird dieses zu Beginn den spezifischen Rahmenbedingungen der zwei Fallbeispiele angepasst, siehe Abbildung 4.5. Bei der Operationalisierung werden die Kriterien, die zur Beantwortung der FLF benötigt werden, konkretisiert. Im Schritt der Modellanwendung wird das entwickelte Gestaltungsmodell praktisch eingesetzt. Dazu wird das Gestaltungsmodell in einem realen Pilotumfeld von zwei Fallbeispielen implementiert, um seine Wirksamkeit und Funktionalität zu testen. Die Modellanwendung ermöglicht es, die theoretische Entwicklung in industrielle Lösungen zu übersetzen und die Interaktion des Modells mit realen Bedingungen zu beobachten. Die Ergebnisevaluation folgt auf die Anwendung des Modells und dient der Überprüfung der Modellperformance und Erfahrungswerte der Nutzer. In diesem Schritt werden die qualitativ gesammelten Daten analysiert, um zu bewerten, wie gut das Modell bei der datenbasierten Entscheidungsunterstützung hilft und welche Verbesserungen oder Anpassungen notwendig sind, um die Effizienz des Modells zu steigern. Die Ergebnisbewertung fasst die Erkenntnisse aus der Modellanwendung und -evaluation abschließend zusammen.

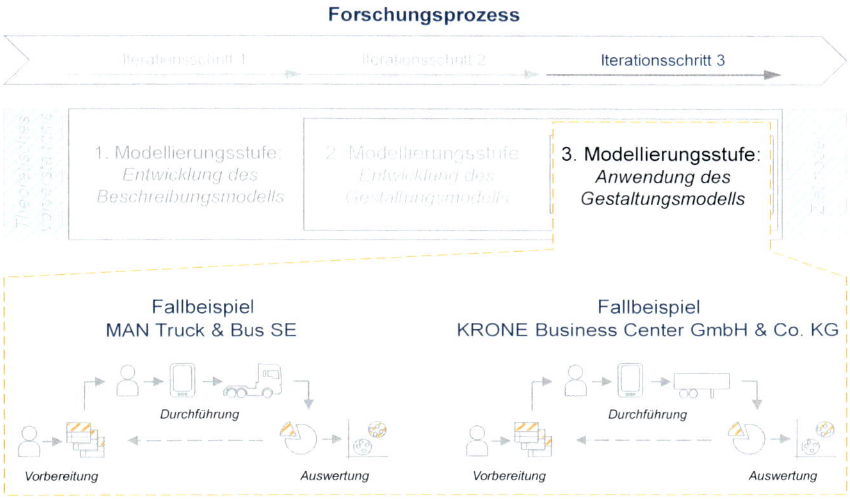

Abbildung 4.5: Vorgehensweise zur Anwendung des Gestaltungsmodells

4.3 Zwischenfazit zur Konzeption der Vorgehensweise

Die Konzeption der Vorgehensweise zur Modellentwicklung und -anwendung basiert auf einer methodischen Strukturierung, die in drei Iterationsschritten und Modellierungsstufen gegliedert ist. Diese iterative Herangehensweise ermöglicht eine systematische und wissenschaftlich fundierte Bearbeitung der FLF, siehe Abbildung 4.6.

In der ersten Modellierungsstufe wird ein Beschreibungsmodell entwickelt, das den Ist-Zustand beschreibt, notwendige und hinreichende Informationsobjekte identifiziert. Die zweite Stufe konzentriert sich auf die Entwicklung eines Gestaltungsmodells, welches Wechselwirkungen und Zusammenhänge des Datenmodells definiert. In der dritten Modellierungsstufe erfolgt die Anwendung des Datenmodells im Rahmen von zwei Fallbeispielen, um die Wirksamkeit des Zielmodells zu überprüfen und zu optimieren.

Durch diese systematische Vorgehensweise wird im Rahmen der Arbeit sichergestellt, dass das entwickelte Modell sowohl theoretisch fundiert als auch praktisch anwendbar ist (vgl. Kap. 1.4). Die iterative Struktur der Modellentwicklung fördert eine kontinuierliche Verbesserung und Anpassung an die realen Gegebenheiten, wodurch die wissenschaftliche und praktische Relevanz der Forschungsergebnisse optimiert wird.

Die Abbildung 4.6 verdeutlicht die detaillierte Systematik des eigenen Forschungsprozesses, die eine Orientierung und Strukturierung der einzelnen Schritte und Phasen bietet. Die Vorgehensweise trägt maßgeblich dazu bei, die FLF umfassend zu beantworten und das Zielmodell zu realisieren.

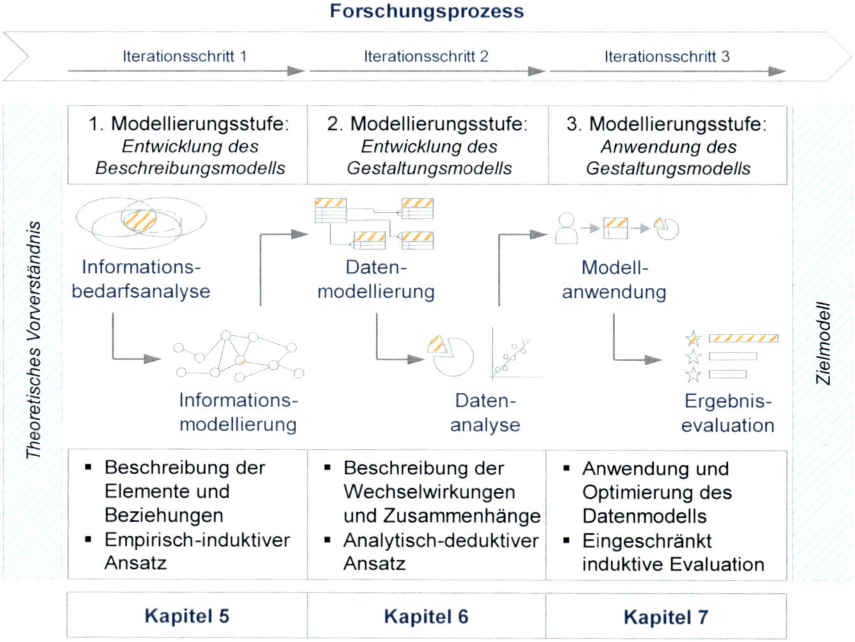

Abbildung 4.6: Detaillierte Systematik im eigenen Forschungsprozess

5 Entwicklung des Beschreibungsmodells

Aufbauend auf der in Kapitel 4 beschriebenen methodischen Vorgehensweise wird in diesem Kapitel ein Informationsmodell zur Beschreibung des Ist-Zustands von Informationsobjekten und Informationsflüssen entwickelt. Das Informationsmodell dient der zweckorientierten Abstraktion der Realität, in welcher nur Informationen abgebildet werden, die zur Erreichung der gesetzten Zielsetzung der Arbeit von Bedeutung sind (vgl. Kap. 1.2) (Mönkemeier 2014, S. 95).

Wie in Kapitel 4.2.1 beschrieben, umfasst der erste Iterationsschritt die Vorgehensweise zur Entwicklung des Beschreibungsmodells, siehe Abbildung 5.1. Im Rahmen des Kapitels 5.1 folgt die Domänenbeschreibung durch die Definition und Einordnung des Untersuchungsbereichs (vgl. Kap. 1.4). Basierend auf der zuvor definierten Domäne werden dessen Anforderungen an die relevanten Rollen und Aktivitäten in Kapitel 5.2 beschrieben. Darauf folgt in Kapitel 5.3 die Informationsbedarfsanalyse, in der analysiert wird, welche Informationen für das Informationsmodell erforderlich sind. Die Konzeption und Detaillierung des Informationsmodells folgt in Kapitel 5.4. Mit einem Zwischenfazit sowie der Beantwortung der TFF 2 und TFF 3 endet das Kapitel 5.5. Die gewonnenen Erkenntnisse bilden die Grundlage für eine Entwicklung des Gestaltungsmodells in Kapitel 6.

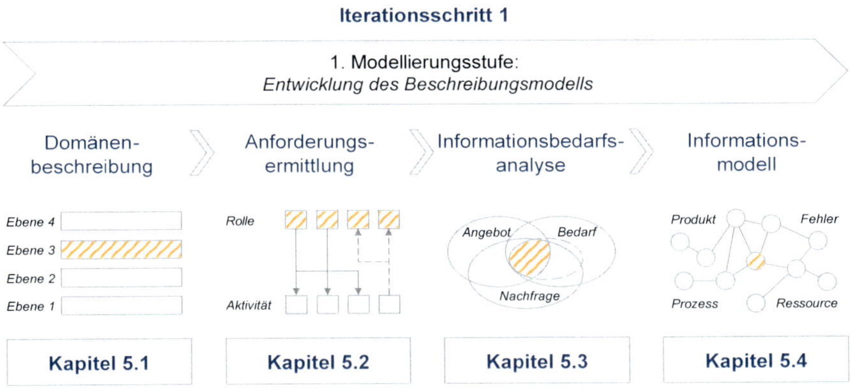

Abbildung 5.1: Entwicklung des Beschreibungsmodells

5.1 Domänenbeschreibung

Das Kapitel 5.1.1 erläutert zunächst die funktionale Hierarchie auf Basis der DIN EN 62264-1 und grenzt die einzelnen Ebenen voneinander ab. Anschließend erfolgt die Festlegung sowie die Eingrenzung des Untersuchungsbereichs der Arbeit in Kapitel 5.1.2.

5.1.1 Funktionale Hierarchie

Um die Problemstellung und Zielsetzung erfolgreich adressieren zu können (vgl. Kap. 1.1 und 1.2), muss die Systemgrenze des Untersuchungsbereichs bestimmt werden. Als Grundlage dient das *CIM Reference Model* (engl. Computer Integrated Manufacturing) nach WILLIAMS, an dem sich auch die DIN EN 62264-1 orientiert (DIN EN 62264-1:2014-07, S. 14).

Wie in Abbildung 5.2 dargestellt, existieren verschiedene Ebenen und Domänen eines funktionalen Hierarchiemodells. Die Ebene 4 umfasst die geschäftsbezogenen Aktivitäten, die notwendig sind, um ein produzierendes Unternehmen zu steuern. Dies beinhaltet die Erstellung eines Grobplans (bspw. Materialverbrauch, Lieferungen und Versand) sowie die Bestimmung der Lagerbestände und die Sicherstellung der termingerechten Lieferung von Materialien an die entsprechenden Positionen im Produktionsprozess. Die Informationen der darunterliegenden Ebene 3 sind dabei essenziell für die Durchführung der Aktivitäten auf Ebene 4. Die Ebene 3 bezieht sich auf den Arbeitsablauf, der zur Herstellung der gewünschten Produkte erforderlich ist, einschließlich der Koordination und Dokumentation der Prozesse. Die Überwachung und Steuerung der physischen Prozesse erfolgt auf Ebene 2. Zusätzlich definiert die Ebene 1 die Aktivitäten zur Messung und Anpassung der physischen Prozesse. Schließlich beschreibt die Ebene 0 die tatsächlichen physischen Prozesse selbst (DIN EN 62264-1:2014-07, S. 16; Williams 1990, S. 285ff.).

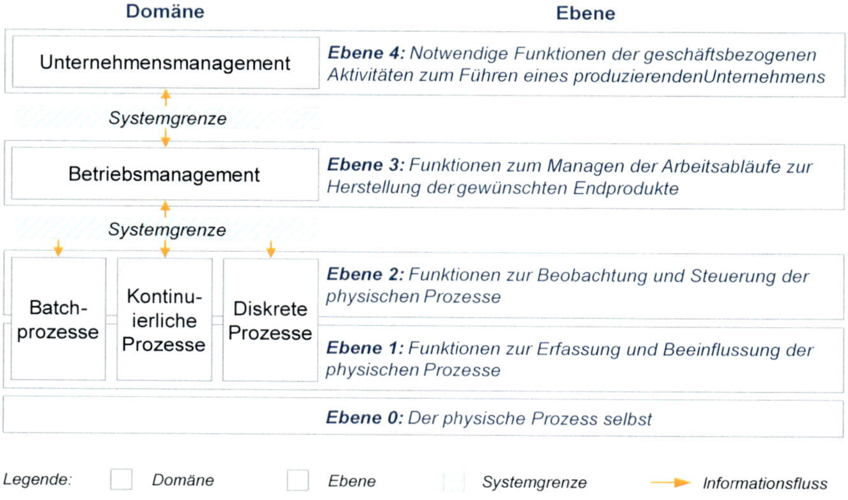

Abbildung 5.2: Funktionale Hierarchie (i. A. a. DIN EN 62264-1:2014-07, S. 8ff.)

Die Einordnung der Arbeit in das CIM Reference Model eignet sich insbesondere, da es wesentliche Anforderungen an die Grundsätze wissenschaftlicher Arbeit erfüllt (Williams 1990, S. 282). Das vorgestellte Modell zeichnet sich durch seine einfache Struktur, Flexibilität, Modularität und generische Bauweise aus. Diese Eigenschaften gewährleisten, dass die Arbeitsergebnisse über die betrachteten Fallbeispiele hinaus verwertet und weiterentwickelt werden können. Das Modell basiert auf einer leicht verständlichen und allgemein akzeptierten Terminologie, wodurch Missverständnisse bei der Interpretation der Ergebnisse vermieden werden. Weiterhin ist das Modell auf unterschiedliche Produktionsprozesse und -organisationen anwendbar, was eine Reproduzierbarkeit der Ergebnisse sicherstellt. Es ist unabhängig von spezifischen Systemkonfigurationen oder Implementierungen, was das System flexibel und anpassungsfähig macht. Ein weiteres Merkmal des Modells ist seine Offenheit für Erweiterungen und die Fähigkeit, neue Technologien zu integrieren, ohne dass bestehende Implementierungen unzumutbar invalidiert werden. Dies stellt sicher, dass Erweiterungen und neue Technologien hinzugefügt werden können, ohne die vorhandenen Systeme erheblich zu beeinträchtigen oder obsolet zu machen. Darüber hinaus ist das Modell unabhängig von bestehenden Technologien in der Automatisierung und Informatik, was seine universelle Anwendbarkeit gewährleistet und es vor technologischen Trends schützt (Williams 1990, S. 282).

5.1.2 Untersuchungsbereich innerhalb des Betriebsmanagements

Diese Arbeit ist der funktionalen Hierarchieebene des Betriebsmanagements zugeordnet. Gemäß der DIN EN 62264-1 ist das *Betriebsmanagement* (engl. Manufacturing Operations Management, MOM) definiert als Domäne, die alle Aktivitäten und Informationsflüsse innerhalb oder mit der Ebene 3 koordiniert, siehe Abbildung 5.2 (vgl. Kap. 5.2.2) (DIN EN 62264-1:2014-07, S. 17).

Der Untersuchungsbereich dieser Arbeit reicht innerhalb des Auftragsabwicklungsprozesses von der manuellen Montage bis zur Produktabnahme, siehe Abbildung 5.3. Dies schließt die Rollen der Qualitätssicherung und des Prüfstands mit ein (vgl. Kap. 5.2.1). Weiterhin ist der Fehleranalyseprozess (vgl. Kap. 2.2) Bestandteil des Untersuchungsbereichs. Dieser Untersuchungsbereich dient nicht nur als struktureller Rahmen für das Zielmodell der Untersuchung, sondern auch als methodischer Leitfaden für die Zielgruppe zur Systematisierung der Fehlerdatenerfassung im manuellen Montageprozess.

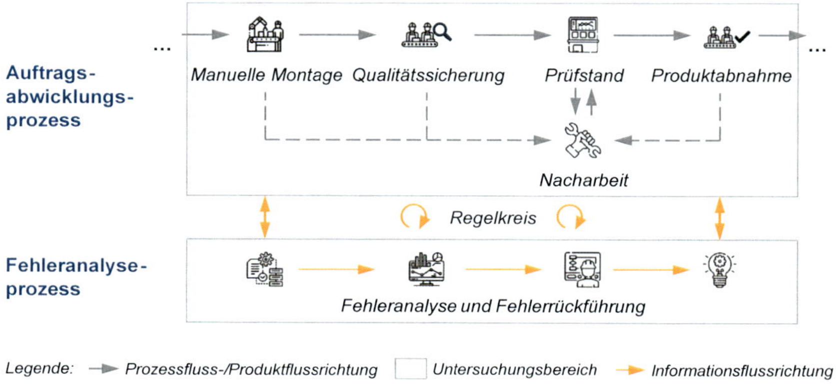

Abbildung 5.3: Untersuchungsbereich im Produktionssystem

5.2 Anforderungsermittlung der Domäne

Funktionale Hierarchiemodelle erfordern eine rollen- und aktivitätsbasierte Betrachtung möglicher Anforderungen und Einflussfaktoren auf das zu produzierende Produkt (DIN EN 62264-1:2014-07, S. 22). In den Kapiteln 5.2.1 und 5.2.2 findet die Ermittlung der Anforderungen der Domäne statt. Zuerst erfolgt die Definition der relevanten Rollen, gefolgt von der Beschreibung der Aktivitäten und Informationsflüsse innerhalb der Betriebsmanagementebene.

5.2.1 Rollen

Wie in Abbildung 5.3 dargestellt, sind innerhalb des Auftragsabwicklungs- und Fehleranalyseprozesses des Produktionssystems eine Vielzahl von Rollen zu berücksichtigen, welche Einfluss auf den Produktionsprozess nehmen können. Zwecks Schaffung eines einheitlichen Verständnisses für den Untersuchungsbereich sind nachfolgend die *Rollen* beschrieben. Operative und direkt an der Wertschöpfung beteiligte Rollen innerhalb des Auftragsabwicklungsprozesses sind definiert als:

Manuelle Montage: Die Rolle beschreibt die Montagemitarbeiter, die wertschöpfende Tätigkeiten innerhalb der vorgegebenen Taktzeiten am Produkt durchführen (vgl. Kap. 2.1.4). Identifizieren sie während dieser Tätigkeiten funktionale, bauteilspezifische oder prozessuale Abweichungen vom Soll-Zustand, dokumentieren sie diese Abweichungen und starten die Fehlerdokumentation (vgl. Kap. 2.2.4) (Beckschulte et al. 2022a, S. 577f.).

Qualitätssicherung: Die Qualitätssicherung beschreibt die Mitarbeiter an einem statischen oder dynamischen Kontrollpunkt, die für die Absicherung von Teilergebnissen im Auftragsabwicklungsprozess verantwortlich sind. Der Prozess wird in verschiedene

Abschnitte strukturiert, wobei die Arbeitsergebnisse jedes Abschnitts mithilfe zuvor definierter Ziel- und Qualitätskriterien geprüft werden. Der Fortschritt des (Teil-)Produktes in den nachfolgenden Abschnitten ist nur zulässig, wenn die Abschnittsergebnisse der Qualitätsprüfung die definierten Kriterien erfüllen. Die Mitarbeiter der Qualitätssicherung prüfen innerhalb der vorgegebenen Taktzeit und tragen zu der Produktqualität wesentlich bei. Funktionale oder bauteilspezifische Abweichungen vom Soll-Zustand werden dokumentiert und zuvor dokumentierte Abweichungen aus der manuellen Montage werden überprüft (Beckschulte et al. 2023c, S. 8f.).

Prüfstand: Der Prüfstand übernimmt die mechanische Prüfung sowie das Aufspielen und Parametrieren potenziell verbauter Steuergeräte. Funktionale oder bauteilspezifische Abweichungen vom Soll-Zustand werden dokumentiert. Ist das Produkt fehlerfrei, wird es an die Produktabnahme übergeben. Existieren jedoch Fehlereinträge am Produkt, die innerhalb der manuellen Montage und der Qualitätssicherung dokumentiert aber nicht behoben wurden, wird das Produkt der Nacharbeit übergeben (Beckschulte et al. 2023c, S. 9).

Produktabnahme: Die Produktabnahme beschreibt die Mitarbeiter im Kontrollpunkt, die für die Freigabe des Produkts im Auftragsabwicklungsprozess verantwortlich sind, bevor es dem Kunden übergeben wird. Alle gesetzlich vorgeschriebenen sicherheits- und gewährleistungsrelevanten Umfänge des Produkts werden geprüft. Das Produkt wird nur dann an den Kunden weitergeleitet, wenn es fehlerfrei ist. Die Mitarbeiter prüfen unabhängig aus Sicht des Kunden. Funktionale oder bauteilspezifische Abweichungen vom Soll-Zustand werden dokumentiert und das Produkt wird der Nacharbeit übergeben. Erst bei Behebung der Fehler wird das Produkt erneut durch die Produktabnahme geprüft und bei bestandener Prüfung für den Kunden freigegeben (Beckschulte et al. 2023c, S. 9).

Nacharbeit: Innerhalb der Nacharbeit werden alle Fehler, die im Auftragsabwicklungsprozess erfasst und nicht behoben werden konnten, analysiert und abgestellt. Die Analyse erfolgt, abhängig von der Fehlerschwere, in Zusammenarbeit mit der Rolle der Fehleranalyse und -rückführung. Sind alle protokollierten Fehler eines Produktes behoben, wird das Produkt der Produktabnahme übergeben und geprüft, bevor es für den Kunden freigegeben werden kann (Beckschulte et al. 2023c, S. 9).

Fehleranalyse und -rückführung: Die Rolle der Fehleranalyse und -rückführung ist eine indirekte Rolle, die kein direkter Bestandteil des Auftragsabwicklungsprozesses und der wertschöpfenden Montagetätigkeiten ist (vgl. Kap. 2.1 und 2.2). Die Mitarbeiter analysieren dokumentierte Abweichungen, stufen sie als Fehler ein und leiten als Entscheidungsträger aus den Analyseergebnissen Korrekturmaßnahmen für den Auftragsabwicklungsprozess ab. Im Vordergrund der Analysen steht der Einsatz statistischer Methoden, die reaktive und präventive sowie produkt- und prozessbezogene Auswertungen ermöglichen (vgl. Kap. 2.4). Die eingesetzten Korrekturmaßnahmen, einschließlich erforderlicher Wirksamkeitsprüfungen, zielen auf die nachhaltige Fehlerabstellung ab.

5.2.2 Aktivitäten und Informationsflüsse

Die zuvor beschriebenen Rollen üben Einfluss auf den Auftragsabwicklungsprozess aus, indem sie Aktivitäten, im wissenschaftlichen Kontext auch als Funktion bezeichnet, ausüben. *Aktivitäten* sind definiert als eine Reihe von Tätigkeiten, die eine gemeinsame Zielsetzung verfolgen (vgl. Kap. 1.2) (DIN EN 62264-1:2014-07, S. 9).

Gemäß der DIN EN 62264-1 sind für die Domäne des Betriebsmanagements nachfolgende, für den Kontext dieser Arbeit relevante, Aktivitäten definiert (DIN EN 62264-1:2014-07, S. 18f.). Diese Aktivitäten lassen sich den Modulen des Regelkreises zuteilen (vgl. Kap. 2.2.6):

Fehlerdokumentation: Das Erkennen und Erfassen von Abweichungen und Fehlern kann grundsätzlich jede der zuvor beschriebenen Rollen übernehmen. Sie erfüllen die Aktivität des Sensors, indem sie während ihrer Tätigkeiten kontinuierlich den Ist-Zustand des Produkts mit den definierten Soll-Werten abgleichen. Sie identifizieren und dokumentieren funktionale, bauteilspezifische oder prozessuale Abweichungen. Die Dokumentation erfolgt, um eine anschließende Analyse der Abweichungen zu ermöglichen (vgl. Kap. 2.2.4).

Fehleranalyse: Die Aktivität des Reglers wird von den Rollen der Fehleranalyse und -rückführung sowie der Qualitätssicherung übernommen. Sie analysieren die dokumentierten Abweichungen, bewerten die Schwere der Fehler und leiten geeignete Korrekturmaßnahmen ein. Dieser Prozess beinhaltet die Ursachenanalyse unter Einsatz statistischer Methoden, um reaktive und präventive Maßnahmen abzuleiten, die auf die nachhaltige Fehlerabstellung abzielen (vgl. Kap. 2.4). Die Ergebnisse der Analysen werden verwendet, um den Auftragsabwicklungsprozess kontinuierlich zu verbessern.

Fehlerrückführung: Die Aktivität des Aktors wird von der Rolle der Fehleranalyse und -rückführung ausgeführt. Sie setzen die vom Regler bestimmten Korrekturmaßnahmen um und überprüfen deren Wirksamkeit. Die manuelle Montage und Nacharbeit werden über die Fehlerrückführung informiert und in der Nacharbeit werden alle identifizierten Fehler behoben. Die Produktabnahme prüft, ob das Produkt nach der Nacharbeit den Qualitätsstandards entspricht, bevor es an den Kunden übergeben wird (Beckschulte et al. 2023c, S. 9). Anpassungen im Produktionsprozess, Nacharbeiten und Produktänderungen werden vorgenommen, um zukünftige Fehler zu vermeiden und die Produktqualität zu sichern.

Fehlerabstellung: Diese Aktivität gewährleistet die dauerhafte Beseitigung des erkannten Fehlers. Die Rollen der manuellen Montage, Produktabnahme und Nacharbeit werden über die Ergebnisse informiert. Die Nacharbeit setzt die identifizierten Korrekturmaßnahmen bei betroffenen Produkten um und überprüft deren Wirksamkeit, solange der originäre Fehler nicht abgestellt ist (vgl. Kap. 2.2.5). Die Erkenntnisse aus der Fehlerabstellung fließen in kontinuierliche Verbesserungsprozesse ein, um die Produktqualität nachhaltig zu sichern und ähnliche Fehler in der Zukunft zu vermeiden. Die

Qualitätssicherung bestätigt die Einhaltung der Qualitätsstandards, bevor das Produkt freigegeben wird.

Umgang mit Störgrößen: Externe und interne Störgrößen, die den Regelkreis beeinflussen, werden von allen Aktivitäten im Prozess berücksichtigt. Dies umfasst Umwelt- und Umfeldfaktoren sowie systematische oder zufällige Abweichungen, die an verschiedenen Stellen des Regelkreises auftreten können (vgl. Kap. 2.2.6). Alle Rollen erfassen diese Störgrößen, bewerten deren Einfluss auf den Produktionsprozess und leiten Maßnahmen zur Minimierung oder Beseitigung der Störgrößen ein (Schmitt & Glöckner 2011, S. 57).

Als *Informationsfluss* ist die Weiterreichung der Information als ein Produkt beschrieben, dass durch Vernetzung und Nutzung zur Erfüllung von Geschäftsprozessen und somit zur Wertschöpfung beiträgt (vgl. Kap. 2.3.1) (DIN EN 62264-2:2014-06, S. 151). Der Zusammenhang zwischen den definierten Rollen, Aktivitäten und Informationsflüssen ist in Abbildung 5.4 dargestellt.

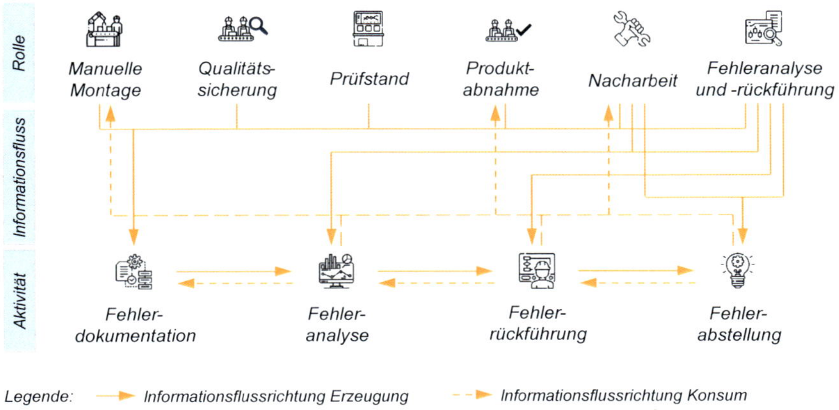

Abbildung 5.4: Zusammenhang zwischen Rollen, Aktivitäten und Informationsflüssen

5.3 Informationsbedarfsanalyse

Der Informationsbedarf ist durch die Art, Menge und Qualität der Informationen bestimmt, die als Grundlage für Entscheidungsprozesse dienen (Picot et al. 2003, S. 81; Voß & Gutenschwager 2001, S. 130f.). Wie in Abbildung 5.5 dargestellt, ist dieser Bedarf sowohl durch die Anforderungen des Entscheidungsträgers als auch durch die spezifischen Erfordernisse der zu treffenden Entscheidung unterteilt (Picot et al. 2003, S. 81). Aus diesem Grund wird in Kapitel 5.3.1 der objektive Informationsbedarf und in Kapitel 5.3.2 der subjektive Informationsbedarf ermittelt. Die Bestimmung des Informationsangebots folgt in Kapitel 5.3.3, bevor die Informationsnachfrage in Kapitel 5.3.4

erhoben wird. Die Zusammenführung in den Informationsstand ist Teil der Ergebnisse des Informationsmodells in Kapitel 5.4.

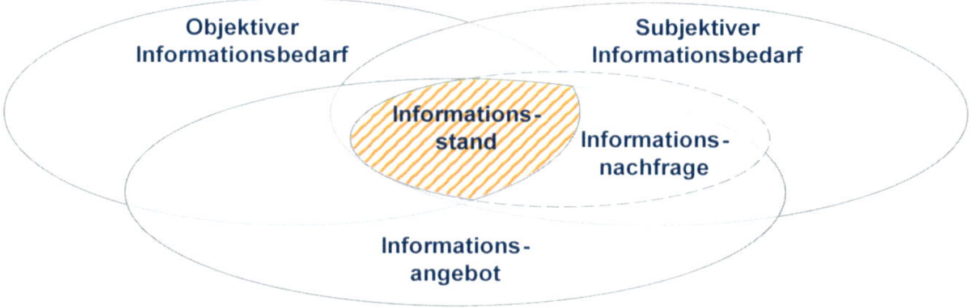

Abbildung 5.5: Informationsbedarf, -angebot, -nachfrage und -stand (Picot et al. 2003, S. 82)

Im Rahmen dieser Arbeit und dem Forschungsprojekt *value chAIn* wurden drei Umfragen durchgeführt, um den aktuellen Status in produzierenden Unternehmen zu ermitteln und um die TFF 2 sowie TFF 3 zu beantworten. Die Ergebnisse wurden auszugsweise in BUSCHMANN ET AL. und BECKSCHULTE ET AL. veröffentlicht (Buschmann et al. 2024; Beckschulte et al. 2023c; Beckschulte et al. 2023d). Für das Design wurde in allen Fällen ein methodischer Ansatz gewählt, der sich auf die wissenschaftlich anerkannten Richtlinien von HÄDER, SCHUMANN sowie JACOB ET AL. bezieht (Häder 2022; Schumann 2019; Jacob et al. 2013).

Da das Forschungsziel für die Beantwortung der TFF 2 und TFF3 deskriptiv ist, wurden in der ersten Umfrage, mit 32 geschlossenen und offenen Fragen zur Erhebung qualitativer und quantitativer Daten, 108 Mitarbeiter eines Automobilherstellers befragt, die dem Anforderungsprofil der beschriebenen Rollen (vgl. Kap. 5.2.1) entsprachen (Beckschulte et al. 2023c). In der zweiten Umfrage wurden 38 Mitarbeiter von vier Automobilherstellern befragt (Beckschulte et al. 2023d). Hierzu wurde ein Fragebogen mit 42 geschlossenen und offenen Fragen zur Erhebung qualitativer und quantitativer Daten entworfen. In einer dritten Umfrage wurden die Ergebnisse mithilfe von 33 Mitarbeitern aus produzierenden Unternehmen überprüft (Buschmann et al. 2024). Die Fragebögen waren jeweils in drei Abschnitte gegliedert: Der erste Abschnitt zielte darauf ab, allgemeine Informationen über die Befragten zu sammeln. Im zweiten Abschnitt wurden Fragen zum bestehenden Niveau der Fehlermanagementprozesse im Unternehmen gestellt. Der dritte Abschnitt untersuchte die angewandten statistischen Methoden im Rahmen der Fehleranalysen.

5.3.1 Objektiver Informationsbedarf

Der *objektive Informationsbedarf* basiert auf den Kontextfaktoren der Entscheidung und ist primär durch diese festgelegt. Er umfasst nicht nur die Art und Menge der benötigten Informationen, sondern auch den erforderlichen Zeitpunkt, den Ort und das Medium der Informationsbereitstellung (Beckschulte et al. 2023c, S. 10; Schwarze 1998, S. 53). Im Kontext des Fehlermanagementprozesses in der manuellen Montage umfasst der objektive Informationsbedarf die Pflichtinformationen, die für eine erfolgreiche Fehlerdokumentation und die Durchführung des Fehlermanagementprozesses notwendig sind (vgl. Kap. 2.2.4).

Mithilfe der Makigami-Methode (jap. Papierrolle), einer Form der Prozessflussanalyse, wurde der objektive Informationsbedarf ermittelt. Das Ziel dieser Methode ist es, den zu untersuchenden Prozess transparent zu erfassen, um ihn anschließend analysieren und optimieren zu können (Chakraborty et al. 2016, S. 40f.). Wie in Abbildung 5.6 dargestellt, wurde die Beschreibung des Fehlermanagementprozesses entlang der zuvor definierten Phasen durchgeführt (vgl. Kap. 2.2.4). Dazu wurden den zuvor beschriebenen Rollen die jeweiligen Aktivitäten zugeordnet (vgl. Kap. 5.2.1 und Kap. 5.2.2). Ferner wurde die jeweilige Informationsbereitstellung (Erzeugung) und der -bedarf (Konsum) ermittelt, die für die aufgeführten Aktivitäten benötigt werden oder aus diesen hervorgehen. Durch die Zuordnung konnte ein umfassendes Gesamtbild der Ist-Situation erarbeitet werden. Die durch die Visualisierung geschaffene Transparenz im Fehlermanagementprozess ermöglicht eine prozessuale Identifikation von Handlungsfeldern in der Informationserfassung. Eine detaillierte Übersicht der Prozessflussanalyse ist dem Anhang angefügt (vgl. Kap. IX.II).

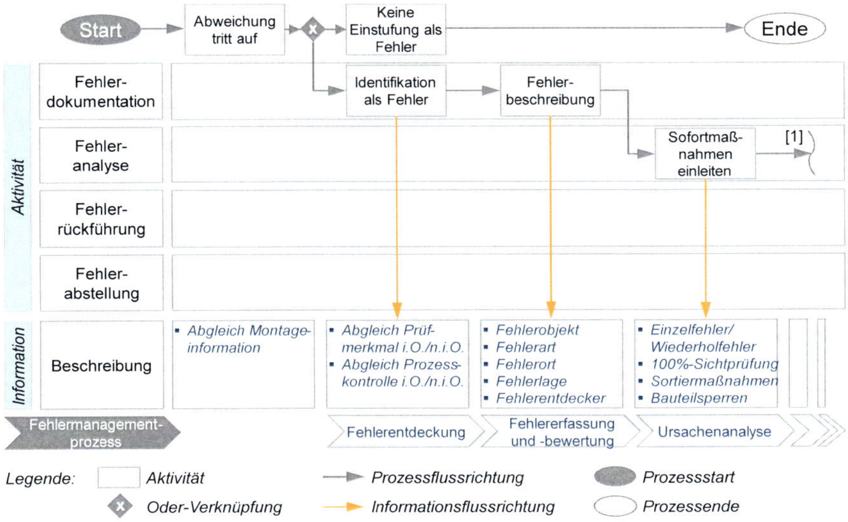

Abbildung 5.6: Auszug aus der Prozessflussanalyse

5.3.2 Subjektiver Informationsbedarf

Der *subjektive Informationsbedarf* berücksichtigt die individuellen Präferenzen und Einschätzungen des Entscheidungsträgers hinsichtlich relevanter Informationen für die Entscheidungsfindung. Dieser Bedarf kann zudem durch Erfahrungswerte beeinflusst werden (Beckschulte et al. 2023c, S. 11).

Im Rahmen der Arbeit wurden die Ergebnisse der ersten Umfrage (*n* = 108), seitens der Aktivität der Fehlerdokumentation, untersucht. Dabei gaben 35,2 % der Befragten an, durchschnittlich weniger als zwei Minuten für die Erfassung einzelner Fehler zu benötigen. Gleichzeitig berichteten 25,0 %, dass sie zwischen vier und fünf Minuten pro Aufnahme benötigten. Die durchschnittliche Dokumentationszeit betrug laut Umfrage 2,1 Minuten. Zudem gaben 52,8 % an, das System für die Fehlerdokumentation mindestens 20 mal pro Werktag zu nutzen. Die fünf am häufigsten genannten Verbesserungsbedarfe waren eine schnellere Erfassung der Fehler (70,3 %), eine intensivere Nutzung von IKT bei der Fehlerdokumentation (62,0 %), eine intuitive Bedienerführung (56,5 %), eine stärkere Nutzung von Bilddaten (49,1 %) und weniger Freitexteingabemöglichkeiten (43,5 %). Darüber hinaus wurde 37 mal angemerkt, dass eine zentrale Anlaufstelle für prozessuale und systemische Rückfragen wünschenswert sei (Beckschulte et al. 2023c, S. 13).

Im Rahmen der Arbeit wurden die Ergebnisse für die Ermittlung des subjektiven Informationsbedarfs der zweiten Umfrage (*n* = 38) in Tabelle 5.1 zusammengeführt. Die Tabelle fasst neben der Information die erwähnte Anzahl und die Informationsbeschreibung zusammen. Die Informationsbeschreibung richtet sich an die Informationsart, das heißt angelehnt an die Definition der Produkt- und Prozessdaten (vgl. Kap. 2.3.4). Die Ressource ist gemäß der Definition der DIN EN 62264-1 als Personal, Ausrüstung und Material zusammengefasst (DIN EN 62264-1:2014-07, S. 19). Die Informationsbeschreibung umschreibt die Information. Der subjektive Informationsbedarf ist insbesondere für die Aktivität der Fehleranalyse von Bedeutung (vgl. Kap. 5.2.1) (Beckschulte et al. 2023d, S. 919).

Tabelle 5.1: Relevante Informationen für die Fehleranalyse

Lfd. Nr.	Information	Anzahl	Informations-bezug	Informationsbeschreibung
1.	Fehlerobjekt	37	Produkt	Spezifische Komponente oder Funktion, bei der der Fehler aufgetreten ist
2.	Fehlerart	37	Produkt	Spezifische Kategorie des Fehlers (bspw. mechanisch, elektrisch)
3.	Produktnummer	35	Produkt	Eindeutige Identifikationsnummer des Produkts, das den Fehler aufweist
4.	Produkttyp	29	Produkt	Kategorie des Produkts (bspw. Fahrzeugtyp oder -modell)
5.	Fehlererfasser	27	Ressource	Mitarbeiter, der den Fehler meldet und dokumentiert
6.	Montageprotokoll-nummer	15	Produkt	Eindeutige Nummer des Protokolls, das die Montage des Produkts dokumentiert
7.	Fehlerposition	14	Produkt	Genaue Position oder Stelle am Produkt, an der der Fehler aufgetreten ist
8.	Bauteilnummer	12	Produkt	Eindeutige Identifikationsnummer des spezifischen Objekts, das den Fehler aufweist
9.	Verursachender Montageprozess	11	Prozess	Spezifischer Montageprozess, der den Fehler verursacht hat
10.	Verbauender Montageprozess	11	Prozess	Spezifischer Montageprozess, bei dem das fehlerhafte Objekt verbaut wurde
11.	Chargennummer	10	Produkt	Identifikationsnummer der Produktionscharge, zu der das fehlerhafte Objekt gehört
12.	Bauteilhistorie	10	Produkt	Dokumentation der gesamten Historie des Objekts, einschließlich Herstellung, Prüfungen und früherer Fehler
13.	Bauteilzeichnung	10	Produkt	Technische Zeichnung oder des fehlerhaften Objekts
14.	Werkzeugnummer	6	Ressource	Identifikationsnummer des Werkzeugs, das bei der Montage des fehlerhaften Objekts verwendet wurde
15.	Hausteil oder Kaufteil	6	Produkt	Klassifizierung, ob das Objekt intern hergestellt (Hausteil) oder extern bezogen (Kaufteil) wurde
16.	Schicht	6	Ressource	Arbeitsschicht (bspw. Früh-, Spät-, Nachtschicht), in der das fehlerhafte Objekt montiert wurde
17.	Bauteilverantwort-licher	6	Ressource	Person, die für das fehlerhafte Objekt verantwortlich ist (bspw. Entwickler, Qualitätsmanager)
18.	Prozess-parameter	5	Prozess	Spezifische Parameter und Einstellungen des Herstellungs- oder Montageprozesses, die den Fehler beeinflusst haben könnten

5.3.3 Informationsangebot

Das *Informationsangebot* bestimmt, inwieweit der Informationsbedarf gedeckt werden kann. Es umfasst die Art, Menge und Qualität der zur Verfügung stehenden Informationen (Schwarze 1998, S. 88). Die Vollständigkeit und Güte des Informationsangebots sind entscheidend dafür, wie gut der Informationsbedarf für eine Entscheidung abgedeckt werden kann. Zudem sind die Möglichkeiten zur zielorientierten Auswahl der Informationen von Relevanz (Koreimann 1976, S. 67ff.).

Auf Grundlage der objektiv als auch subjektiv ermittelten Informationsbedarfe wurde eine Klassifizierung durchgeführt. Dabei wurden die benötigten Informationen (Konsum) ihrer Bereitstellung (Erzeugung) gegenübergestellt. Zudem wurden die erforderlichen und gewünschten Informationen ihren entsprechenden Informationsquellen zugeordnet. Wie in Abbildung 5.7 dargestellt, ist eine Unterteilung in einen Produkt-, Prozess- und Ressourcenfokus mit einer auftragsbasierten bzw. arbeitsplanbasierten Informationsbereitstellung möglich. Eine weitere Differenzierung kann zwischen organisationalen, produktnummernbezogenen, bauteil-/funktionsbezogenen und prüfmerkmalbezogenen Informationen vorgenommen werden.

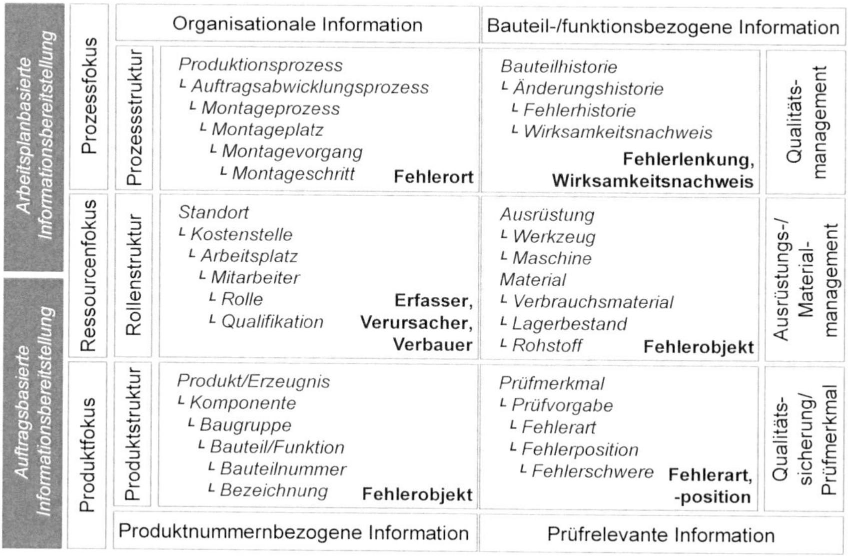

Abbildung 5.7: Klassifizierung von Informationen

Erwähnenswert ist, dass bei der Überprüfung des unternehmensseitigen Informationsbedarfs festgestellt wurde, dass das Informationsangebot diesen auch grundsätzlich erfüllen kann. Es wurde jedoch deutlich, dass obwohl alle notwendigen Informationen vorhanden sind, diese in keiner strukturierten Form vorlagen und daher für die Entscheidungsunterstützung nicht ausreichend nutzbar waren. Die Gründe liegen sowohl in der fehlenden Verknüpfung der Informationen als auch in den unterschiedlichen Granularitätsstufen des Informationsgehalts (Beckschulte et al. 2023c, S. 14).

5.3.4 Informationsnachfrage

Die *Informationsnachfrage* bezeichnet das Bedürfnis nach spezifischen Informationen, die zur Unterstützung von Entscheidungsprozessen erforderlich sind. Sie ist eine Teilmenge des objektiven und subjektiven Informationsbedarfs und hängt sowohl von den kontextuellen Anforderungen der Entscheidung als auch von den individuellen Präferenzen und Erfahrungswerten des Entscheidungsträgers ab (Picot et al. 2003, S. 81).

Für die Fehleranalysen wurden mithilfe der Umfrageergebnisse zum Aufgabenprofil der Fehleranalyse drei Hauptzielgrößen ermittelt, die im Fokus stehen. Diese Zielgrößen umfassen erstens die frühzeitige Identifizierung von produkt-, funktions- sowie bauteilbezogenen Fehlern. Zweitens zählen dazu die Erkennung von Fehlerhäufungen entlang einzelner Arbeitsplätze. Drittens ist die Identifizierung konzeptioneller Fehler, bspw. bei der Bauteilauslegung, ein weiteres Ziel (Beckschulte et al. 2023c, S. 15). In Tabelle 5.2 sind die Ergebnisse der zweiten Umfrage (n = 38) zusammengefasst.

Dabei wurden sowohl genutzte Qualitätstechniken als auch angewandte statistische Methoden abgefragt. Falls Befragte sowohl die Qualitätstechnik als auch die zugehörige statistische Methode nannten, wurde die Angabe nur einmal gewertet. Die Anzahl gibt wieder, wie viele der Befragten die Methode benannt haben und im Arbeitsumfeld regelmäßig nutzen (mindestens einmal pro Woche). Um die verwendeten Methoden mit den zuvor definierten Analysezielen abzugleichen, wurden im weiteren Verlauf die angewandten statistischen Methoden den drei Teilgebieten der Statistik zugeordnet (vgl. Kap. 2.4.3). Im Untersuchungsbereich liegt das Analyseinteresse vor allem auf Häufigkeits- und Wahrscheinlichkeitsverteilungen, Wirkzusammenhängen sowie Abhängigkeiten, um frühestmöglich eine nachhaltige Fehlerabstellung einzuleiten. Der hohe Anteil an angewandter deskriptiver Statistik im Fehlermanagementprozess betont die Notwendigkeit zur Beschreibung eines Datenmodells anhand einzelner Merkmale und hilft, mögliche Fehler im Analyseprozess zu entdecken (Beckschulte et al. 2023d, S. 919; Beckschulte et al. 2023c S. 15). Die Ergebnisse scheinen kein fehleranalysespezifisches Ergebnis zu sein. Ein vergleichbares Ergebnis zeigt sich auch bei der Betrachtung allgemein angewandter Datenanalyseverfahren in produzierenden Unternehmen (vgl. Kap. 3.2.2.7).

Tabelle 5.2: Angewandte statistische Methoden für die Fehleranalyse

Lfd. Nr.	Qualitätstechnik	Statistische Methode	Anzahl	Teilgebiet
1.	Häufigkeitsverteilung	Visualisierung	28	Deskriptive Statistik
2.	Paretodiagamm	Visualisierung	25	Deskriptive Statistik
3.	Korrelationsanalyse	Korrelation	22	Explorative Statistik
4.	Regressionsanalyse	Regression	13	Induktive Statistik
5.	Wahrscheinlichkeitsverteilung	Regression	10	Induktive Statistik
6.	Varianzanalyse	Regression	10	Induktive Statistik
7.	Entscheidungsbaum	Klassifikation	4	Induktive Statistik
8.	Clusteranalyse	Clustering	3	Explorative Statistik
9.	Faktoranalyse	Korrelation	3	Explorative Statistik
10.	Faktoranalyse	Korrelation	3	Deskriptive Statistik

5.4 Informationsmodell

Nachdem im Kapitel 5.3 der Informationsbedarf, das -angebot und die -nachfrage ermittelt wurden, folgt in Kapitel 5.4 die Erstellung des Informationsstands im Kontext des Informationsmodells. Der *Informationsstand* eines Entscheidungsträgers resultiert aus der Deckung des Informationsbedarfs, dem -angebot und der -nachfrage. Es ist die effizienteste Teilmenge und das Ziel der Analyse, die Kongruenz von Angebot, Nachfrage und Bedarf herzustellen (Picot et al. 2003, S. 81; Schwarze 1998, S. 89). Hierzu ist das Modell, basierend auf den Analyseergebnissen, in vier Module unterteilt, die in Kapitel 5.4.1 vorgestellt werden. Daraus erfolgt in Kapitel 5.4.2 die Detaillierung des Informationsmodells.

5.4.1 Konzeption des Informationsmodells

Nach den Ergebnissen der Informationsbedarfsanalyse lassen sich vier Informationsmodule identifizieren, deren Elemente (Rollen und Aktivitäten) und Beziehungen (Informationsflüsse) im Folgenden kurz beschrieben und in den Kapiteln 5.4.1.1 bis 5.4.1.4 detailliert erläutert werden. Ausgehend vom heuristischen Bezugsrahmen (vgl. Kap. 1.4), stellt das entwickelte Informationsmodell ein Zwischenergebnis des iterativen Forschungsprozesses dar.

Das funktionale Informationsmodell besteht aus vier zentralen Modulen, die auf der Grobkonzeptebene miteinander verknüpft und in *Wechselwirkung* zueinander stehen, um eine umfassende Betrachtung und Bearbeitung von originären Fehlern (vgl. Kap. 2.2.5) in manuellen Montageprozessen zu ermöglichen. Durch die Verbindung der relevanten *Informationsobjekte* und *-beziehungen* in diesen Modulen wird eine ganzheitliche Sichtweise auf das Produktionssystem (vgl. Kap. 2.1) ermöglicht, die für die effiziente Fehlerbehebung in manuellen Montageprozessen unerlässlich ist. Die Abbildung 5.8 bietet eine Übersicht der Module des funktionalen Informationsmodells.

Produkt-Informationsmodul: Die Definition des Produkt-Informationsmoduls orientiert sich an der Produktdefinition der DIN EN 62264-2. Es umfasst alle Informationsobjekte und -beziehungen, die mit den physischen Eigenschaften und der Struktur des Produkts zusammenhängen. Dies beinhaltet unter anderem Produktkategorien, Komponenten, Baugruppen, Funktionen und Prüfmerkmale (DIN EN 62264-2:2014-06, S. 115). Dieses Modul fokussiert sich auf die Hierarchie und Zusammensetzung des Produkts sowie auf die Spezifikationen und Prüfanforderungen. Es grenzt sich von den anderen Modulen ab, indem es sich auf das ‚*Was?*' des Produkts konzentriert, das heißt, die physische Beschaffenheit und deren Struktur.

Prozess-Informationsmodul: Das Prozess-Informationsmodul beschreibt die Prozesse und Abläufe, die zur Herstellung des Produkts erforderlich sind. Dazu gehören Produktionsprozesse, Montageprozesse, Montageschritte und die zugehörige Prozesskontrolle. Hier steht das ‚*Wie?*' im Vordergrund, also wie das Produkt hergestellt wird. Die Fokussierung liegt auf den verschiedenen Stufen und Kontrollpunkten des Montageprozesses und grenzt sich somit von den produkt- und ressourcenbezogenen Modulen ab.

Ressourcen-Informationsmodul: Das Modul bezieht sich auf die verschiedenen Ressourcen, die zur Durchführung der Produktions- und Montageprozesse erforderlich sind. Dies schließt Mitarbeiter sowie ihre Rollen und Qualifikationen als auch Werkzeuge, Maschinen und Materialien mit ein (DIN EN 62264-3:2017-12, S. 17). Dieses Modul behandelt das ‚*Womit?*' der Produktion, also welche Ressourcen benötigt werden. Es unterscheidet sich von den anderen Modulen, indem es den Fokus auf die Verfügbarkeit und die Nutzung von Produktionsmitteln legt.

Fehlermanagement-Informationsmodul: Das Modul analysiert die Ursachen und Wirkungen von Fehlern im Produktionsprozess (vgl. Kap. 2.2.5). Es betrachtet die Fehlerbewertung, Ursachenanalyse, Maßnahmenentwicklung und -verifikation sowie den Wirksamkeitsnachweis und Wissenstransfer (vgl. Kap. 2.2.4). Dieses Modul konzentriert sich auf das ‚*Warum?*' und ‚*Was dann?*', das heißt, warum Fehler auftreten, welche Auswirkungen sie haben und wie man auf diese Fehler reagiert. Es grenzt sich von den anderen Modulen durch seinen analytischen und reaktiven Charakter ab, der darauf abzielt, Fehler zu verstehen und zu beheben.

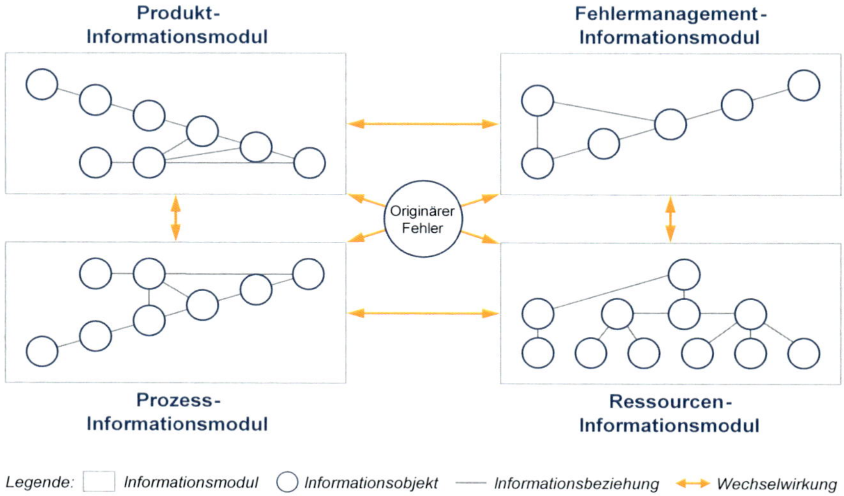

Abbildung 5.8: Module des funktionalen Informationsmodells

5.4.1.1 Produkt-Informationsmodul

Das *Produkt-Informationsmodul* des funktionalen Informationsmodells beschreibt die hierarchische Struktur und die Eigenschaften eines Produkts, siehe Abbildung 5.9. Es zeigt auf, wie die verschiedenen Komponenten eines Produkts miteinander in Beziehung stehen und wie sie zur Sicherstellung der Qualität überprüft werden. Die Beziehungen *'ist Untergruppe von'* und *'ist Obergruppe von'* verdeutlichen die Struktur der Informationsobjekte, wodurch eine klare Zuordnung innerhalb des Modells gewährleistet wird. Die Anzahl der hierarchisch angeordneten Gruppen kann dabei in Abhängigkeit von der Produktstruktur variieren (Beckschulte et al. 2021, S. 189). Die Variation ist in Abbildung 5.9 durch *'...'* als variables Informationsobjekt gekennzeichnet. Es reicht dabei von der höchsten Ebene des *Produkts/Erzeugnisses* bis hin zum *Bauteil/Funktion*. Die Beziehungen *'veranlasst'* und *'initiiert'* beschreiben die auslösenden Aktionen auf *Prüfmerkmale*. Diese Verbindungen erklären, wie Bauteile oder Funktionen Prüfungen auslösen, um deren Qualität und Funktionsfähigkeit sicherzustellen. *'Bestimmt'* und *'besitzt'* zeigen, dass die *Prüfmerkmale* durch die *Prüfvorgaben/Sollwerte* definiert werden. Diese Sollwerte legen die Standards fest, gegen die die einzelnen Bauteile und Funktionen abgeglichen werden, um die Übereinstimmung und Qualität zu überprüfen. Die Informationsobjekte sind in Tabelle 5.3 ausführlich beschrieben.

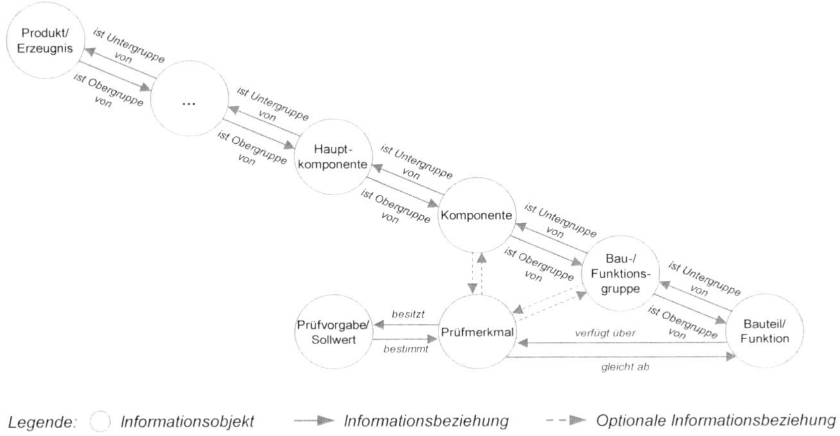

Abbildung 5.9: Funktionales Produkt-Informationsmodell

Tabelle 5.3: Informationsobjekte des Produkt-Informationsmodells

Informationsobjekt	Beschreibung des Informationsobjekts
Produkt/ Erzeugnis	Die höchste Ebene des Informationsobjekts im Produktmodul ist das Produkt/Erzeugnis. Es bezeichnet das Endprodukt oder Erzeugnis, das produziert wird. Jedes Produkt besteht aus einer zu definierenden Anzahl an Untergruppen.
Bauteil/ Funktion	Das spezifische Bauteil oder die spezifische Funktion innerhalb der Produktstruktur ist das Bauteil/Funktion. Es ist die unterste Ebene der physischen Struktur. Es verfügt weiterhin über Prüfmerkmale.
...	Die Anzahl der hierarchisch angeordneten Informationsobjekte kann in Abhängigkeit von der Produktstruktur variieren. Diese Variation ist in durch ‚…' als variables Informationsobjekt gekennzeichnet.
Prüfmerkmal	Prüfmerkmale sind spezifische Kriterien oder Eigenschaften, die an Bauteilen/Funktionen überprüft werden. Sie bestimmen die Qualität und Übereinstimmung mit den Sollwerten. Prüfmerkmale können für jede Ebene der Produktstruktur festgelegt werden.
Prüfvorgabe/ Sollwert	Prüfvorgabe/Sollwert sind spezifizierte Anforderungen, die durch die Prüfmerkmale überprüft werden. Sie legen die Standards fest, gegen die die Bauteile/Funktionen abgeglichen werden.

5.4.1.2 Prozess-Informationsmodul

Das *Prozess-Informationsmodul* des funktionalen Informationsmodells beschreibt die detaillierten Abläufe und Prozesse, die zur Herstellung eines Produkts erforderlich sind, wie in Abbildung 5.10 dargestellt. Diese detaillierte Beschreibung verdeutlicht, wie die verschiedenen Informationsobjekte innerhalb des Prozessmoduls miteinander verknüpft sind und wie sie zur Überwachung und Sicherstellung der Produktqualität beitragen. Es gliedert sich vom Produktionsprozess bis hin zum einzelnen Montageschritt auf. Die hierarchische Struktur der Informationsobjekte wird durch die Beziehungen *‚ist Teilmenge von‘* und *‚ist Obermenge von‘* verdeutlicht. Diese Beziehungen zeigen, wie die Objekte in übergeordnete und untergeordnete Kategorien eingeteilt sind, um eine klare und systematische Strukturierung innerhalb des Modells zu ermöglichen. Die Anzahl der hierarchisch angeordneten Informationsobjekte kann dabei in Abhängigkeit von der Prozessstruktur variieren. Diese Variation ist in Abbildung 5.10 durch *‚…‘* als variables Informationsobjekt gekennzeichnet. Darüber hinaus beschreiben *‚überprüft‘* und *‚initiiert‘* die auslösenden Aktionen, die von einem Montageschritt auf die *Prozesskontrolle* ausgehen. Diese Beziehungen erklären, wie bestimmte Komponenten oder Funktionen Prüfungen initiieren, um deren Qualität und Funktionalität zu gewährleisten. Schließlich verdeutlichen die Beziehungen *‚bestimmt‘* und *‚besitzt‘*, dass die Prozesskontrolle durch Prüfvorgaben oder Sollwerte definiert sind. Diese Vorgaben bestimmen die Standards, um sicherzustellen, dass sie den festgelegten Qualitätsanforderungen entsprechen. In Tabelle 5.4 sind relevante Informationsobjekte aufgelistet.

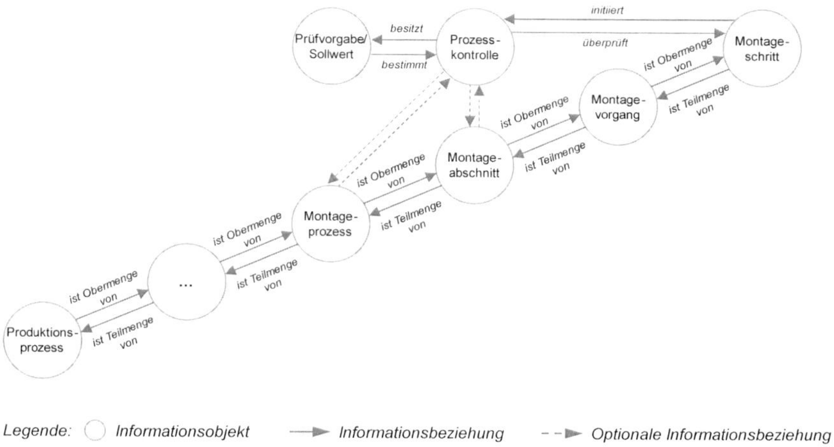

Abbildung 5.10: Funktionales Prozess-Informationsmodell

Tabelle 5.4: Informationsobjekte des Prozess-Informationsmodells

Informationsobjekt	Beschreibung des Informationsobjekts
Produktions-prozess	Dies ist das höchste Informationsobjekt im Prozessmodul und bezeichnet den gesamten Produktionsprozess. Es umfasst alle Teilprozesse und bildet die Grundlage der Produktion.
Montage-schritt	Ein detaillierter Schritt innerhalb eines Montagevorgangs. Der Montageschritt beschreibt eine präzise Handlung, die ausgeführt wird, und kann darüber hinaus die Prozesskontrolle initiieren.
Prozess-kontrolle	Die Prozesskontrolle beinhaltet die Überprüfung und Kontrolle der Montageschritte, um sicherzustellen, dass sie den festgelegten Standards entsprechen. Die Prozesskontrolle kann für jeden Teilprozess der Prozessstruktur festgelegt werden. Die Prozesskontrolle wird durch die Prüfvorgaben/Sollwerte bestimmt und besitzt diese Vorgaben als Referenz.
Prüfvorgabe/ Sollwert	Prüfvorgabe/Sollwert sind spezifizierten Anforderungen, die durch die Prüfmerkmale überprüft werden. Sie legen die Standards fest, gegen die die Bauteile/Funktionen abgeglichen werden.

5.4.1.3 Ressourcen-Informationsmodul

Das *Ressourcen-Informationsmodul* des funktionalen Informationsmodells beschreibt die verschiedenen Ressourcen, die zur Durchführung von Produktions- und Montageprozessen erforderlich sind. Wie in Abbildung 5.11 dargestellt, zeigt es auf, wie diese Ressourcen miteinander in Beziehung stehen und wie sie zur Herstellung des Endprodukts beitragen. Die Informationsobjekte sind in Tabelle 5.5 definiert.

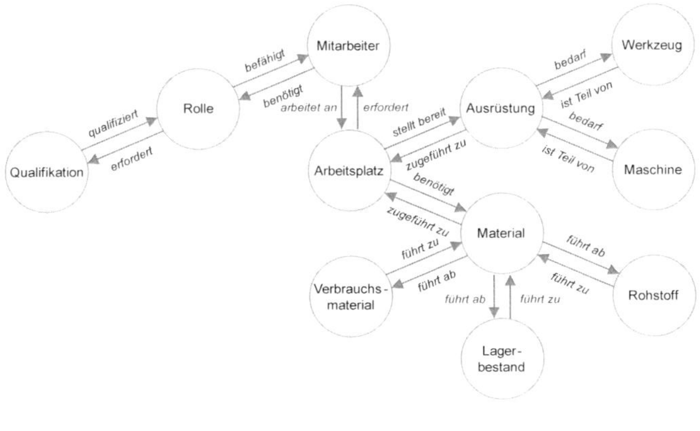

Legende: Informationsobjekt — Informationsbeziehung — Optionale Informationsbeziehung

Abbildung 5.11: Funktionales Ressourcen-Informationsmodell

Tabelle 5.5: Informationsobjekte des Ressourcen-Informationsmodells

Informationsobjekt	Beschreibung des Informationsobjekts
Mitarbeiter	Mitarbeiter sind essentielle Ressourcen, die an verschiedenen Arbeitsplätzen tätig sind. Sie benötigen spezifische Qualifikationen und spielen eine zentrale Rolle im Produktionsprozess.
Rolle	Die Rolle definiert die Funktion und Verantwortung eines Mitarbeiters. Sie erfordert spezifische Qualifikationen und befähigt den Mitarbeiter zur Ausführung bestimmter Aufgaben.
Qualifikation	Qualifikationen sind notwendige Kenntnisse und Fähigkeiten, die ein Mitarbeiter besitzen muss, um eine bestimmte Rolle auszufüllen. Sie sind essenziell für die erfolgreiche Durchführung der Aufgaben.
Arbeitsplatz	Der Arbeitsplatz ist der spezifische Ort, an dem der Mitarbeiter seine Aufgaben ausführt. Er erfordert bestimmte Ausrüstungen und Materialien, um die Arbeitsprozesse effizient durchführen zu können.
Ausrüstung	Die Ausrüstung umfasst Werkzeuge und Maschinen, die für die Durchführung von Aufgaben am Arbeitsplatz notwendig sind. Sie werden dem Arbeitsplatz zugeführt und sind ein integraler Bestandteil des Produktionsprozesses.
Werkzeug	Werkzeuge sind spezifische Geräte, die für die Durchführung von Montage- und Produktionsschritten benötigt werden. Sie sind Teil der gesamten Ausrüstung.
Maschine	Maschinen sind Geräte, die in Produktionsprozessen eingesetzt werden. Sie sind Teil der Ausrüstung und unterstützen bei der Automatisierung und Effizienz im Produktionsprozess.
Material	Materialien sind Verbrauchsmaterialien, Lagerbestände und Rohstoffe, die in den Produktionsprozessen verwendet werden. Sie werden dem Arbeitsplatz zugeführt und führen zu fertigen Produkten.
Verbrauchs-material	Verbrauchsmaterialien sind Materialien, die während des Produktionsprozesses verbraucht werden. Sie werden kontinuierlich dem Arbeitsplatz zugeführt.
Lager-bestand	Der Lagerbestand umfasst alle Materialien und Rohstoffe, die für die Produktion bereitgehalten werden. Dieser stellt sicher, dass ausreichend Ressourcen verfügbar sind.
Rohstoff	Rohstoffe sind die grundlegenden Materialien, aus denen Produkte hergestellt werden. Sie werden in den Produktionsprozess zugeführt und weiterverarbeitet.

5.4.1.4 Fehlermanagement-Informationsmodul

Das *Fehlermanagement-Informationsmodell* des funktionalen Informationsmodells analysiert die Ursachen und Wirkungen von Fehlern im Produktionssystem (vgl. Kap. 2.1 und 2.2). Es beschreibt, wie identifizierte Fehler bewertet und behoben werden und wie die Maßnahmen zur Fehlerbehebung auf ihre Wirksamkeit überprüft und der Wissenstransfer gewährleistet wird. Die Beziehungen *'löst aus'* und *'führt zu'* zeigen, wie die verschiedenen Schritte der Fehlerbewertung miteinander verbunden sind und wie sie aufeinander aufbauen. *'Löst aus'* und *'stellt ab'* beschreiben die auslösenden Aktivitäten der Fehlerbewertung und der Maßnahmen sowie deren abstellende Wirkung auf die Fehlerursache. *'Validiert'* und *'erfordert'* verdeutlichen, dass die Maßnahmen durch den Wirksamkeitsnachweis überprüft werden und das gewonnene Wissen durch den Wissenstransfer *'gesichert'* und *'archiviert'* wird, siehe Abbildung 5.12.

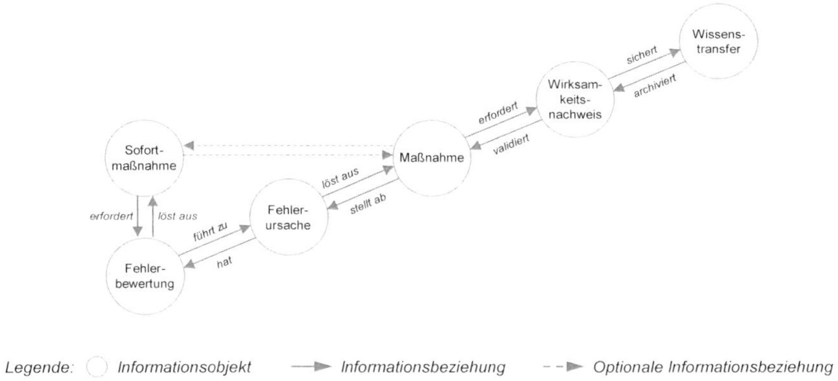

Abbildung 5.12: Funktionales Fehlermanagement-Informationsmodell

Tabelle 5.6: Informationsobjekte des Fehlermanagement-Informationsmodells

Informationsobjekt	Beschreibung des Informationsobjekts
Fehler-bewertung	Die Fehlerbewertung ist der Prozess, bei dem ein aufgetretener Fehler initial bewertet und analysiert wird. Dies führt zur Identifizierung der Fehlerursache.
Sofort-maßnahme	Sofortmaßnahmen sind kurzfristige Aktivitäten, die ergriffen werden, um die Auswirkungen eines Fehlers zu minimieren. Sie werden durch die Fehlerbewertung ausgelöst und sind notwendig, um weitere Fehlerfolgen und Fehlerkosten zu verhindern.
Fehler-ursache	Die Fehlerursache ist die zugrunde liegende Ursache eines aufgetretenen Fehlers. Sie wird durch die Fehlerbewertung identifiziert und führt zur Entwicklung von Maßnahmen zur Behebung des Fehlers.
Maßnahme	Maßnahmen sind spezifische Aktivitäten, die ergriffen werden, um die Fehlerursache zu beheben. Sie werden durch die Identifizierung der Fehlerursache ausgelöst und zielen darauf ab, den Fehler nachhaltig abzustellen. Maßnahmen erfordern auch eine Validierung ihrer Wirksamkeit.
Wirksam-keits-nachweis	Der Wirksamkeitsnachweis ist die Phase, bei dem überprüft wird, ob die ergriffenen Maßnahmen tatsächlich den Fehler langfristig abgestellt und behoben haben. Er validiert die Maßnahmen und sichert die Qualität der Produktion.
Wissens-transfer	Wissenstransfer ist die Phase, bei dem das gewonnene Wissen über die Fehlerursache und die erfolgreich eingesetzten Maßnahmen dokumentiert und archiviert wird. Dies sichert das Wissen für zukünftige Referenzen und verbessert das reaktive Fehlermanagement.

5.4.2 Detaillierung des Informationsmodells

Das funktionale Informationsmodell, das den originären Fehler ins Zentrum stellt, zielt darauf ab, manuell erkannte Fehler möglichst schnell und präzise zu beschreiben und die relevanten Informationszusammenhänge darzustellen. Die vier konzeptionierten Informationsmodule, das Produkt-, Prozess-, Ressourcen- und Fehlermanagement-Informationsmodul, stehen in Wechselwirkung zueinander und sind entscheidend für die Erfassung, Analyse und Behebung von Fehlern. Stellt man das Informationsobjekt des originären Fehlers in das Zentrum der Module, wird ersichtlich, dass dieser das zentrale Informationsobjekt im funktionalen Informationsmodell ist. Der *originäre Fehler* beschreibt ein unerwünschtes Ereignis oder eine Abweichung, die während der Produktion auftritt und untersucht werden muss, um die Qualität und Effizienz der Produktion zu gewährleisten. Dieser kann nicht auf vorherige Fehler zurückgeführt werden (vgl. Kap. 2.2.5), siehe Tabelle 5.7.

Tabelle 5.7: Informationsobjekt des originären Fehlers

Informationsobjekt	Beschreibung des Informationsobjekts
	Der originäre Fehler stellt das zentrale Informationsobjekt im funktionalen Informationsmodell dar. Er ist der Ausgangspunkt für die Analyse und Behebung von Fehlern im Produktionsprozess. Der originäre Fehler beschreibt ein unerwünschtes Ereignis oder eine Abweichung, die während der Produktion auftritt und untersucht werden muss, um die Qualität und Effizienz der Produktion zu gewährleisten.

Wie in Kapitel 5.4.1.1 beschrieben, werden im Produktinformationsmodul alle relevanten Informationen zu den Produkten hierarchisch verknüpft gesammelt. Ein manuell erkannter Fehler wird hier hinsichtlich des fehlerhaften Bauteils oder der Funktion (Fehlerobjekt) dokumentiert. Der Informationsfluss beginnt mit der Erkennung des Fehlers durch den Mitarbeiter (Fehlererfasser) und setzt sich durch die präzise Dokumentation an dem spezifischen Bauteil (Fehlerlage) und der definierten Abweichung zum Prüfmerkmal des Bauteils (Fehlerart) fort. Diese Informationen fließen in das Fehlermanagement-Informationsmodul ein, was eine genaue Rückverfolgung und Analyse des Fehlers ermöglicht. Das Prozessinformationsmodul umfasst den gesamten Produktionsprozess, siehe Kapitel 5.4.1.2. Wenn ein Fehler während eines bestimmten Prozessschritts durch den Mitarbeiter erkannt wird, lässt sich über die Rolle und Zuweisung des Mitarbeiters zum Montageschritt der Fehlerort herleiten. Der Mitarbeiter dokumentiert das Fehlerobjekt und die Fehlerart, was den Informationsfluss über den genauen Punkt im Prozess initiiert, an dem der Fehler aufgetreten ist. Diese Informationen werden genutzt, um den Montageprozess zu analysieren. Auch diese Informationen fließen in das Fehlermanagement-Informationsmodul ein, wodurch Montageschritte identifiziert werden können, die optimiert werden müssen. Das Ressourcen-Informationsmodul sammelt Informationen zu den eingesetzten Ressourcen, siehe Kapitel 5.4.1.3. Der originäre Fehler wird in Bezug auf die beteiligten Ressourcen dokumentiert. Der Informationsfluss beginnt mit dem Erkennen und der Erfassung durch den Mitarbeiter. Der Informationsfluss zum Arbeitsplatz und somit zu der erforderlichen Ausrüstung und dem Material stellt in diesem Zusammenhang sicher, dass technische Informationen für die BDE vorhanden sind (vgl. Kap. 2.3.4). Der Informationsfluss des Fehlermanagement-Informationsmoduls startet mit der initialen Fehlererkennung und -dokumentation durch den Mitarbeiter, wie in Kapitel 5.4.1.4 beschrieben. Die Informationen über das Fehlerobjekt, den Fehlerort und die Fehlerart werden detailliert erfasst und bewertet. Anschließend fließen diese Informationen in die Maßnahmenplanung und -durchführung ein, um den Fehler zu beheben und Fehlerfolgen zu verhindern. Hierbei ist ein Regelkreis zu dem Mitarbeiter integriert, um den Wissenstransfer zu garantieren (vgl. Kap. 2.2.6).

Auf der Grundlage des in Kapitel 1.4 beschriebenen heuristischen Bezugsrahmens repräsentiert das entwickelte Informationsmodell ein Zwischenergebnis des iterativen Forschungsprozesses, siehe Abbildung 5.13.

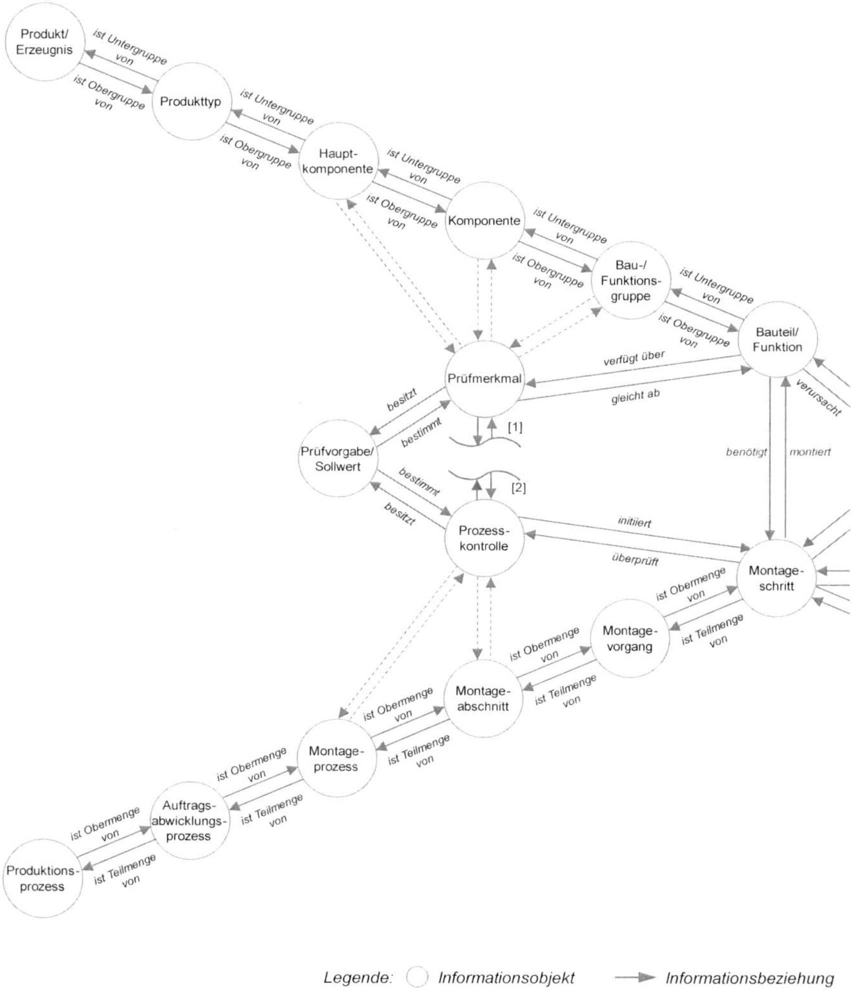

Abbildung 5.13: Funktionales Informationsmodell

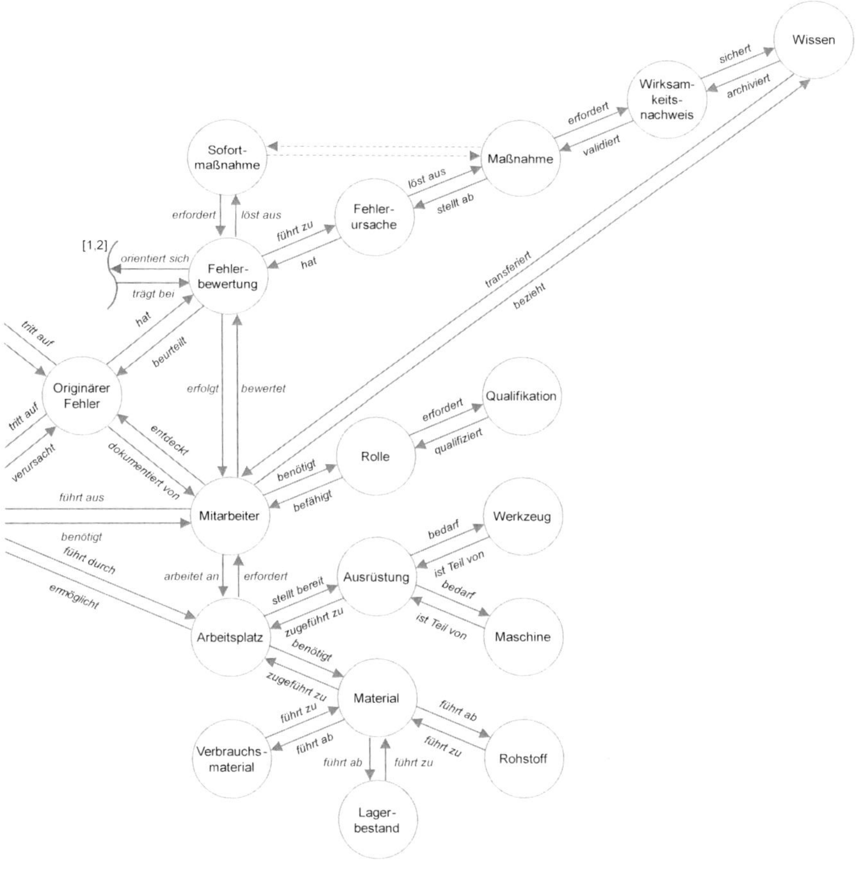

- - ▶ Optionale Informationsbeziehung

Das funktionale Informationsmodell bietet Vorteile, die die Effizienz und Qualität der Produktionsprozesse erheblich verbessern. Durch die zentrale Betrachtung des originären Fehlers und der Wechselwirkungen mit den vier Modulen ermöglicht das Modell eine umfassende und systematische Analyse von Fehlern. Gleichzeitig verbildlicht es, wie die Informationsobjekte zueinander in Beziehung stehen, was die Transparenz und Nachvollziehbarkeit erheblich verbessert und es ermöglicht, die Informationsqualität für Fehleranalysen zu optimieren und effizienter auszulegen. Weiterhin tragen diese Beziehungen der Informationsobjekte im funktionalen Informationsmodell zu einem besseren Verständnis der Zusammenhänge relevanter Datenobjekte bei (vgl. Kap. 6). Diese klar dokumentierten und strukturierten Beziehungen bieten die Möglichkeit der Maschinenlesbarkeit und ermöglichen somit eine Automatisierung der Analyseprozesse. Durch die Automatisierung können effizientere Fehleranalysen durchgeführt und komplexe Datenmuster schneller und präziser erkannt werden. Dies führt zu einer schnelleren Identifikation und Behebung von Fehlern, wodurch sich die Gesamtproduktivität und Qualität der Produktionsprozesse steigern lässt.

Die klare Struktur des Modells und die definierten Informationsflüsse tragen zu einer effizienten Fehlerbehebung bei, indem sie es ermöglichen, schnell geeignete Maßnahmen zu ergreifen. Sowohl Sofortmaßnahmen als auch langfristige Maßnahmen können gezielt geplant und umgesetzt werden. Durch die kontinuierliche Überprüfung und Validierung dieser Maßnahmen wird die Produktion stetig optimiert, was zu einer höheren Qualität und Effizienz führt. Fehlerursachen werden systematisch erfasst und behoben, wodurch sich die Produktionsprozesse nachhaltig verbessern lassen.

Ein weiterer Vorteil des funktionalen Informationsmodells ist der Wissenstransfer. Das Modell stellt sicher, dass alle gewonnenen Erkenntnisse dokumentiert und archiviert werden. Dies trägt zu einem kontinuierlichen Lernprozess bei und verbessert die Fähigkeit, zukünftige Fehler zu vermeiden.

Zusätzlich sorgt die Integration des Ressourcen-Informationsmoduls dafür, dass relevante Ressourcen optimal identifiziert werden können. Informationsobjekte von Mitarbeiter, Werkzeug und Material werden effizient eingebunden, um Fehleranalysen zu unterstützen. Dadurch wird eine hohe Ressourceneffizienz erreicht, die zur Kostensenkung und zur Steigerung der Produktivität beiträgt.

5.5 Zwischenfazit zum Beschreibungsmodell

Es zeigt sich, dass der Informationsbedarf grundsätzlich durch das vorhandene Informationsangebot gedeckt werden kann (vgl. Kap. 5.3.5). Entscheidend ist die initiale Generierung eines objektiven Informationsbedarfs durch die Fehlerdokumentation. Dies stellt sicher, dass eine ausreichend präzise Informationsbasis für die Fehleranalyse, -rückführung und -abstellung vorhanden ist. Wie festgestellt, liegt das Analyseinteresse hauptsächlich bei Häufigkeits- und Wahrscheinlichkeitsverteilungen, was die

Ergebnisse in Kapitel 3.2.2.7 bestätigen. Der Rückgriff auf bereits dokumentierte Fehler ist hierfür entscheidend, um eine ausreichende Informations- und Wissensbasis als Entscheidungsgrundlage zu schaffen.

Auf Grundlage der Informationsbedarfsanalyse lässt sich die TFF 2 damit beantworten, dass sich die Informationsobjekte in vier übergeordnete Merkmalsgruppen einteilen lassen. Hierzu zählen der Produkt-, Prozess-, Ressourcen- und Fehlerbezug, die im Detail in Abbildung 5.14 aufgelistet sind.

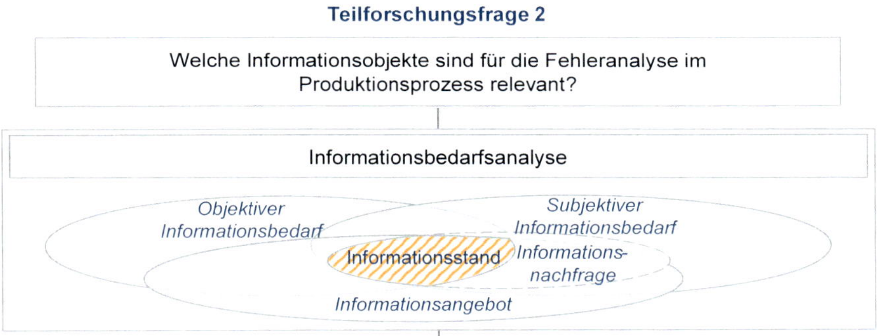

Für die Fehleranalyse sind folgende Informationsobjekte relevant:

Produkt	Prozess	Ressource	Fehler
Produkt/Erzeugnis	Montageschritt	Arbeitsplatz	Fehlerbewertung
Bauteil/Funktion	Prüfvorgabe/Sollwert	Mitarbeiter	Fehlerursache
Komponente	Prozesskontrolle	Ausrüstung	Maßnahme
Prüfvorgabe/Sollwert	Auftragsabwicklungsp.	Material	Wirksamkeitsnachweis
Prüfmerkmal	Produktionsprozess	Rolle	Wissenstransfer
Produkttyp	Montagevorgang	Qualifikation	
Hauptkomponente	Montageplatz	Maschine	
Bau-/Funktionsgruppe	Montageprozess	Werkzeug	
		Verbrauchsmaterial	
		Lagerbestand	
		Rohstoff	

*sortiert nach absteigender Häufigkeit

Abbildung 5.14: Beantwortung der zweiten Teilforschungsfrage

Wie aus dem Informationsmodell in Kapitel 5.4 hervor geht, ist die Auswahl des Fehlerobjekts auf einer möglichst detaillierten Ebene der Produktstruktur sowie die Zuordnung der Fehlerart wesentlich, um den Fehlermanagementprozess möglichst effizient zu initiieren. Dies liegt daran, dass die fehlerentdeckende Rolle als Sensor agiert, die signifikante Abweichungen vom Sollzustand als Erste in der manuellen Montage erkennt. Die Identifikation solcher Abweichungen unterliegt jedoch immer der individuellen, subjektiven Wahrnehmung der Mitarbeiter. Der Mitarbeiter als Informationsobjekt ist der initiale Auslöser für die Erkennung und Dokumentation von Fehlern. Sobald ein Fehler erkannt wird, dokumentiert der Mitarbeiter zunächst den Fehlerort, der sich auf ein bestimmtes Bauteil oder eine spezifische Funktion bezieht, sowie die Fehlerart, die durch ein spezifisches Prüfmerkmal des Bauteils definiert wird. Diese Erstinformationen sind essenziell, um den Fehler im weiteren Verlauf präzise zu analysieren und geeignete Maßnahmen zu ergreifen. Die präzise Erfassung durch den Mitarbeiter stellt sicher, dass der Fehler korrekt klassifiziert und weiterverfolgt werden kann.

Basierend auf den Ergebnissen des Informationsmodells ist die TFF 3 damit beantwortet, dass das Fehlerobjekt (Bauteil/Funktion), der Fehlerort (Montageschritt) und die Fehlerart (Prüfmerkmal) als notwendig und durch den Fehlererfasser (Mitarbeiter) aktiv zu erfassen sind. Die weiteren Informationsobjekte gelten als hinreichend, sollten deshalb aber nicht vernachlässigt werden, da ein Bruch im Informationsfluss zu manuellen Mehraufwänden oder, wenn unerkannt, zu fehlerhaften Fehleranalysen führen kann. Die Abbildung 5.15 fasst die Beantwortung der TFF 3 zusammen. Auf Basis dieser Ergebnisse wird im nachfolgenden Kapitel das Gestaltungsmodell entwickelt.

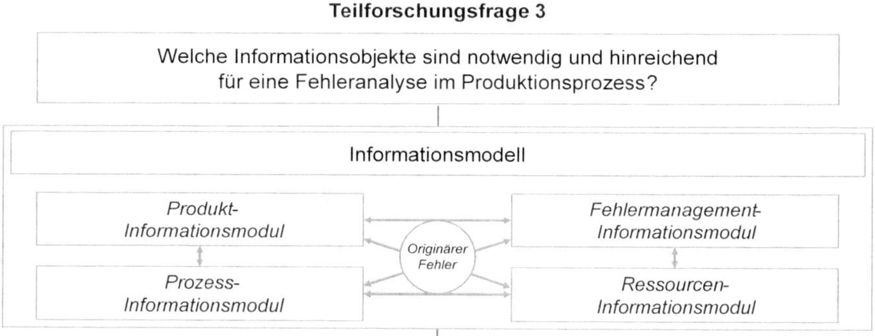

Für die Fehleranalyse sind folgende Informationsobjekte* notwendig und hinreichend:

notwendig	hinreichend		
Bauteil/Funktion	Arbeitsplatz	Maschine	Prozesskontrolle
Mitarbeiter	Auftragsabwicklungsp.	Maßnahme	Prüfvorgabe/Sollwert
Produkt/Erzeugnis	Ausrüstung	Material	Qualifikation
Prüfmerkmal	Bau-/Funktionsgruppe	Montageplatz	Rohstoff
	Fehlerbewertung	Montageprozess	Rolle
	Fehlerursache	Montageschritt	Verbrauchsmaterial
	Hauptkomponente	Montagevorgang	Werkzeug
	Komponente	Produktionsprozess	Wirksamkeitsnachweis
	Lagerbestand	Produkttyp	Wissenstransfer

*alphabetisch sortiert

Abbildung 5.15: Beantwortung der dritten Teilforschungsfrage

6 Entwicklung des Gestaltungsmodells

Auf Grundlage des in Kapitel 5 entwickelten Informationsmodells wird in diesem Kapitel ein Datenmodell erzeugt. Das Ziel des Kapitels ist es, einzelne Module des Datenmodells und ihre Wechselwirkungen zu definieren und zu spezifizieren, um die Zielsetzung der Arbeit zu erreichen (vgl. Kap. 1.2). Dies geschieht einschließlich der Definition notwendiger Entitäten, Attribute und Beziehungen, um einen klaren Überblick über die notwendige Datenstruktur zu gewinnen (Ferstl & Sinz 2006, S. 131).

Wie in Kapitel 4.2.2 beschrieben, beinhaltet der zweite Iterationsschritt die Vorgehensweise zur Entwicklung des Gestaltungsmodells, siehe Abbildung 6.1. Aufbauend auf den Ergebnissen des Informationsmodells folgt in Kapitel 6.1 die Beschreibung formaler Gestaltungselemente. Die Konzeptionierung des Datenmodells wird mittels der vier Module in Kapitel 6.2 entwickelt. Die modellbasierte Datenanalyse wird abschließend in Kapitel 6.3 beschrieben. Mit einem Zwischenfazit sowie der Beantwortung der TFF 4 und TFF 5 endet das Kapitel 6.4. Auf Basis des Datenmodells folgt in Kapitel 7 die Anwendung.

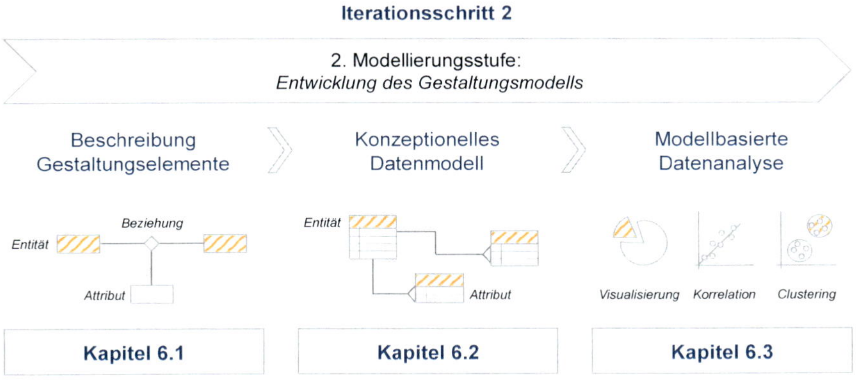

Abbildung 6.1: Entwicklung des Gestaltungsmodells

6.1 Beschreibung formaler Gestaltungselemente

Nachdem in Kapitel 5 die relevanten Informationsobjekte identifiziert wurden, folgt in diesem Kapitel die Entwicklung des Gestaltungsmodells. Hierbei sind in Kapitel 6.1.1 formale Anpassungen des Modells beschrieben. Anschließend erfolgt in Kapitel 6.1.2 die Klassifizierung und Abstraktion der relevanten Daten, bevor in Kapitel 6.1.3 die Definition der Beziehungen und Kardinalitäten vorgenommen wird.

6.1.1 Beschreibung formaler Modellanpassungen

Für die konzeptionelle Datenmodellierung eignet sich das ERM (engl. Entity-Relationship-Model) als graphische Notation semantischer Datenmodelle von CHEN (Chen 1976, S. 9ff.). Es beschreibt die Überführung geforderter Informationsobjekte in ein Datenmodell (Koch 2021, S. 180; Gabriel & Röhrs 1995, S. 114). Aufgrund seiner systemunabhängigen Modellierung eignet sich das ERM insbesondere für die frühe Entwurfs-phase in Projekten und ist auch für Nicht-Datenbankspezialisten verständlich. Die Modellierung des ERM basiert auf vier Gestaltungselementen (Koch 2021, S. 180; Saake et al. 2010, S. 59ff.). Die *Entität* (engl. Entity) ist ein zu modellierendes Informationsobjekt des realen oder des anzustrebenden Ideals (vgl. Kap. 4.1.1), über das Informationen gespeichert werden sollen, bspw. ein Produkt oder Prozess (Ernst et al. 2023, S. 731f.; Gumm & Sommer 2011, S. 783). Jede Entität verfügt über *Attribute* (engl. Attribute). Sie dienen der Beschreibung von Entitäten und können unterschiedliche Ausprägungen annehmen, bspw. hat jeder Mitarbeiter eine Personalnummer (Ernst et al. 2023, S. 732). Die *Beziehung* (engl. Relationship) beschreibt die logische Verknüpfung zwischen zwei oder mehr Entitäten. Die Art der Beziehung wird durch die dazugehörige *Kardinalität* (Beziehungstyp) unterschieden (vgl. Kap. 6.1.3) (Koch 2021, S. 181; Gumm & Sommer 2011, S. 784). Wie bspw. im in Abbildung 6.2 dargestellten ERM gezeigt, kann ein Mitarbeiter höchstens einer Abteilung zugeordnet sein, muss jedoch nicht zwingend einer Abteilung angehören. Eine Abteilung kann beliebig viele Mitarbeiter beschäftigen oder auch gar keine (Ernst et al. 2023, S. 732). Unterstrichene Attribute symbolisieren *Primärschlüssel* (engl. Primary Key, PK) der Attribute. Jedes Attribut kann nur einen PK haben, der als eindeutiger ID (engl. Identifier) dient. Aus Gründen der Übersichtlichkeit werden im ERM nur die für das Verständnis des Anwendungsfalls erforderlichen Attribute dargestellt (Gumm & Sommer 2011, S. 784).

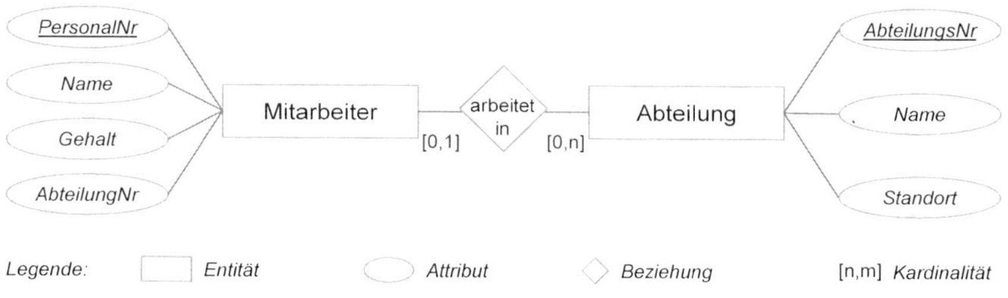

Abbildung 6.2: Entity-Relationship-Modell der Beziehung zwischen Mitarbeiter und Abteilung
(Ernst et al. 2023, S. 732)

Im Rahmen dieser Arbeit werden *formale Modellanpassungen* vorgenommen, die sich an den Klassendiagrammen der UML (engl. Unified Modeling Language) orientieren und zu einer Erhöhung der Verständlichkeit und Transparenz des Datenmodells beitragen (Koch 2021, S. 182; Saake et al. 2010, S. 271ff.). Diese Anpassungen umfassen:

Anordnung der Attribute: Anstatt einzeln im Oval außerhalb des Rechtecks werden die Attribute gesammelt in einer Tabellenform unterhalb der Entität aufgelistet. Der PK wird weiterhin unterstrichen.

Beziehungen: Die Rauten zur Beschreibung der Beziehungstypen werden eliminiert. Die Beziehung wird direkt auf der Verbindungslinie angegeben. Die Leserichtung ist durch die Pfeilrichtung signalisiert.

Kardinalitäten: Verschiedenen Notationsarten, bspw. nach CHEN oder EVEREST (Chen 1976; Everest 1976), sind nicht ausreichend präzise, da sie eine mögliche ‚Nicht-Auswahl' einer Entität nicht berücksichtigen (Koch 2021, S. 184; Saake et al. 2010, S. 77f.). Die UML-Notation berücksichtigt dies, indem sie Kardinalitäten wie bspw. *0..1*, *0..** und *1..** verwendet. Die Notationen *0..** und *1..** sind als rechtsoffenes Intervall beschreiben (Koch 2021, S. 182).

Auf Grundlage von Erfahrungswerten bei der Anwendung des Gestaltungsmodells (vgl. Kap. 7) und basierend auf allgemeingültigen Gestaltungsregeln nach BURNUS werden sechs Beschreibungshinweise beachtet, die die Fehleranfälligkeit bei der Erstellung des Datenmodells verringern, siehe Tabelle 6.1 (Burnus 2008, S. 31f.).

Tabelle 6.1: Beschreibungshinweise zu den Gestaltungsregeln

Lfd. Nr.	Beschreibungshinweis
1.	Entitäten, Attribute und Beziehungen sind im Singular formuliert
2.	Entitäten, Attribute und Beziehungen weisen eine für das Management nachvollziehbare Bezeichnung auf
3.	Attribute sind durch eine vorangestellte Abkürzung der Entität dargestellt, bspw. „PRD_Attribut" für eine Entität ‚Produkt'
4.	PK werden unterstrichen und mit der Endung „_id" dargestellt
5.	Sonderzeichen und Umlaute werden nicht genutzt
6.	Leerzeichen sind durch Unterstriche ersetzt

Aufbauend auf den formalen Modellanpassungen folgt die detaillierte Gestaltung des Datenmodells.

6.1.2 Klassifizierung und Abstraktion der Datenarten

Um die Fehleranalyse im Montageprozess durch die Systematisierung der manuellen Fehlerdatenerfassung verbessern zu können, muss eine umfassende Datenstruktur entwickelt werden, die auf den in Kapitel 5.4 identifizierten Informationsobjekten aufbaut. Wie in Abbildung 6.3 dargestellt, werden die relevanten Gestaltungselemente der formalen Modellanpassung entsprechend beschrieben (vgl. Kap. 6.1.1) sowie Entitäten und Attribute festgelegt.

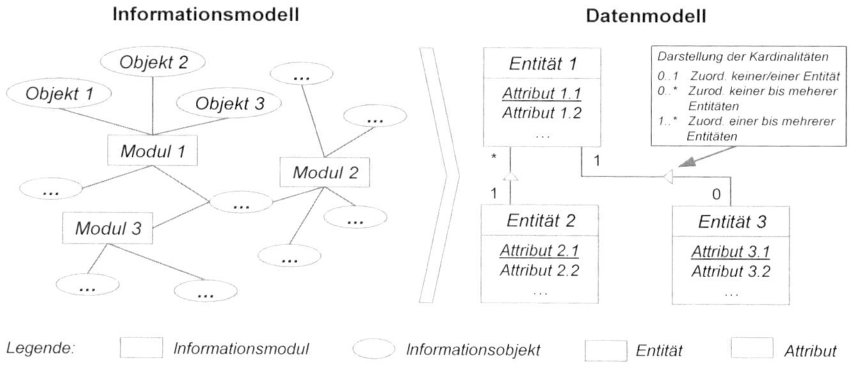

Abbildung 6.3: Formale Anpassungen zur konzeptionellen Datenmodellierung

Als *Klassifizierung* ist der Prozess beschrieben, bei dem Entitätstypen als fundamentale Elemente eines Datenmodells definiert werden (Koch 2021, S. 183; Gadatsch 2017b, S. 9). Die *Entitätstypen* stellen Klassen von Entitäten dar, die wiederum direkt mit ihren Attributen verbunden sind. Attribute bestimmen die Komplexität des Informationsbedarfs. Sie zeichnen sich durch ihre Vielfalt, Anzahl und zeitliche Veränderlichkeit aus (Hull & King 1987, S. 206). In der Modellbildung und im Rahmen dieser Arbeit entspricht eine Entität einem ermittelten Informationsobjekt (vgl. Kap. 5.4), im definierten Untersuchungsbereich (vgl. Kap. 5.1.2), des realen Systems (vgl. Kap. 4.1.1). Wie in Tabelle 6.2 zusammengefasst, wurden insgesamt 38 Entitäten identifiziert. Aus dem Untersuchungsbereich wurden die Entitäten *Kunde*, *Angebot* und *Auftrag* dem Prozessmodul hinzugefügt sowie *Zulieferer* dem Ressourcenmodul ergänzt, um die fokussierte Dimension des Wertschöpfungsprozesses für den Anwendungsfall vollständig abbilden zu können (vgl. Kap. 1.4). Die Informationsobjekte *Prüfvorgabe/Sollwert* wurden hingegen nicht als eigenständige Entität überführt. Da sie Eigenschaften des Prozesses und Produktes widerspiegeln, sind sie als Attribute dem *Prüfmerkmal* bzw. dem *Prüfprozess* zugewiesen (DIN EN 62264-3:2017-12, S. 51f.).

Tabelle 6.2: Übersicht der identifizierten Entitätstypen

Produktmodul	Prozessmodul	Ressourcenmodul	Fehlermanagement-Modul
Produkt	Produktionsprozess	Arbeitsplatz	Fehler
Produkttyp	Auftragsabwicklungs-prozess	Mitarbeiter	Fehlerbewertung
Hauptkomponente	Montageprozess	Rolle	Ursachenanalyse
Komponente	Montageabschnitt	Qualifikation	Ursachenverifikation
Baugruppe	Montagevorgang	Ausruestung	Sofortmaßnahme
Bauteil	Montageschritt	Werkzeug	Massnahmen-entwicklung
Pruefmerkmal	Prozesskontrolle	Maschine	Massnahmen-validierung
	Kunde	Material	Wirksamkeitsnachweis
	Angebot	Verbrauchsmaterial	Fehlerwissen
	Auftrag	Lagerbestand	
		Rohstoff	
		Zulieferer	

Die *Abstraktion der Datenarten* umfasst die Zuordnung der Attribute, die für die Darstellung der zuvor ermittelten Entitäten relevant sind. Dabei ist die Reihenfolge der Attribute unerheblich, solange sie die Gestaltungsregeln erfüllen (vgl. Kap. 6.1.1). Abbildung 6.4 fasst die für diese Arbeit relevanten Entitäten und Attribute zusammen. Attribute, die zur Unterscheidung der Entitäten eines Entitätstyps dienen, sind als identifizierendes Attribut definiert, durch den PK gekennzeichnet und zuerst aufgeführt. Als Fremdschlüssel (engl. Foreign Key, FK) ist ein Attribut definiert, das bei einer anderen Entität der Primärschlüssel ist (Gadatsch 2017b, S. 37).

Produktmodul

Produkt [PRD]	
PRD_ID	PK
PRD_Name	
PRD_Anlagedatum	
PRD_Aenderungs_Nr	FK
PRD_Aenderungsdatum	
PRD_Auslaufdatum	
PRD_Podukttyp	FK
PRD_Pruefmerkmal	FK
PRD_Kunde	FK
PRD_Zulieferer_Nr	FK
PRD_Angebot_Nr	FK
PRD_Auftrag_Nr	FK
PRD_Kosten	

Produkttyp [PRT]	
PRT_ID	PK
PRT_Name	
PRT_Anlagedatum	
PRT_Aenderungs_Nr	FK
PRT_Aenderungsdatum	
PRT_Auslaufdatum	
PRT_Produkt	FK
PRT_Hauptkomponente	FK
PRT_Pruefmerkmal	FK
PRT_Kunde	FK
PRT_Zulieferer_Nr	FK
PRT_Kosten	

Hauptkomponente [HUP]	
HUP_ID	PK
HUP_Name	
HUP_Anlagedatum	
HUP_Aenderungs_Nr	FK
HUP_Aenderungsdatum	
HUP_Auslaufdatum	
HUP_Produkttyp	FK
HUP_Komponente	FK
HUP_Pruefmerkmal	FK
HUP_Kunde	FK
HUP_Zulieferer_Nr	FK
HUP_Kosten	

Komponente [KMP]	
KMP_ID	PK
KMP_Name	
KMP_Anlagedatum	
KMP_Aenderungs_Nr	FK
KMP_Aenderungsdatum	
KMP_Auslaufdatum	
KMP_Hauptkomponente	FK
KMP_Baugruppe	FK
KMP_Pruefmerkmal	FK
KMP_Kunde	FK
KMP_Zulieferer_Nr	FK
KMP_Kosten	

Baugruppe [BUG]	
BUG_ID	PK
BUG_Name	
BUG_Anlagedatum	
BUG_Aenderungs_Nr	FK
BUG_Aenderungsdatum	
BUG_Auslaufdatum	
BUG_Komponente	FK
BUG_Bauteil	FK
BUG_Pruefmerkmal	FK
BUG_Kunde	FK
BUG_Zulieferer_Nr	FK
BUG_Kosten	

Bauteil [BUT]	
BUT_ID	PK
BUT_Name	
BUT_Anlagedatum	
BUT_Aenderungs_Nr	FK
BUT_Aenderungsdatum	
BUT_Auslaufdatum	
BUT_Bauteil	FK
BUT_Pruefmerkmal	FK
BUT_Kunde	FK
BUT_Zulieferer_Nr	FK
BUT_Kosten	

Pruefmerkmal [PRF]	
PRF_ID	PK
PRF_Name	
PRF_Pruefer	FK
PRF_Merkmal	
PRF_Methode	
PRF_Werkzeug	
PRF_Soll	
PRF_Toleranz	
PRF_Ist	
PRF_Datum	

Prozessmodul

Produktionsprozess [PRP]	
PRP_ID	PK
PRP_Name	
PRP_Standort	
PRP_AAP	FK
PRP_Auftrag	FK
PRP_Prozesskontrolle	FK
PRP_Kosten	

Auftragsabwicklungsprozess [AAP]	
AAP_ID	PK
AAP_Name	
AAP_Standort	
AAP_PRP	FK
AAP_Montageprozess	FK
AAP_Prozesskontrolle	FK
AAP_Kosten	

Montageprozess [MOP]	
MOP_ID	PK
MOP_Name	
MOP_Standort	
MOP_AAP	FK
MOP_Montagevorgang	FK
MOP_Prozesskontrolle	FK
MOP_Kosten	

Montagevorgang [MOV]	
MOV_ID	PK
MOV_Name	
MOV_Standort	
MOV_Montageprozess	FK
MOV_Montageabschnitt	FK
MOV_Prozesskontrolle	FK
MOV_Kosten	

Montageabschnitt [MOA]	
MOA_ID	PK
MOA_Name	
MOA_Standort	
MOA_Montageabschnitt	FK
MOA_Montgeschritt	FK
MOA_Prozesskontrolle	FK
MOA_Kosten	

Montageschritt [MOS]	
MOS_ID	PK
MOS_Name	
MOS_Standort	
MOS_Montageabschnitt	FK
MOS_Arbeitsplatz	FK
MOS_Mitarbeiter	FK
MOS_Bauteil	FK
MOS_Prozesskontrolle	FK
MOS_Kosten	

Prozesskontrolle [PRZ]	
PRZ_ID	PK
PRZ_Name	
PRZ_Pruefer	FK
PRZ_Merkmal	
PRZ_Methode	
PRZ_Werkzeug	
PRZ_Soll	
PRZ_Toleranz	
PRZ_Ist	
PRZ_Datum	

Kunde [KND]	
KND_ID	PK
KND_Name	
KND_Kundentyp	FK
KND_Adresse	
KND_Kaufhistorie	

Angebot [ANG]	
ANG_ID	PK
ANG_Datum	
ANG_Menge	
ANG_Preis	
ANG_Standard	
ANG_Sonderwunsch	

Auftrag [AUF]	
AUF_ID	PK
AUF_Datum	
AUF_Status	
AUF_Liefertermin	

Abbildung 6.4: Zuordnung von Attributen zu Entitäten

Ressourcenmodul

Arbeitsplatz [ARB]	
ARB_ID	PK
ARB_Name	
ARB_Montageabschnitt	FK
ARB_Mitarbeiter	FK
ARB_Material	FK
ARB_Ausruestung	FK
ARB_Kosten	

Mitarbeiter [MIT]	
MIT_ID	PK
MIT_Name	
MIT_Rolle	FK
MIT_Qualifikation	FK
MIT_Montageschritt	FK
MIT_Arbeitsplatz	FK
MIT_Kosten	

Rolle [ROL]	
ROL_ID	PK
ROL_Name	
ROL_Mitarbeiter	FK
ROL_Qualifikation	FK
ROL_Historie	

Qualifikation [QUA]	
QUA_ID	PK
QUA_Name	
QUA_Rolle	FK
QUA_Profil	FK
QUA_Historie	

Ausruestung [AUS]	
AUS_ID	PK
AUS_Name	
AUS_Werkzeug	FK
AUS_Maschine	FK
AUS_Material	FK
AUS_Kosten	

Werkzeug [WER]	
WER_ID	PK
WER_Name	
WER_Ausruestung	FK
WER_Spezifikation	
WER_Historie	
WER_Kosten	

Maschine [MAS]	
MAS_ID	PK
MAS_Name	
MAS_Ausruestung	FK
MAS_Spezifikation	
MAS_Historie	
MAS_Kosten	

Material [MAT]	
MAT_ID	PK
MAT_Name	
MAT_Arbeitsplatz	FK
MAT_Verbrauchsmat	FK
MAT_Lagerbestand	FK
MAT_Rohstoff	FK
MAT_Kosten	

Verbrauchsmaterial [VER]	
VER_ID	PK
VER_Name	
VER_Material	FK
VER_Zulieferer	FK
VER_Spezifikation	
VER_Historie	
VER_Kosten	

Lagerbestand [LAG]	
LAG_ID	PK
LAG_Name	
LAG_Material	FK
LAG_Zulieferer	FK
LAG_Spezifikation	
LAG_Historie	
LAG_Kosten	

Rohstoff [ROH]	
ROH_ID	PK
ROH_Name	
ROH_Material	FK
ROH_Zulieferer	FK
ROH_Spezifikation	
ROH_Historie	
ROH_Kosten	

Zulieferer [ZUL]	
ZUL_ID	PK
ZUL_Name	
ZUL_Verbrauchsmat	FK
ZUL_Lagerbestand	FK
ZUL_Rohstoff	FK
ZUL_Historie	
ZUL_Kosten	

Fehlermanagementmodul

Fehler [FEH]	
FEH_ID	PK
FEH_Name	
FEH_Beschreibung	
FEH_Datum	
FEH_Uhrzeit	
FEH_Erfasser	FK
FEH_MOS_Entdeckung	FK
FEH_MOS_Erfassung	FK
FEH_Arbeitsplatz	FK
FEH_Fehlerbewertung	FK
FEH_Fehlerobjekt	FK
FEH_Fehlerart	
FEH_Ort	
FEH_Status	
FEH_Historie	
FEH_Kosten	

Fehlerbewertung [FEB]	
FEB_ID	PK
FEB_Name	
FEB_Beschreibung	
FEB_Erfasser	FK
FEB_Fehler	FK
FEB_Sofortmassnahme	FK
FEB_Ursachenanalyse	FK
FEB_Prozesskontrolle	FK
FEB_Pruefmerkmal	FK
FEB_Status	
FEB_Historie	
FEB_Kosten	

Sofortmassnahme [SOF]	
SOF_ID	PK
SOF_Name	
SOF_Beschreibung	
SOF_MassEntwicklung	FK
SOF_SofortMass	FK
SOF_Ergebnis	
SOF_Status	
SOF_Historie	
SOF_Kosten	

Ursachenanalyse [USA]	
USA_ID	PK
USA_Name	
USA_Beschreibung	
USA_Analyst	FK
USA_Fehlerbewertung	FK
USA_Sofortmassnahme	FK
USA_Ergebnis	
USA_Ursachenverif	FK
USA_Status	
USA_Historie	
USA_Kosten	

Massnahmenvalidierung [MAV]	
MAV_ID	PK
MAV_Name	
MAV_Beschreibung	
MAV_MassEntwicklung	FK
MAV_SofortMass	FK
MAV_Wirksamkeit	FK
MAV_Ergebnis	
MAV_Status	
MAV_Historie	
MAV_Kosten	

Ursachenverifikation [USV]	
USV_ID	PK
USV_Name	
USV_Beschreibung	
USV_Ursachenanalyse	FK
USV_MassEntwicklung	FK
USV_Ergebnis	
USV_Status	
USV_Historie	
USV_Kosten	

Fehlerwissen [FEW]	
FEW_ID	PK
FEW_Name	
FEW_Beschreibung	
FEW_Mitarbeiter	FK
FEW_Wirksamkeit	FK
FEW_Ergebnis	
FEW_Status	
FEW_Historie	
FEW_Kosten	

Massnahmenentwickung [MAE]	
MAE_ID	PK
MAE_Name	
MAE_Beschreibung	
MAE_Ursachenverif	FK
MAE_MassValidierung	FK
MAE_Ergebnis	
MAE_Status	
MAE_Historie	
MAE_Kosten	

6.1.3 Definition von Beziehungen und Kardinalitäten

Die in Kapitel 6.1.2 durchgeführte und isolierte Definition der Entitäten und Attribute wird im Folgenden um die Bestimmung der sachlogischen Beziehungen und Kardinalitäten zwischen den Entitäten erweitert. Da vielfältige Beziehungen zwischen diesen Entitäten bestehen, erfolgt die Unterscheidung in drei Beziehungstypen:

Struktur-Beziehung: Dieser Typ kategorisiert den sachlogischen Zusammenhang zwischen zwei verschiedenen Entitätstypen. Im Kontext dieser Arbeit wird darunter eine direkte Beziehung verstanden. Eine *direkte Beziehung* besteht bspw. zwischen den Entitätstypen *Baugruppe* und *Komponente*, da eine Baugruppe aus Komponenten besteht (Koch 2021, S. 188; Helms & Kissel 2016, S. 999).

Muster-Beziehung: Dieser Typ kategorisiert die *indirekte Beziehung* zwischen zwei verschiedenen Entitätstypen nach sachlogischem Zusammenhang. Eine *indirekte Beziehung* würde bspw. zwischen den Entitätstypen *Kunde* und *Maschine* bestehen, da diese Beziehung über die Verbindung mit einem *Auftrag* und einem *Auftragsabwicklungsprozess* zustande kommt. Indirekte Beziehungen entstehen durch die Verkettung direkter Beziehungen und würden andernfalls zu redundanten Verknüpfungen führen (Koch 2021, S. 188; Helms & Kissel 2016, S. 999).

Ähnlichkeits-Beziehung: Diese Typ bezeichnet den sachlogischen Zusammenhang zwischen Entitäten desselben Entitätstyps. Derartige rekursive Beziehungen treten häufig in hierarchischen Strukturen auf, bspw. in einer Produktstückliste. Um die Zusammenfassung von *Komponente* zu *Baugruppe* darzustellen, muss der Entitätstyp *Komponente* durch eine rekursive Beziehung abgebildet werden (Koch 2021, S. 188; Helms & Kissel 2016, S. 999).

Die strukturierte Definition der Beziehungen zwischen den Entitätstypen wird durch die Erstellung einer Beziehungsmatrix erreicht. Innerhalb dieser Matrix sind die Beziehungstypen kategorisiert als direkte, indirekte oder rekursive Beziehungen sowie deren Kardinalität festgelegt. Jeder Beziehung wird ein spezifischer Beziehungstyp zugeordnet (Koch 2021, S. 188f.). Tabelle 6.3 veranschaulicht die Beziehungsmatrix zur Bestimmung der direkten Beziehungen sowie der Kardinalitäten. Wie in Kapitel 6.1.2 hergeleitet, beschreibt die Kardinalität *1..1* die Zuordnung exakt einer Entität zu einer anderen Entität. Die Kardinalität *0..1* bestimmt die Zuordnung einer optionalen Entität zu einer anderen Entität. Die Kardinalitäten *0..** bzw. *1..** legen eine (optionale) Entität zu keiner, einer oder mehreren anderen Entitäten fest (Studer 2019, S. 28f.; Gadatsch 2017b, S. 11ff.). Die Matrix liest sich von Zeile zu Spalte. Das bedeutet bspw., dass für die Entität *Montageprozess [MOP]* eine direkte Beziehung mit der Entität *Auftragsabwicklungsprozess [AAP]* besteht und die Kardinalität vom *Montageprozess [MOP]* ausgehend *0..** beträgt. Darüber hinaus besteht ebenfalls eine direkte Beziehung zwischen dem *Montageprozess [MOP]* und der Entität *Montagevorgang [MOV],* wobei ein Montageprozess mindestens einem und beliebig vielen Montagevorgängen zugeordnet sein kann (Kardinalität *1..**).

Tabelle 6.3: Beziehungsmatrix zur Beschreibung der Kardinalitäten

	Produkt [PRD]	Produkttyp [PRT]	Hauptkomponente [HUP]	Komponente [KMP]	Baugruppe [BUG]	Bauteil [BUT]	Pruefmerkmal [PRF]	Produktionsprozess [PRP]	Auftragsabwicklungsprozess [AAP]	Montageprozess [MOP]	Montageabschnitt [MOA]	Montagevorgang [MOV]	Montageschritt [MOS]	Prozesskontrolle [PRZ]	Kunde [KND]	Angebot [ANG]	Auftrag [AUF]	Arbeitsplatz [ARB]	Mitarbeiter [MIT]	Rolle [ROL]	Qualifikation [QUA]	Ausruestung [AUS]	Werkzeug [WER]	Maschine [MAS]	Material [MAT]	Verbrauchsmaterial [VER]	Lagerbestand [LAG]	Rohstoff [ROH]	Zulieferer [ZUL]	Fehler [FEH]	Fehlerbewertung [FEB]	Ursachenanalyse [USA]	Ursachenverifikation [USV]	Sofortmassnahme [SOF]	Massnahmenentwicklung [MAE]	Massnahmenvalidierung [MAV]	Wirksamkeisnachweis [WIR]	Fehlerwissen [FEW]
[PRD]		1..*														1..*	1..*																					
[PRT]	0..*		1..*																																			
[HUP]		0..*		1..*																																		
[KMP]			0..*		1..*																																	
[BUG]				0..*		1..*																																
[BUT]					0..*		0..*				0..1								1..*											0..*								
[PRF]						0..*																									0..*							
[PRP]									1..*								1..*																					
[AAP]								0..*		1..*																												
[MOP]									0..*			1..*																										
[MOA]												0..*	1..*																									
[MOV]										0..*	1..*																											
[MOS]						0..*					0..*			0..*				1..*	0..*																			
[PRZ]													0..*																		0..*							
[KND]																1..*																						
[ANG]	0..*														1..*		1..1																					
[AUF]	0..*							0..*								0..1																						
[ARB]													0..*						0..*			0..1			0..1													
[MIT]					1..*								1..*					1..*		1..*										1..*								1..*
[ROL]																			1..1		1..*																	
[QUA]																				1..*																		
[AUS]																		0..*					1..*	1..*														
[WER]																						0..*																
[MAS]																						0..*																
[MAT]																		0..*								0..*	0..*	0..*										
[VER]																									0..*				0..*									
[LAG]																									0..*				0..*									
[ROH]																									0..*				0..*									
[ZUL]																									1..1	1..1	1..1											
[FEH]						0..*													0..*												1..*							
[FEB]							0..*							0..*																0..*		1..*		1..*				
[USA]																															0..*		1..*					
[USV]																																0..*			1..*			
[SOF]																															0..*					0..*		
[MAE]																																	0..*			1..*		
[MAV]																																		0..*	0..*		1..*	
[WIR]																																				1..*		1..1
[FEW]																			1..*																		1..*	

6.2 Datenmodell

In diesem Kapitel folgt die Erstellung des Datenmodells. Es basiert auf den hergeleiteten Entitäten, Attributen und deren Kardinalitäten zueinander. Auf Grundlage der formalen Gestaltungselemente wird das konzeptionelle Datenmodell in vier Module gegliedert, die in Kapitel 6.2.1 beschrieben werden. Anschließend folgt die Detaillierung und Zusammenführung der vier Module zu dem Datenmodell.

6.2.1 Konzeptionelles Datenmodell

Basierend auf den Ergebnissen der formalen Gestaltungselemente lassen sich vier konzeptionelle Module identifizieren. Die entsprechenden *Datenarten* (Entitäten und Attribute) sowie deren *Beziehungen* (Kardinalitäten) werden im Folgenden zusammenfassend beschrieben und in den Kapiteln 6.2.1.1 bis 6.2.1.4 ausführlich erläutert. Ausgehend von dem heuristischen Bezugsrahmen (vgl. Kap. 1.4) stellt das entwickelte Datenmodell ein Zwischenresultat des iterativen Forschungsprozesses dar.

Das konzeptionelle Datenmodell besteht aus vier Modulen, die in Wechselwirkung zueinander stehen und somit eine umfassende Erfassung und Analyse von Fehlerdaten in manuellen Montageprozessen ermöglichen. Die Einbindung relevanter Entitäten und Attribute innerhalb dieser Module stellt eine ganzheitliche Betrachtung der wesentlichen Datenarten des Produktionssystems sicher (vgl. Kap. 2.1), was für die effiziente Fehlerbehebung in manuellen Montageprozessen von Bedeutung ist. Die Abbildung 6.5 bietet eine Übersicht der Module des Datenmodells.

Produktmodul: Dieses Modul umfasst alle relevanten Informationen zu den physischen Eigenschaften und der Struktur des Produkts. Es beinhaltet Hauptkomponenten, Produktkategorien, spezifische Komponenten, Baugruppen und Prüfmerkmale. Der Fokus liegt auf der detaillierten Beschreibung und Hierarchisierung der Produktbestandteile sowie deren Spezifikationen und Prüfanforderungen.

Prozessmodul: Im Prozessmodul werden die Abläufe und Schritte zur Herstellung des Produkts beschrieben. Es deckt den gesamten Produktionsprozess ab, einschließlich der Montageprozesse und spezifischer Montageschritte sowie der Prozesskontrolle, die im Rahmen dieser Arbeit fokussiert werden (vgl. Kap. 1.4). Der Schwerpunkt liegt auf der Darstellung der Produktionsschritte und der Sicherstellung der Qualität durch kontinuierliche Überwachung.

Ressourcenmodul: Dieses Modul befasst sich mit den notwendigen Ressourcen für die Produktions- und Montageprozesse. Dazu gehören Mitarbeiter, deren Rollen und Qualifikationen, sowie Werkzeuge, Maschinen und Materialien. Es zielt darauf ab, die Verfügbarkeit und den Einsatz dieser Ressourcen zu optimieren, um eine möglichst fehlerfreie Produktion zu gewährleisten.

Fehlermanagementmodul: Das Fehlermanagementmodul untersucht die Ursachen und Auswirkungen von Fehlern im Produktionsprozess. Es umfasst die Bewertung und Analyse von Fehlern, die Entwicklung und Verifikation von Maßnahmen zur Fehlerbehebung sowie den Nachweis der Wirksamkeit und den Wissenstransfer. Der Fokus liegt darauf, Fehler zu identifizieren, zu verstehen und nachhaltig zu beheben.

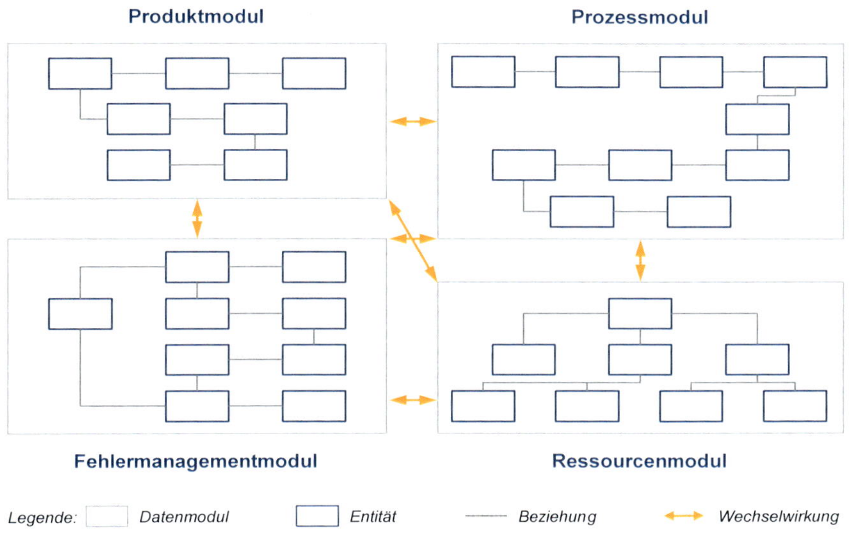

Abbildung 6.5: Module des konzeptionellen Datenmodells

6.2.1.1 Produktmodul

Das *Produktmodul* ist in Abbildung 6.6 zusammengefasst. Es beginnt mit der Bestimmung des *Produkts*, das den Ausgangspunkt für den *Produkttyp* darstellt. Es ist mit dem Prozessmodul verknüpft und wird durch die Kombination von *Angebot* und *Auftrag* ausgelöst (vgl. Kap. 6.2.1.2). Der Produkttyp definiert die spezifischen Merkmale und Eigenschaften des Produkts. Diese Merkmale werden in der *Hauptkomponente* festgelegt. Von der Hauptkomponente ausgehend werden die *Komponenten* identifiziert, die zur *Baugruppe* führen. Die Baugruppe stellt eine Zwischenstufe im Produktaufbau dar, die aus mehreren Bauteilen besteht. Jedes *Bauteil* wird einzeln betrachtet und im Zusammenhang mit dem *Prozessmodul* analysiert, um die Effizienz und Qualität der Produktion zu gewährleisten. Zusätzlich werden *Prüfmerkmale* festgelegt, die spezifische Prüfkriterien und -standards für die einzelnen Komponenten und Baugruppen festlegen. Diese Prüfmerkmale sind eng mit dem *Fehlermanagementmodul* verbunden, um sicherzustellen, dass alle potenziellen Fehler frühzeitig erkannt und behoben werden können. Die zugehörigen Attribute sind in Abbildung 6.4 aufgeführt und sind für eine bessere Lesbarkeit in Abbildung 6.6 weggelassen.

Das Bauteil, als zentrale Einheit der Baugruppe, ist ebenfalls mit dem *Prozessmodul* verknüpft, um sicherzustellen, dass alle Produktions- und Montageprozesse effizient ablaufen. Gleichzeitig wird das *Ressourcenmodul* eingesetzt, um die Verfügbarkeit und den Einsatz der notwendigen Ressourcen für die Herstellung der Bauteile zu gewährleisten.

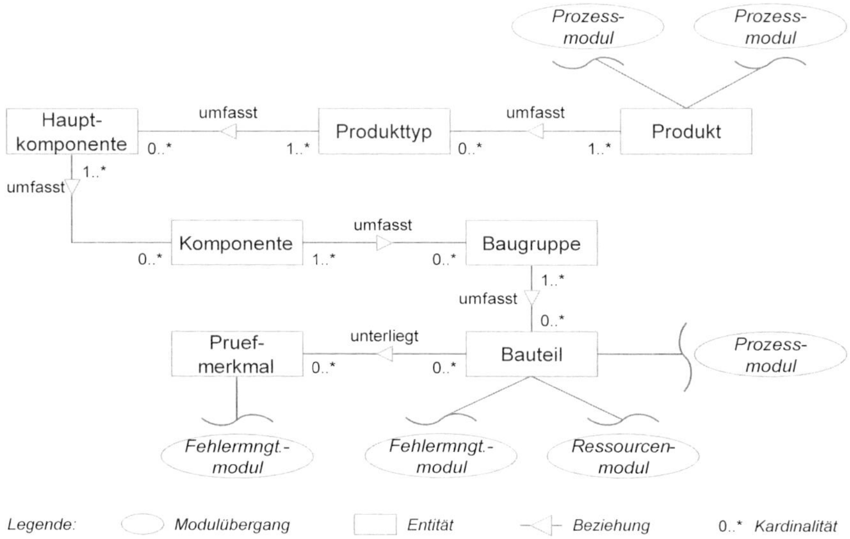

Abbildung 6.6: Konzeptionelles Datenmodell für das Produktmodul

6.2.1.2 Prozessmodul

Das in Abbildung 6.7 dargestellte *Prozessmodul* beginnt mit einem *Kunden*, der eine *Anfrage* stellt, woraufhin ein *Angebot* erstellt wird. Das *Angebot* wird bei *Annahme* zu einem *Auftrag* weitergeleitet, der die Grundlage für den *Produktionsprozess* bildet. Im *Produktionsprozess* wird zunächst ein *Auftragsabwicklungsprozess* initiiert, der den auftragsbezogenen Gesamtprozess strukturiert und koordiniert.

Der *Montageprozess* ist ein wesentlicher Bestandteil des *Produktionsprozesses* und beginnt mit dem *Montagevorgang*. Dieser *Montagevorgang* ist weiter in *Montageabschnitte* unterteilt, um eine detaillierte Darstellung der Montagetätigkeiten zu gewährleisten. Jeder *Montageabschnitt* umfasst mehrere *Montageschritte*, die spezifische Aufgaben und Handlungen beschreiben. Die jeweiligen Attribute sind der Abbildung 6.4 zu entnehmen und für eine übersichtliche Darstellung in Abbildung 6.7 nicht aufgeführt.

Parallel zu diesen Montageschritten existieren Schnittstellen zu dem *Produktmodul*, um sicherzustellen, dass alle Produktkomponenten und -spezifikationen berücksichtigt werden. Das *Ressourcenmodul* ist ebenfalls in den Montageschritten integriert, um die Verfügbarkeit und Zuteilung der notwendigen Ressourcen zu verwalten. Die *Prozesskontrolle* erfolgt im Rahmen der *Montageschritte*, um die Qualität und Genauigkeit der durchgeführten Arbeiten zu überprüfen. Bei Abweichungen wird in diesem Schritt auch das *Fehlermanagementmodul* eingesetzt, um eventuelle Abweichungen zu identifizieren und zu korrigieren.

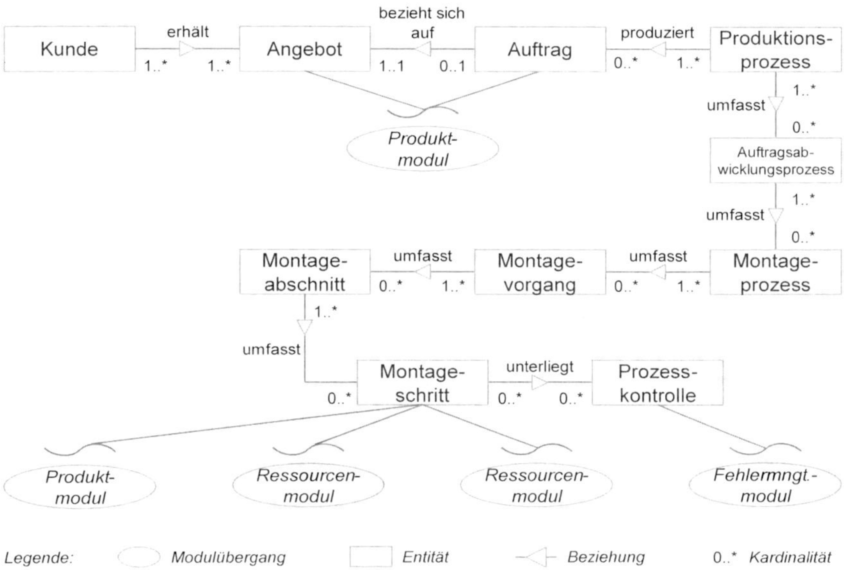

Abbildung 6.7: Konzeptionelles Datenmodell für das Prozessmodul

6.2.1.3 Ressourcenmodul

Das *Ressourcenmodul* bündelt die für das Betriebsmanagement relevanten Entitäten im *Arbeitsplatz*, siehe Abbildung 6.8. Dazu zählen die Mitarbeiter, Zulieferer, Material und Ausrüstung (DIN EN 62264-1:2014-07, S. 43). Die Zuweisung von *Mitarbeitern*, die eine zentrale Rolle im Produktionsprozess spielen, sind mit erforderlichen *Qualifikationen* ausgestattet, die durch die *Rollenzuweisung* im Produktionsprozess definiert ist. Die Qualifikationen der Mitarbeiter werden kontinuierlich überwacht und sind eng mit dem Produkt- und Prozessmodul verknüpft, um sicherzustellen, dass alle Anforderungen und Standards eingehalten werden. Die Mitarbeiter arbeiten an Arbeitsplätzen, die spezifisch für die Durchführung bestimmter Produktionsaufgaben ausgestattet sind. Jeder *Arbeitsplatz* ist mit notwendigem *Material* und *Ausrüstung* ausgestattet, um den Produktionsprozess effizient und fehlerfrei durchzuführen. Die *Ausrüstung* umfasst erforderliche *Werkzeuge* und *Maschinen*, die für die spezifischen Aufgaben benötigt werden. Diese Entitäten sind entscheidend für die Effizienz und Genauigkeit der Produktionsprozesse. Das Materialmanagement spielt eine zentrale Rolle im Ressourcenmodul. *Material* wird verwaltet und ist in verschiedenen Formen verfügbar, einschließlich *Rohstoffen* und *Verbrauchsmaterialien*. Der *Lagerbestand* wird kontinuierlich überwacht, um sicherzustellen, dass ausreichend Material für die Produktion verfügbar ist. Diese Materialien werden von verschiedenen *Zulieferern* bereitgestellt, die für die kontinuierliche Versorgung mit Rohstoffen und anderen notwendigen Materialien verantwortlich sind. Die in Abbildung 6.4 aufgelisteten Attribute sind in Abbildung 6.8 aus Gründen der Übersichtlichkeit nicht enthalten.

Zusätzlich ist das *Fehlermanagementmodul* eng mit dem *Ressourcenmodul* verbunden. Es stellt sicher, dass alle potenziellen Fehlerquellen im Material- und Ausrüstungsmanagement frühzeitig identifiziert und behoben werden. Dies hilft, die Qualität der Produktion zu gewährleisten und die Effizienz der Produktionsprozesse zu steigern.

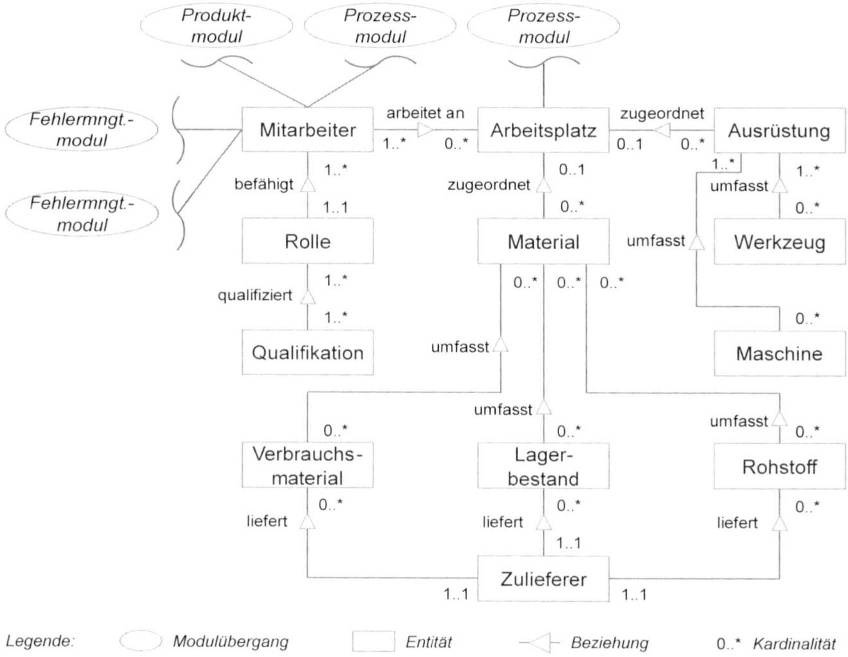

Abbildung 6.8: Konzeptionelles Datenmodell für das Ressourcenmodul

6.2.1.4 Fehlermanagementmodul

Das Fehlermanagementmodul beginnt mit der Entität eines *Fehlers*, der sowohl mit dem *Produkt-* als auch dem *Ressourcenmodul* verknüpft ist. Nach *der Fehlerdokumentation und -bewertung* wird eine *Sofortmaßnahme* ergriffen, um den Fehler schnell zu adressieren und mögliche Fehlerfolgen zu minimieren (vgl. Kap. 2.2.6). Parallel dazu erfolgt eine *Ursachenanalyse*, bei der die zugrunde liegenden Gründe für den Fehler identifiziert werden. Diese Analyseergebnisse müssen durch die *Ursachenverifikation* bestätigt sein, um sicherzustellen, dass die identifizierten Ursachen tatsächlich die Quelle des Fehlers sind (vgl. Kap. 2.2.5). Sobald die Ursachen klar sind, wird eine *Maßnahmenentwicklung* durchgeführt, bei der spezifische Strategien und Aktionen formuliert werden, um den originären Fehler abzustellen und um präventiv ähnliche Fehler zu verhindern. Diese Maßnahmen müssen durch eine *Maßnahmenvalidierung* überprüft werden, um ihre Wirksamkeit und Umsetzbarkeit sicherzustellen. Der *Wirksamkeitsnachweis* stellt sicher, dass die ergriffenen Maßnahmen tatsächlich zur Lösung des originären Fehlers beigetragen haben und keine weiteren Fehler auftreten. Schließlich erfolgt der Wissenstransfer von Fehlerwissen, bei dem die gewonnenen Erkenntnisse und Lösungen dokumentiert und an relevante Rollen im Unternehmen weitergegeben werden (vgl. Kap. 5.2.1). Dies stellt sicher, dass das Unternehmen aus den Fehlern lernt und kontinuierlich Verbesserungen im Prozessmanagement implementiert. Die einzelnen Attribute sind in Abbildung 6.4 aufgeführt und sind für eine übersichtlichere Darstellung in Abbildung 6.9 nicht aufgeführt.

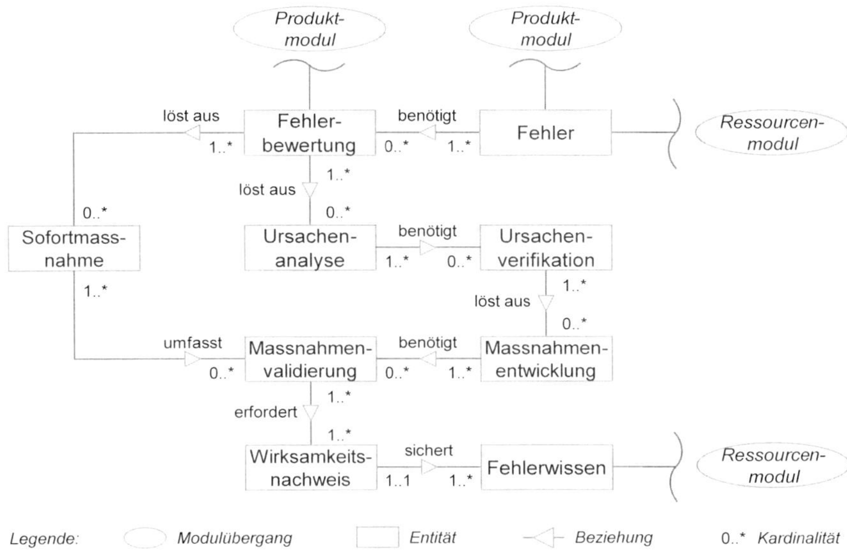

Abbildung 6.9: Konzeptionelles Datenmodell für das Fehlermanagementmodul

6.2.2 Detaillierung des Datenmodells

Die Abbildung 6.10 stellt die zusammengefügten Module zu einem detaillierten Datenmodell dar, das speziell für Mitarbeiter in manuellen Montageprozessen entwickelt wurde. Das Ziel des Modells ist es, erkannte Fehler in manuellen Montageprozessen strukturiert zu erfassen und die Fehleranalyse zu optimieren. Die relevanten Entitäten und deren Beziehungen zueinander sind konzeptionell definiert.

Wesentliche Entitäten des Modells umfassen den gesamten Ablauf von der Auftragsabwicklung über den Montageprozess bis hin zur Prozesskontrolle. Eine wichtige Rolle spielen dabei die Mitarbeiter, deren Rollen und Qualifikationen im Modell berücksichtigt werden. Die Struktur des Modells ermöglicht es den Mitarbeitern, Fehler systematisch zu erfassen und deren Ursachen zu analysieren, um effektive Maßnahmen zu entwickeln und deren Wirksamkeit zu überprüfen.

Das konzeptionelle Datenmodell bietet in seiner Gestaltung mehrere wesentliche Vorteile. Es ermöglicht eine strukturierte Fehlererfassung, was die Qualität der Fehlerdaten erhöht und eine systematische Kategorisierung von Fehlern erlaubt. Dies führt zu einer effizienteren Fehleranalyse, da Ursachen schneller identifiziert und analysiert werden können. Ein weiterer Vorteil liegt in der direkten Integration des Fehlermanagements. Durch die systematische Ursachenanalyse können gezielte Maßnahmen zur Fehlerbehebung entwickelt und deren Effektivität überprüft werden. Die Nachvollziehbarkeit von Fehlern und deren Ursachen schafft zudem Transparenz im gesamten Produktionsprozess. Die Einbeziehung der Mitarbeiterrollen und -qualifikationen hilft dabei, Schulungsbedarfe zu identifizieren und die Kompetenz der Mitarbeiter gezielt zu verbessern. Schließlich wird die Verknüpfung von Fehlern mit spezifischen Ressourcen, wie dem Material oder der Ausrüstung, erleichtert.

Darüber hinaus unterstützt das konzeptionelle Datenmodell die Standardisierung der Datenerfassung und -verarbeitung innerhalb der Montageprozesse. Durch die klare Definition der Entitäten und ihrer Beziehungen zueinander wird sichergestellt, dass alle relevanten Informationen in einheitlicher Struktur vorliegen. Dies erleichtert nicht nur die Integration in bestehende IT-Systeme, sondern ermöglicht auch eine konsistente Datenbasis für weiterführende Analysen, beispielsweise im Rahmen von Qualitätsmanagementsystemen oder kontinuierlichen Verbesserungsprozessen (vgl. Kap. 2.3). Die strukturierte Datenhaltung bildet somit die Grundlage für präzise, datenbasierte Entscheidungen (vgl. Kap. 2.4) und schafft die Voraussetzung für zukünftige, technologiebasierte Automatisierungs- und Digitalisierungsinitiativen in Produktionssystemen (vgl. Kap. 2.1).

Ein weiterer Aspekt liegt in der verbesserten Rückverfolgbarkeit von Prozess- und Produktdaten. Durch die modellierte Verknüpfung zwischen Aufträgen, Produktionsprozessen und Fehlerereignissen können Zusammenhänge zwischen spezifischen Prozessschritten und auftretenden Fehlern nachvollzogen werden. Dies erlaubt eine gezielte Ursachenforschung und unterstützt präventive Maßnahmen zur Qualitätssteigerung (vgl. Kap. 2.2). Gleichzeitig trägt die systematische

Dokumentation dazu bei, Wissen im Unternehmen zu sichern und für zukünftige Projekte nutzbar zu machen. Damit leistet das entwickelte Datenmodell einen wichtigen Beitrag zur nachhaltigen Verbesserung der Produktionsqualität und zur kontinuierlichen Weiterentwicklung der manuellen Montageprozesse.

Die Arbeitsergebnisse zeigen auf, dass ein konzeptionelles Datenmodell, das manuell erfasste Fehlerdaten für die Fehleranalyse nutzbar macht, mehrere Merkmale aufweisen muss. Zunächst ist eine präzise und strukturierte Erfassung der Fehlerdaten entscheidend, um eine zuverlässige Basis zu schaffen. Das Modell ist weiterhin flexibel und erweiterbar, um verschiedene Fehlerarten und deren Ursachen abzubilden sowie die sich stetig verändernden Beziehungen zu Produkt-, Prozess- und Ressourcendaten zu berücksichtigen.

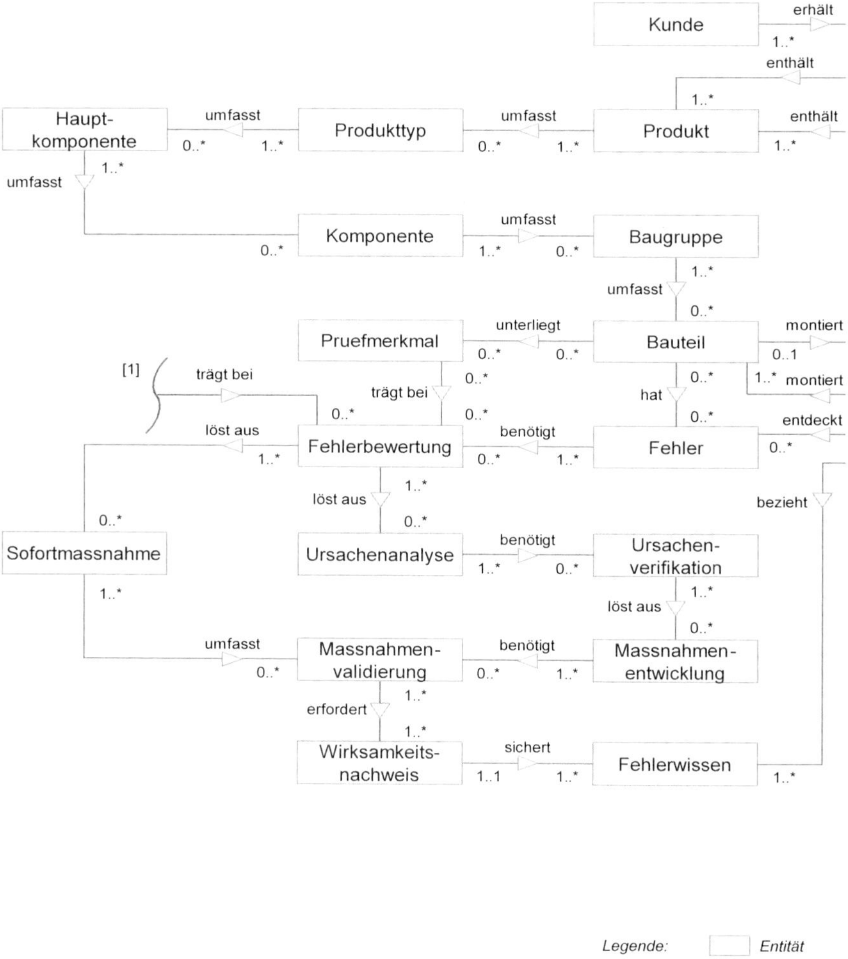

Abbildung 6.10: Konzeptionelles Datenmodell

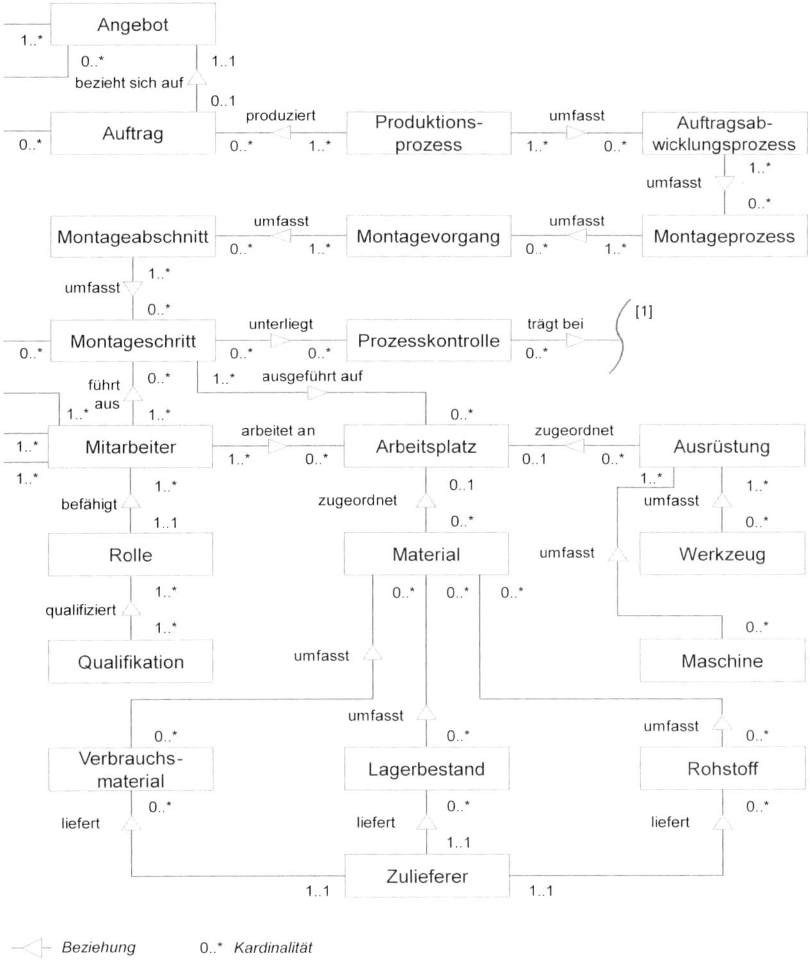

Angebot
1..*
0..*
1..1
bezieht sich auf
0..1
Auftrag
0..*
produziert
0..*
1..*
Produktions-
prozess
umfasst
1..*
0..*
Auftragsab-
wicklungsprozess
1..*
umfasst
0..*
Montageabschnitt
umfasst
0..*
1..*
Montagevorgang
umfasst
0..*
1..*
Montageprozess
1..*
umfasst
0..*
[1]
Montageschritt
0..*
unterliegt
0..*
0..*
Prozesskontrolle
trägt bei
0..*
führt
aus
0..*
1..*
ausgeführt auf
1..*
1..*
0..*
Mitarbeiter
1..*
1..*
arbeitet an
1..*
0..*
Arbeitsplatz
zugeordnet
0..1
0..*
Ausrüstung
1..*
1..*
befähigt
1..1
0..1
zugeordnet
0..*
umfasst
1..*
0..*
Rolle
Material
umfasst
Werkzeug
1..*
qualifiziert
1..*
0..*
0..*
0..*
0..*
Qualifikation
umfasst
Maschine
umfasst
umfasst
0..*
0..*
0..*
Verbrauchs-
material
Lagerbestand
Rohstoff
0..*
liefert
0..*
liefert
1..1
0..*
liefert
Zulieferer
1..1
1..1
Beziehung
0..* Kardinalität

6.3 Modellbasierte Datenanalyse

Aufgrund ihrer graphenartigen Struktur eignen sich besonders konzeptionelle Datenmodelle für die Nutzung graphenbasierter Modelle zur strukturierten Datenanalyse. Aus diesem Grund wird die graphenbasierte Modellierung in Kapitel 6.3.1 erläutert. Abschließend fasst das Kapitel 6.3.2 die Nutzung statistischer Methoden (vgl. Kap. 2.4.3) mithilfe der graphenbasierten Modellierung zusammen.

6.3.1 Graphenbasierte Modellierung

Gestaltungsmodelle dienen der Erfassung, Analyse, Spezifikation und Dokumentation von Systemeigenschaften. Hierbei erweist sich die *graphenbasierte Modellierung* als besonders geeignet, da sie intuitiv verständliche Informationen und Zusammenhänge visualisiert, die mittels effizienter Analyseverfahren untersucht werden können (Helms & Kissel 2016, S. 984; Kissel 2014, S. 80). Graphenbasierte Modelle zeichnen sich durch die Verknüpfung ihrer Modellelemente über Relationen aus. Sie basieren auf der Struktur eines Graphen, welcher eine Menge von *Knoten* (Objekten) sowie die zwischen diesen Knoten bestehenden *Kanten* (Verknüpfungen) darstellt (Helms & Kissel 2016, S. 980). Ein typisierter Graph entsteht durch die Zuordnung von *Attributen* zu den Knoten- und Kantenklassen. Diese Attribute werden im Modell definiert, indem ihr Datentyp festgelegt wird. Innerhalb der Hierarchien können Attribute vererbt werden, was bedeutet, dass eine Elternklasse alle Attribute an ihre untergeordneten Klassen weitergibt. So definiert bspw. die generische Klasse Knoten die Attribute *Name* und *ID*, wodurch alle untergeordneten Klassen diese Attribute automatisch erben. Dies führt zur Entwicklung eines schlanken Modells, das Mehrfachdefinitionen vermeidet. Die Vererbungshierarchie erleichtert zudem die Definition von Zwangsbedingungen in den Kantenklassen. Es genügt, eine übergreifende Zwangsbedingung für die Kantenklasse zu definieren.

Graphenbasierte Modelle eignen sich insbesondere, wenn die Struktur und Analyse von Kanten zwischen Knoten im Vordergrund steht, was für semantische Suchen und Datenintegration besonders vorteilhaft ist (Domingos 2012, S. 81). Die Betrachtung konzentriert sich auf die strukturelle Vernetzung der Knoten, deren hierarchischen Aufbau und Flussbeziehungen zueinander (Haberfellner et al. 2021, S. 17). Im Kontext dieser Arbeit sind Knoten mit Entitäten sowie Kanten mit Beziehungen und Kardinalitäten des Datenmodells gleichzusetzen. Attribute entsprechen bereits dem Verständnis des in Kapitel 6.1 definierten Attributs.

Eine rechnergestützte und alternative Darstellungsform ist die Matrix, bei der die Entitäten des Systems in der ersten Spalte bzw. Zeile einer Tabelle eingetragen und die direkten Beziehungen durch Einträge in der Matrix gekennzeichnet werden (vgl. Kap. 6.1.3) (Lindemann et al. 2009, S. 69f.). Mathematisch wird der Graph durch die

Adjazenzmatrix beschrieben. Die Adjazenzmatrix $A(G)$ ist eine $n \times n$-Matrix mit Eintragungen $a_{i,j}$ (die die Anzahl der Kanten zwischen i und j darstellen), wobei i,j von 1 bis n reichen, siehe Abbildung 6.11 (Helms & Kissel 2016, S. 985; Tittmann 2011, S. 29).

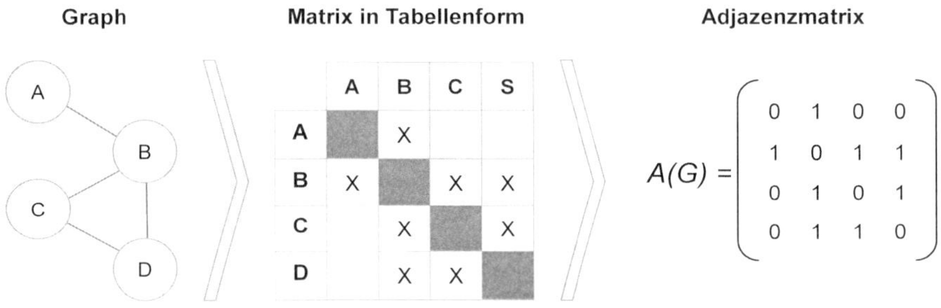

Abbildung 6.11: Gleichwertige Darstellungsformen graphenbasierter Modelle
(Helms & Kissel 2016, S. 985)

6.3.2 Visualisierung, Korrelation und Clustering

In produzierenden Unternehmen spielt die effektive Analyse von Fehlerdaten eine entscheidende Rolle zur Sicherstellung der Produktqualität und Optimierung der Produktionsprozesse. Der Untersuchungsbereich dieser Arbeit konzentriert sich auf Analysemethoden, die spezifische Funktionen des reaktiven Fehlermanagements erfüllen (vgl. Kap. 1.2 und Kap. 2.2.2). Im Rahmen konkreter Anwendungsfälle eignen sich insbesondere die statistischen Methoden der *Visualisierung*, *Korrelation* und *Clustering*, bei denen der Fehler bereits aufgetreten ist. Durch die Anwendung eines konzeptionellen Datenmodells, das sich für die graphenbasierte Modellierung eignet, können diese statistischen Methoden genutzt werden, um strukturierte Fehleranalysen durchzuführen, Einblicke in die Fehlerursachen zu gewinnen und gezielte Maßnahmen zur zukünftigen Fehlervermeidung zu entwickeln.

Visualisierung und Kennzahlberechnung: Sie ermöglicht eine schnelle Identifikation und Kommunikation von Fehlerquellen und deren Häufigkeit. Durch die Anwendung auf das konzeptionelle Datenmodell, das sich für die graphenbasierte Modellierung eignet, können Fehler in verschiedenen Komponenten, Baugruppen oder Montageschritten visuell hervorgehoben werden. Dies erleichtert die Erkennung systematischer Fehler und unterstützt die Entscheidungsfindung bei der Implementierung von Sofortmaßnahmen und langfristigen Verbesserungen im Produktionsprozess (Runkler 2020, S. 37ff.; Groggert 2019, S. 25). Insbesondere die *Attributsuche*, unterstützt durch Visualisierungstechniken, ist wertvoll für die Fehlerdatenanalyse. Visuelle Darstellungen helfen, Muster und Häufigkeiten zu erkennen, wodurch systematische Fehlerquellen schneller identifiziert und kommuniziert werden können (Helms & Kissel 2016, S. 998; Kissel 2014, S. 127).

Korrelation von Struktur- und Fehlerdaten: Die *Struktursuche* nutzt Visualisierungen, um gezielt Knoten-Kanten-Kombinationen zu identifizieren und Abhängigkeitsbeziehungen zu analysieren. Dies ist nützlich, um die Auswirkungen von Strukturveränderungen auf Produktionsprozesse zu verstehen. Durch die Korrelation von strukturellen Daten können Beziehungen zwischen verschiedenen Komponenten und Baugruppen visuell dargestellt und untersucht werden, was zur Optimierung von Produktionsprozessen beiträgt (Helms & Kissel 2016, S. 999). Die *Ähnlichkeitssuche* dient der Identifikation und Gruppierung ähnlicher Knoten oder Strukturen, basierend auf gemeinsamen Attributen oder strukturellen Merkmalen. Diese Suche wird häufig mit Clustering-Techniken kombiniert, um ähnliche Elemente visuell zu kategorisieren und zu analysieren, was die effiziente Datenanalyse und die Verbesserung von Produktionsprozessen unterstützt (Helms & Kissel 2016, S. 999).

Clustering und Mustersuche: Die Kombination von Attribut- und Struktursuche führt zur *Mustersuche*, die durch Visualisierung unterstützt wird und als Vorläufer zu Clustering-Techniken dient. Clustering ermöglicht die Identifikation und Gruppierung ähnlicher Muster in den Daten. Visuelle Cluster-Darstellungen helfen dabei, diese Muster effizient zu kategorisieren und zu analysieren, wodurch fundierte Entscheidungen zur Prozessoptimierung getroffen werden können (Buschmann et al. 2021, S. 807; Kissel 2014, S 93f.). Die mustergestützte Kennzahlberechnung ist ein leistungsfähiges Werkzeug zur Bewertung und Überwachung von Elementen und Strukturen innerhalb eines Produktportfolios. Durch die Visualisierung der berechneten Kennzahlen können Trends und Anomalien anschaulich dargestellt werden, was eine fundierte Entscheidungsfindung ermöglicht. Visuelle Darstellungen dieser Kennzahlen bieten einen klaren Überblick und unterstützen die kontinuierliche Verbesserung der Produktionsprozesse (Helms & Kissel 2016, S. 999f.).

Durch die Nutzung dieser statistischen Methoden im Rahmen des konzeptionellen Datenmodells wird die Fehleranalyse in produzierenden Unternehmen effizienter und effektiver. Visualisierung, Korrelation und Clustering bieten zusammen eine umfassende Auswahl an Suchkriterien, die sowohl die Identifikation und Analyse als auch die nachhaltige Abstellung von Fehlern unterstützt.

6.4 Zwischenfazit zum Gestaltungsmodell

Das in Kapitel 5.4 entwickelte Informationsmodell ist die Grundlage für die Entwicklung des konzeptionellen Datenmodells. Die Beschreibung der formalen Gestaltungselemente orientiert sich an den identifizierten Informationsmodulen und -objekten.

Die TFF 4 lässt sich damit beantworten, dass das Datenmodell so konzipiert sein sollte, dass es eine umfassende Erfassung, Analyse und Behebung von Fehlern in der manuellen Montage ermöglicht. Wie in Abbildung 6.12 zusammengefasst, umfasst das im Rahmen der Arbeit entwickelte Modell vier Module, je ein Produkt-, Prozess-, Ressourcen- und Fehlermanagementmodul. Diese Module berücksichtigen sowohl technische als auch menschliche Faktoren. Das entwickelte Modell bietet einen strukturierten Ansatz für die Definition von relevanten Entitäten, Attributen und ihren Beziehungen im Kontext der Fehleranalyse. Es ist modular erweiterbar und technologisch unabhängig. Dadurch kann es an spezifische Unternehmens- und Anwendungsfälle angepasst werden. Dieses strukturierte Modell steigert gleichzeitig die Effizienz und Qualität in der manuellen Montage.

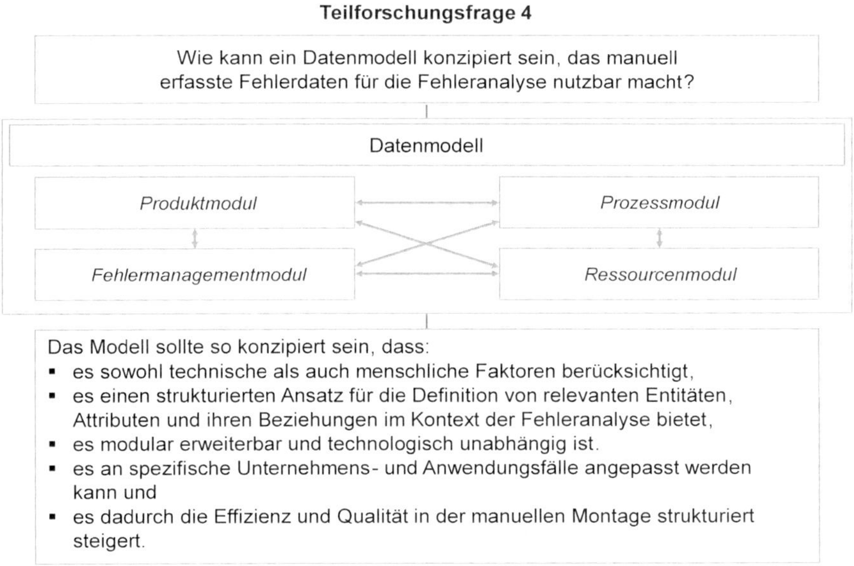

Abbildung 6.12: Beantwortung der vierten Teilforschungsfrage

Im Rahmen der Fehleranalyse bieten graphenbasierte Modelle einen vielseitigen Ansatz zur Unterstützung der Erfassung, Analyse und Dokumentation von Systemeigenschaften. Sie kombinieren graphenbasierte Ansätze und statistische Methoden. Das Datenmodell unterstützt die systematische Erfassung von Fehlern und Systemeigenschaften durch eine übersichtliche graphische Darstellung. In der Analysephase spielen Visualisierung, Korrelation und Clustering eine zentrale Rolle. Diese Methoden ermöglichen die visuelle Darstellung von Fehlern und deren Beziehungen, was das Verständnis der Fehlerursachen erleichtert. Statistische Methoden helfen dabei, Beziehungen zwischen verschiedenen Fehlern und Systemeigenschaften zu messen und Muster sowie gemeinsame Ursachen zu identifizieren.

Darüber hinaus erleichtert die graphenbasierte Darstellung die Dokumentation von Fehlern und deren Zusammenhängen, was die Kommunikation und das Wissensmanagement innerhalb des Teams verbessert. Graphenbasierte Modelle sind besonders nützlich in der semantischen Suche nach Attributen, Strukturen, Mustern oder Ähnlichkeiten. Sie bieten ein leistungsfähiges Werkzeug zur Unterstützung der Fehleranalyse und des reaktiven Fehlermanagements. Durch die Analyse historischer Fehlerdaten und die Erkennung von Mustern können graphenbasierte Modelle auch zur Vorhersage potenzieller zukünftiger Fehler verwendet werden. Dies ermöglicht präventive Maßnahmen zur Erhöhung der Zuverlässigkeit und Effizienz des Systems. Proaktive Fehlervermeidung verbessert die Gesamtqualität des Systems und reduziert die Notwendigkeit für reaktives Fehlermanagement.

Die TFF 5 kann dahingehend beantwortet werden, dass insbesondere statistische Methoden im Rahmen des reaktiven Fehlermanagements geeignet sind. Dies liegt daran, dass *Visualisierung*, *Korrelation* und *Clustering* sich für die Nutzung des Datenmodells eignen, indem sie die graphische Darstellung der Daten, die Messung von Beziehungen zwischen den Kanten und Knoten sowie die Bildung von Gruppen ermöglichen, siehe Abbildung 6.13.

Teilforschungsfrage 5

Wie kann das Datenmodell für die Fehleranalyse genutzt werden?

Analyse von Fehlern

1. *Visualisierung: Fehler und deren Beziehungen können visuell dargestellt werden, was das Verständnis der Fehlerursachen erleichtert.*
2. *Korrelation: Statistische Methoden ermöglichen es, Beziehungen zwischen verschiedenen Fehlern und Systemeigenschaften zu messen, was hilft, Ursachen und Auswirkungen besser zu verstehen.*
3. *Clustering: Ähnliche Fehler können gruppiert werden, um Muster und gemeinsame Ursachen zu identifizieren.*

Präventives Fehlermanagement

Durch die Analyse historischer Fehlerdaten und die Erkennung von Mustern können graphenbasierte Modelle auch zur Vorhersage potenzieller zukünftiger Fehler verwendet werden. Prävention verbessert die Gesamtqualität des Systems und reduziert die Notwendigkeit für reaktives Fehlermanagement.

Erfassung von Systemeigenschaften

Das Datenmodell unterstützt die systematische Erfassung von Fehlern und relevanten Systemeigenschaften durch eine graphische Darstellung, welche die Komplexität der Daten reduziert und übersichtlich macht.

Dokumentation

Die graphenbasierte Darstellung des Datenmodells erleichtert die Dokumentation von Fehlern und deren Zusammenhängen, was wiederum die Kommunikation und das Wissensmanagement innerhalb des Teams verbessert.

Darstellung komplexer Beziehungen

Graphenbasierte Modelle sind besonders geeignet, um komplexe Beziehungen und Strukturen zu visualisieren und zu analysieren. Dies ist nützlich in Bereichen wie der semantischen Suche nach Attributen, Strukturen, Mustern oder Ähnlichkeiten.

Das Modell ist insbesondere für statistische Methoden im Rahmen des reaktiven Fehlermanagements geeignet. Dies liegt daran, dass Visualisierung, Korrelation und Clustering sich für die Nutzung des Datenmodells eignen, indem sie die graphische Darstellung der Daten, die Messung von Beziehungen zwischen den Kanten und Knoten sowie die Bildung von Gruppen ermöglichen.

Abbildung 6.13: Beantwortung der fünften Teilforschungsfrage

7 Anwendung des Gestaltungsmodells

Nach der detaillierten Entwicklung der vier Module wird im Folgenden das konzeptionelle Datenmodell zur Systematisierung der Fehlerdatenerfassung im manuellen Montageprozess evaluiert. Basierend auf der zuvor beschriebenen Ausgangssituation und Problemstellung ist die Zielsetzung der Arbeit, ein Gestaltungsmodell für die Systematisierung der manuellen Fehlerdatenerfassung im Montageprozess zu entwickeln und qualitativ zu evaluieren. Dabei erfolgt die Untersuchung der FLF, ob Mitarbeiter in manuellen Montageprozessen stärker dazu befähigt werden können, wahrgenommene produktbezogene Bauteil- und Funktionsfehler zielgerichtet zu erfassen, um eine verbesserte Fehleranalyse anzustoßen (vgl. Kap. 1.2).

Das entwickelte Gestaltungsmodell wird für die Evaluation an zwei Fallbeispielen im Rahmen des Forschungsprojektes *value chAIn* erprobt. Im ersten Fallbeispiel, der Lkw-Produktion der MAN Truck & Bus SE, liegt der Schwerpunkt bei der manuellen Montage, Qualitätssicherung und Nacharbeit (vgl. Kap. 7.1). Im zweiten Fallbeispiel, der Anhänger- und Aufliegerproduktion der KRONE Business Center GmbH & Co. KG, wird der Fokus auf die manuelle Montage, den Prüfstand und die Produktabnahme gerichtet (vgl. Kap. 7.2), siehe Abbildung 7.1. In beiden Fällen findet die Fehleranalyse und -rückführung statt. Dieses Vorgehen ist als zulässiges und hinreichendes Verfahren angesehen und entspricht dem forschungsmethodischen Ansatz nach ULRICH, das sich auf die Prinzipien der angewandten Forschung zu stützt (Ulrich 1981, S. 20).

Abbildung 7.1: Vorgehensweise zur Anwendung des Gestaltungsmodells

7.1 Fallbeispiel 1: MAN Truck & Bus SE

Die MAN Truck & Bus SE ist ein Nutzfahrzeughersteller des Volkswagen Konzerns. Im Jahr 2023 erwirtschaftete die MAN Truck & Bus SE einen Umsatz von 14,8 Mrd. € und beschäftigte etwa 36.000 Mitarbeiter. Der Nutzfahrzeug-Absatz betrug rund 116.000 Einheiten, wovon etwa 83.700 Lkw waren. Der Firmenhauptsitz ist in München, wo sich neben der technischen Entwicklung, dem Vertrieb und der Verwaltung die Produktion der schweren Lkw-Reihe mit einem zulässigen Gesamtgewicht (zGG) von 40 t befindet (MAN Truck & Bus SE 2024, S. 1f.).

7.1.1 Ausgangssituation

Nutzfahrzeuge unterscheiden sich von dem klassischen Automobil vor allem in ihrer höheren Produkt- und Variantenvielfalt, bedingt durch ihre nutzungsspezifischen Anforderungen (Beckschulte et al. 2021, S. 116). Die Auswirkungen einer solchen Produkt- und Variantenvielfalt auf die Montageprozesse sind vielfältig. Sie verringert die Losgrößen und erhöht sowohl die Individualität als auch die Komplexität der Produktion, da produzierende Unternehmen vermehrt auf eine flexible, aber weniger wirtschaftliche Werkstattfertigung setzen. Diese interne Komplexität äußert sich in zunehmender Prozessvielfalt, hoher Materialflusskomplexität, schwankenden Durchlaufzeiten, einer kaum vorhersehbaren Auslastung der Montageressourcen sowie hohen Werkzeug- und Betriebsmittelkosten (Lyons et al. 2020, S. 10f.). Weiterhin bleiben Skaleneffekte aus, insbesondere in der Montage, was sich in der Netto-Umsatzrendite widerspiegelt (Ehrlenspiel et al. 2020,S. 294ff.). Diese Effekte und Komplexitätstreiber tragen unter anderem dazu bei, dass der Automatisierungsgrad in der Endmontage nur bedingt ausgeprägt ist und die Anzahl an Mitarbeitern im Montageprozess verhältnismäßig hoch ist. Selbiges gilt für die Qualitätssicherung und Nacharbeit in der Endmontage. Diese Rollen, Tätigkeitsbeschreibungen und Rahmenbedingungen am Arbeitsplatz entsprechen demnach der Rollen- und Aktivitätenbeschreibung in Kapitel 5.2.1 und Kapitel 5.2.2. Der hohe Anteil an Mitarbeitern, die hohe Komplexität der Produkte und Produktionsprozesse erfüllen die Merkmale des geeigneten Untersuchungsbereichs der angewandten Forschung (vgl. Kap. 1.4).

7.1.2 Vorbereitung

Um das Gestaltungsmodell in der industriellen Praxis anwenden zu können, wurde im ersten Schritt das generalisierte Beschreibungsmodell (vgl. Kap. 5) mit den spezifischen Anforderungen des Unternehmens abgeglichen und den speziellen Rahmenbedingungen des Fallbeispiels angepasst. Hierzu zählt unter anderem die modulare Anpassung der Anzahl an Ebenen für die Produkt- und Prozessinformationsmodule. Gleichzeitig wurde die generische Beschreibung der Informationsobjekte konkretisiert.

Im zweiten Schritt wurde der Datenfluss und die Interaktionen zwischen verschiedenen Systemen und Datenbanken im Kontext des Fallbeispiels detailliert dargestellt. Abbildung 7.2 illustriert diese Integration und den Datenfluss zwischen verschiedenen Systemen und Anwendungen, einschließlich MAN Truck & Bus IWH, ATS Inspect und DATAbility. Diese Abbildung zeigt, wie Daten zwischen diesen Systemen ausgetauscht sowie verarbeitet werden und veranschaulicht den schematischen Ablauf der Datenverarbeitung.

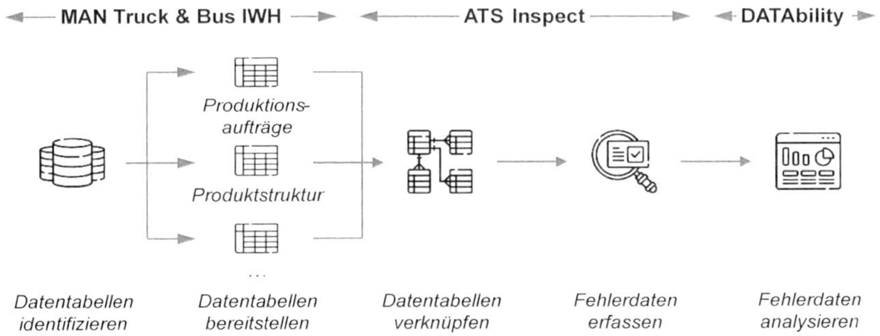

Abbildung 7.2: Schematische Darstellung des Datenflusses von Fallbeispiel 1

Die initiale Identifizierung der relevanten Datentabellen erfolgte für das Fallbeispiel mithilfe des internen IWH (engl. Industrial Warehouse). Dieses System ist essentiell für die Verwaltung, Verarbeitung und Bereitstellung von Daten, die aus verschiedenen Datentabellen stammen. Die Daten aus dem IWH wurden unter Berücksichtigung des Gestaltungsmodells mithilfe von ATS Inspect miteinander verknüpft. Dabei wurden die definierten Entitäten mit den erforderlichen Attributen in Beziehung gesetzt. Abbildung 7.3 zeigt diese modulare Verknüpfung von Entitäten und deren Attributen im Detail. Sie illustriert die Aufteilung der Prozess- und Ressourcenkategorien sowie die Zuordnung von Arbeitsplatzinformationen und Auftragsinformationen zu spezifischen Produkt- und Prüfmerkmalsentitäten. Diese Struktur ermöglicht in der weiteren Anwendung eine detaillierte und produktspezifische Fehlerdokumentation und -analyse.

Die Darstellung in Abbildung 7.3 verdeutlicht, wie die verschiedenen Ebenen der Produkt- und Prozessinformationen miteinander interagieren und integriert werden, um eine umfassende und präzise Fehleranalyse zu gewährleisten. Darüber hinaus werden erfasste Fehlerdaten mithilfe einer Anwendung von DATAbility zur Datenanalyse verarbeitet.

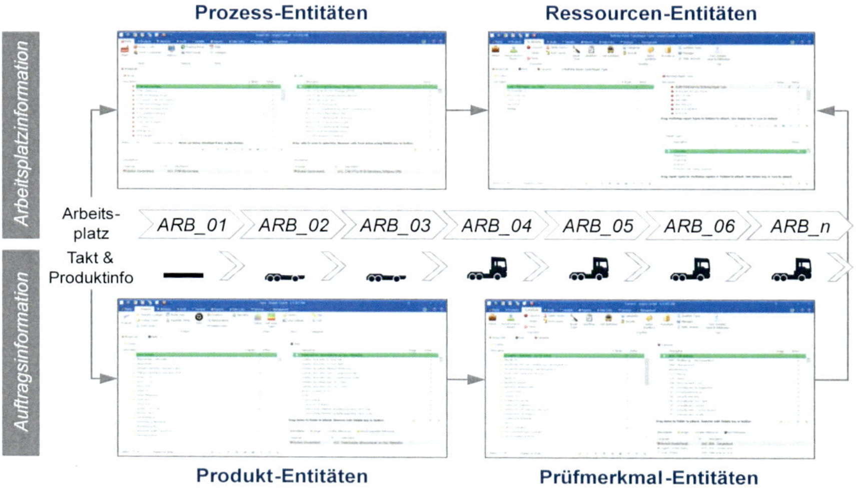

Abbildung 7.3: Ausschnitt der modularen Verknüpfung von Entitäten und Attributen von Fallbeispiel 1

7.1.3 Anwendung

Mithilfe der Anwendung Inspect[4] von ATS konnte das Gestaltungsmodell (vgl. Kap. 6) angelegt und angewendet werden. Der manuelle Fehlerdatenaufnahmeprozess für den Mitarbeiter in der Montage oder der Qualitätssicherung stellt sich dabei wie folgt dar:

Fehlerobjekt: Der erste Schritt für den Mitarbeiter ist die Identifizierung der Unregelmäßigkeit am Bauteil, dem Fehlerobjekt. Dieses stellt eine Pflichtinformation dar. Durch die Auswahl des Bauteils sorgt der Mitarbeiter für eine Kennzeichnung des Bauteils als Fehlerobjekt im Auftrag und für eine Verknüpfung zum Arbeitsplatz, an dem der Mitarbeiter registriert ist. Um die Auswahl des Fehlerobjekts effizient zu gestalten, lassen sich nach der Auftragsauswahl die für den relevanten Montageschrittschnitt priorisierten Bauteile mithilfe von IKT anzeigen. Diese Priorisierung basiert auf einem Abgleich der Stückliste des Gesamtauftrags mit dem registrierten Arbeitsplatz des Mitarbeiters und der dazugehörigen Ressourcen. Eine visuelle Darstellung der für den Auftrag zu verbauenden Bauteile erleichtert die Auswahl des Fehlerobjekts für den Mitarbeiter, siehe Abbildung 7.4. Kann der Fehler keinem spezifischen Bauteil zugewiesen werden, besteht die Möglichkeit, das Fehlerobjekt eine Ebene höher auszuwählen (bspw. bei Problemen mit Zusammenbauten, Parametrierungen oder Dichtig-

[4] *https://www.ats-global.com/de/produkte/ats-inspect/*

keiten). Dies stellt sicher, dass der Mitarbeiter möglichst wenig Taktzeit bei der Dokumentation verliert. Häufig ausgewählte Fehlerobjekte werden durch vergangene Auswahlhäufigkeiten zusätzlich hervorgehoben.

Fehlerposition: Im zweiten Schritt wird die Auswahl des Fehlerobjekts konkretisiert. Hierbei kann der Mitarbeiter an dem ausgewählten Bauteil die Fehlerposition markieren. Idealerweise steht ihm dazu entsprechende IKT bereit, siehe Abbildung 7.4. Dies bietet auch einen zusätzlichen Nutzen für die Nacharbeit, da die betroffene Fehlerposition schneller identifiziert werden kann.

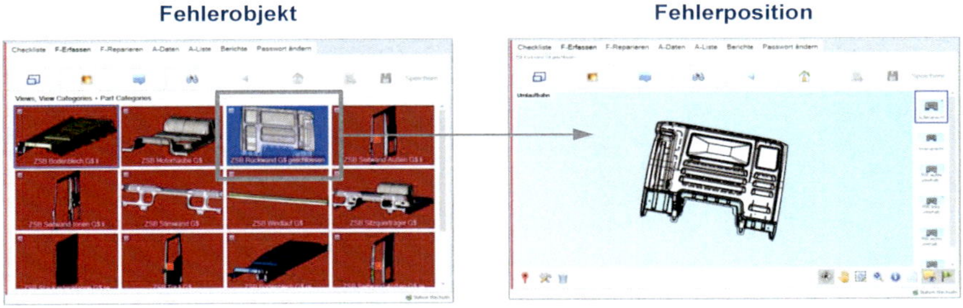

Abbildung 7.4: Auswahl des Fehlerobjekts und der Fehlerposition von Fallbeispiel 1

Fehlerart: Der dritte Schritt basiert auf den unternehmensspezifischen Fehlerarten. Diese Pflichtinformation ist für nachfolgende Analysen wesentlich. Eine Taxonomie zwischen Fehlerobjekt und Fehlerart minimiert die Auswahlmöglichkeiten und beschleunigt den Dokumentationsprozess.

Ergänzungen: Im Rahmen der Anwendung kann den Fehlerdaten Freitextinformation oder ein Bild angefügt werden, bevor der Aufnahmeprozess abgeschlossen wird, solange die IKT dies ermöglicht. Automatisch ergänzt werden unter anderem Angaben des Fehlererfassers, des Arbeitsplatzes und des Verbauorts des Fehlerobjektes. Dies ermöglicht gezielte Rückfragen an die Erfasser und verbessert die spezifischen Analysemöglichkeiten.

Durch die Datenanalyse-Anwendung von DATAbility[5] können die zuvor erfassten Fehlerdaten strukturiert und systematisch analysiert und visualisiert werden. Basierend auf den definierten Entitäten ist es möglich, nach diesen zu filtern und zu analysieren, siehe linke Hälfte der Abbildung 7.5. Mithilfe der Anwendung können darüber hinaus auch Korrelationen und Cluster identifiziert werden und somit Fehlerzusammenhänge aufgezeigt werden, die zuvor unbekannt waren, siehe rechte Hälfte der Abbildung 7.5.

[5] *https://datability.ai/*

Abbildung 7.5: Ausschnitt des Fehleranalyse-Dashboards von Fallbeispiel 1

7.1.4 Evaluation

Die Evaluation spielt eine zentrale Rolle in der wissenschaftlichen Bewertung von Sachverhalten. Dabei konzentriert sich auf verschiedene Bewertungskriterien wie die Effektivität, Effizienz, Akzeptanz und Nachhaltigkeit. Die Ergebnisse dienen primär der Verbesserung der bewerteten Ausganssituation und unterstützen Entscheidungsprozesse bezüglich deren Weiterführung und Nutzung (Döring 2023, S. 953). Die nachfolgende qualitative Evaluation beschreibt zusammenfassend die Zielsetzung, methodische Umsetzung, Ergebnisse sowie das rollenbasierte Feedback und Fazit des Fallbeispiels:

Zielsetzung: Die Zielsetzung dieses Fallbeispiels bestand darin, die Effizienz in manuellen Montageprozessen zu steigern, indem Mitarbeiter befähigt werden, produktbezogene Bauteil- und Funktionsfehler systematisch und gezielt zu erfassen. Die Grundlage dafür stellte das entwickelte Gestaltungsmodell dar (vgl. Kap. 6).

Methodische Umsetzung: Für die Anwendung des Gestaltungsmodells wurde die Anwendung Inspect verwendet. Der Prozess begann mit der Identifizierung des Fehlerobjekts, wobei der Mitarbeiter das betroffene Bauteil bzw. die Bauteilgruppe auswählte und als Fehlerobjekt kennzeichnete. Diese Auswahl wurde durch eine visuelle Darstellung der zu verbauenden Bauteile unterstützt, was den Mitarbeitern eine klare und intuitive Möglichkeit der Bedienung bot, Fehler schnell zu identifizieren und lokalisiert zu dokumentieren. Anschließend wurde die genaue Fehlerposition am ausgewählten Bauteil markiert. Diese Markierung erleichterte die Nacharbeit erheblich, da die Verantwortlichen präzise wussten, wo der Fehler aufgetreten war. Schließlich wurde die Fehlerart anhand einer unternehmensspezifischen Taxonomie festgelegt, wodurch eine konsistente Klassifizierung und Analyse der Fehlerarten ermöglicht wurde. Ergänzende Informationen konnten in Form von Freitext oder aufgenommenen Bildern hinzugefügt werden, sofern dies mit der IKT technisch möglich war. Diese zusätzliche Information unterstützte die tiefere Analyse und das Verständnis der Fehlerursachen.

Ergebnisse: Die Anwendung des Gestaltungsmodells zeigte auf, dass die Fehlererfassungszeit um durchschnittlich rund 30 % reduziert werden konnte, was die Effizienz der Dokumentation innerhalb der manuellen Montageprozesse signifikant steigerte. Die strukturierte Bereitstellung von Daten und Informationen zur Auftragssteuerung ermöglichte eine effektive Nacharbeitssteuerung sowie auftrags- und bauteilspezifische Analysen. Mithilfe von DATAbility konnten Korrelationen und Cluster identifiziert werden, was zu einer verbesserten Fehleranalyse und nachhaltigen Behebung beitrug. Unter anderem zeigten die Analyseergebnisse, dass bestimmte Fehler häufig in Verbindung mit spezifischen Bauteilen oder Arbeitsprozessen auftraten, was gezielte Verbesserungsmaßnahmen ermöglichte. Ein wesentlicher Bestandteil der nachgelagerten Fehleranalyse war die Nutzung der erfassten Daten für die kontinuierliche Verbesserung der Produktionsprozesse. Die strukturierte und systematisierte Erfassung der Fehlerdaten ermöglichte es, umfangreiche Datensätze zu generieren, die dann mithilfe von DATAbility analysiert wurden. Durch die Identifizierung von Korrelationen und Clustern konnten Muster erkannt werden, die auf systematische Abweichungen und Probleme hinwiesen. Dies ermöglichte es, gezielte Maßnahmen zur Fehlerbehebung und Prozessoptimierung einzuleiten. Bspw. konnte durch die Analyse festgestellt werden, dass bestimmte Fehler immer wieder in bestimmten Montageschritten oder bei der Verwendung bestimmter Materialien auftraten. Diese Erkenntnisse wurden genutzt, um die entsprechenden Prozesse anzupassen und die Fehlerursachen nachhaltig zu beseitigen. Darüber hinaus ermöglichte die Analyse der Fehlerdaten gezieltere Qualitätskontrollen, wodurch die Fehlerhäufigkeit weiter reduziert werden konnte.

Rollenbasiertes Feedback: Die Rückmeldung der involvierten Mitarbeiter war überwiegend positiv, insbesondere in Bezug auf die Benutzerfreundlichkeit und die visuelle Unterstützung bei der Fehleridentifizierung. Die intuitive Benutzeroberfläche von Inspect und die strukturierte und systematisierte Vorgehensweise zur Fehlererfassung wurden als besonders hilfreich hervorgehoben. Herausforderungen bestanden in der initialen Schulung der Mitarbeiter und der Integration der Pilotanwendung in bestehende Prozesse. Diese Herausforderungen konnten durch gezielte Schulungsmaßnahmen und eine schrittweise Einführung des Systems erfolgreich umgesetzt werden. Die Mitarbeiter berichteten, dass sie sich durch das neue System besser unterstützt fühlten und die Fehlererfassung weniger zeitaufwendig und fehleranfällig war. Zusätzlich betonten die Mitarbeiter, dass die strukturierte Fehlerdatenerfassung die Qualität und Verlässlichkeit der erfassten Daten signifikant steigerte. Dies trug maßgeblich zu einer schnelleren, präziseren und effizienteren Fehleranalyse bei, da die verbesserten Daten eine detailliertere und aussagekräftigere Analyse ermöglichten. Die erhöhte Datenqualität führte dazu, dass Korrelationen und Muster in den Fehlern schneller und genauer identifiziert werden konnten, was die Umsetzung gezielter Verbesserungsmaßnahmen beschleunigte. Insgesamt bewerteten die Mitarbeiter das System als großen Fortschritt für die kontinuierliche Verbesserung der Produktionsprozesse und die proaktive Fehlerbehebung.

Fazit: Die Ergebnisse des Fallbeispiels zeigen, dass das entwickelte und angewandte Gestaltungsmodell zur Systematisierung der Fehlerdatenerfassung im manuellen Montageprozess maßgeblich zur Effizienzsteigerung beigetragen hat. Insgesamt verdeutlicht das Fallbeispiel die Relevanz und den Nutzen einer systematischen und umfassenden Fehlerdatenerfassung und -analyse für die Wettbewerbsfähigkeit produzierender Unternehmen. Durch die gezielte Erfassung und Analyse von Fehlerdaten konnten Verbesserungen in den Montageprozessen erzielt werden, was die Qualität der produzierten Produkte erhöhte und die Kundenzufriedenheit steigerte.

7.2 Fallbeispiel 2: KRONE Business Center GmbH & Co. KG

Die KRONE Business Center GmbH & Co. KG gehört als Tochtergesellschaft der KRONE Nutzfahrzeug-Gruppe an, die sich auf die Produktion und den Vertrieb von Lkw-Anhängern und Sattelaufliegern in der Nutzfahrzeugindustrie spezialisiert hat (Bernard KRONE GmbH & Co. KG 2019, S. 1). Im Geschäftsjahr 2021/2022 erzielte die Gruppe einen Umsatz von 1,7 Mrd. € und beschäftigte rund 2.800 Mitarbeiter (Bernard KRONE GmbH & Co. KG 2023, S. 1; Traktuell 2021). Der Sitz der KRONE Business Center GmbH & Co. KG befindet sich in Haselünne, wo neben der IT auch die Kreditorenbuchhaltung angesiedelt ist (Bernard KRONE GmbH & Co. KG 2019, S. 1).

7.2.1 Ausgangssituation

Die Produktion von Lkw-Anhängern und Sattelaufliegern ist durch eine hohe Produkt- und Variantenvielfalt geprägt, die auf unterschiedliche Nutzungsanforderungen zurückzuführen ist (Sonntag & Glück 2023, S. 8). Diese Vielfalt hat vielfältige Auswirkungen auf die Montageprozesse. Hierzu zählen kleinere Losgrößen und die hohe Individualität der Produkte, die die Komplexität der Produktion erhöhen. Diese interne Komplexität zeigt sich in einer Vielzahl von Prozessen und Systemen, einer komplexen Materialflusssteuerung, schwankenden Durchlaufzeiten und einer schwer vorhersagbaren Auslastung der Montagekapazitäten (Hüttenrauch & Baum 2008, S. 1ff.). Hinzu kommen erhöhte Kosten für Werkzeuge und Betriebsmittel (Günther et al. 2023, S. 465f.; Brecher et al. 2008, 18ff.). Die Komplexität der Produkte und Prozesse führt dazu, dass der Automatisierungsgrad in der Endmontage begrenzt ist und eine hohe Anzahl an Mitarbeitern erforderlich ist (Sonntag & Glück 2023, S. 9; Günther et al. 2022, S. 190). Dies betrifft auch die Funktionen des Prüfstands und der Produktabnahme. Die in Kapitel 5.2.1 und Kapitel 5.2.2 beschriebene Rollen- und Aktivitätenbeschreibung definiert die Arbeitsbedingungen. Aufgrund des hohen Anteil manueller Tätigkeiten und der Produktionskomplexität stellt dieser Bereich einen geeigneten Untersuchungsbereich für die Anwendung des Gestaltungsmodells dar (vgl. Kap. 1.4 und 6).

7.2.2 Vorbereitung

In Vorbereitung auf die Pilotierung des Gestaltungsmodells mithilfe der KRONE Business Center GmbH & Co. KG wurde eine Informationsbedarfsanalyse der spezifischen Anforderungen und Bedingungen der Anhänger- und Aufliegerproduktion durchgeführt. Dabei lag der Fokus auf der Identifikation relevanter Montageprozesse und Systemschnittstellen, um einen Transfer zum Beschreibungsmodell zu gewährleisten.

Ein erster Schritt bestand darin, das generalisierte Beschreibungsmodell (vgl. Kap. 5) mit den spezifischen Ergebnissen der Informationsbedarfsanalyse abzugleichen. Redundant zu der Vorbereitung in Kapitel 7.1.2 lag der Fokus auf der Modifikation der Informationsmodule des Modells, um die komplexen und variantenreichen Produktionsprozesse von Anhängern und Aufliegern adäquat abzubilden. Hierbei wurden detaillierte Prozessbeschreibungen und spezifische Anforderungen der verschiedenen Produktionsschritte erarbeitet, um eine spätere präzise Fehlerdatenerfassung zu ermöglichen.

Im zweiten Schritt wurden die Ursprungssysteme der Informationen des bestehenden Produktionsumfelds ermittelt. Die Rückverfolgung der vorhandenen Datenflüsse und Interaktionen zwischen den verschiedenen Systemen wurden dokumentiert und analysiert. Dies ermöglichte die Anpassung des Gestaltungsmodells an die spezifischen Produktionsabläufe. Ein zentraler Bestandteil war die Identifikation und Analyse der relevanten Datentabellen, die aus einer SAP-Anwendung des Unternehmens stammten (Sonntag & Glück 2023, S. 9). Die relevanten Datentabellen wurden ausgewählt und hinsichtlich ihrer Eignung für die Fehlerdatenerfassung und -analyse bewertet. Zusätzlich zu der Erfassung der Fehlerdaten in SAP wurden diese lokal mithilfe von MS Excel dokumentiert. Die doppelte Erfassung war in der Vergangenheit einer notwendigen Flexibilität geschuldet und ergänzte die strukturierten Daten aus dem SAP-System durch zusätzliche, situativ erfasste Daten. Diese Vorgehensweise stellte sicher, dass alle relevanten Fehlerdaten erfasst und in die anschließende Analyse einbezogen werden konnten.

Im dritten Schritt wurde der Datenfluss zwischen den verschiedenen internen Systemen und Datenbanken des Unternehmens detailliert dargestellt. Abbildung 7.6 gibt die Integration und den Datenfluss zwischen dem SAP-System, Excel und der Analyseanwendung DATAbility schematisch wieder. Diese schematische Darstellung verdeutlicht den Ablauf der Datenverarbeitung von der Erfassung über die Integration bis hin zur Analyse. Die initiale Identifizierung und Verknüpfung der relevanten Datentabellen erfolgte unter Berücksichtigung des Gestaltungsmodells (vgl. Kap. 6). Die Daten aus SAP wurden mit den lokal in Excel erfassten Daten kombiniert und in DATAbility integriert. Dies Analyseanwendung ermöglichte eine umfassende und strukturierte Auswertung der Fehlerdaten.

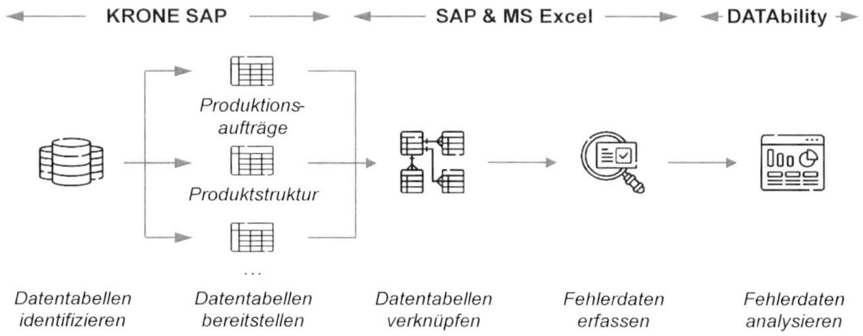

Abbildung 7.6: Schematische Darstellung des Datenflusses von Fallbeispiel 2

Um die Vorbereitung zu vervollständigen, wurden Schulungsmaßnahmen für die Mitarbeiter geplant und durchgeführt. Diese Schulungen zielten darauf ab, die Mitarbeiter mit dem zugrundeliegenden Gestaltungsmodell, den angepassten Prozessen und der verwendeten Anwendung vertraut zu machen.

7.2.3 Anwendung

Die Anwendung des Gestaltungsmodells begann mit einer Schulungsphase für die Mitarbeiter, die im Montage- und Prüf- und Abnahmeprozess tätig sind. Das Ziel war es, die Anwender mit Anpassungen in der Fehlerdokumentation vertraut zu machen und ihnen die Vorteile der systematischen Fehlerdatenerfassung zu erläutern. Der Prozess der Fehlererfassung wurde durch ein modifiziertes MS Excel-Template ermöglicht, das speziell auf die Bedürfnisse der Mitarbeiter in den jeweiligen Montageschritten zugeschnitten war. Der Ablauf der manuellen Fehlerdatenerfassung gestaltete sich wie folgt:

Fehlerobjekt: Der erste Schritt für die Mitarbeiter ist die Identifizierung der Unregelmäßigkeit an einem Bauteil oder einer Baugruppe, dem sogenannten Fehlerobjekt. Die Auswahl des Fehlerobjekts erfolgte durch die Auswahl des betroffenen Bauteils aus einem Dropdown-Menü im Template. Hierbei wurde vorab eine Priorisierung der relevanten Bauteile und Baugruppen basierend auf den aktuellen Produktionsaufträgen ermöglicht.

Fehlerart: Nachdem das Fehlerobjekt identifiziert ist, haben die Mitarbeiter die Art des Fehlers spezifiziert. Die Fehlerart kann anhand einer unternehmensspezifischen Taxonomie ausgewählt werden, ähnlich der Anwendung in Kapitel 7.1.3. Diese Klassifizierung ermöglicht eine konsistente Dokumentation und Analyse der Fehler. Die Taxonomie ist ebenfalls darauf ausgelegt, die Auswahlmöglichkeiten zu minimieren und den Dokumentationsprozess zu beschleunigen, wodurch eine präzise Fehleranalyse unterstützt wird.

Fehlerposition: In diesem Schritt wird die genaue Fehlerposition am ausgewählten Bauteil beschrieben. Im Rahmen der Pilotierung dient hierzu eine Rasterbeschreibung, dass potenzielle Fehlerpositionen vorgibt. Die Lokalisierung ist entscheidend für eine effiziente Steuerung der Nacharbeit, da sie den Verantwortlichen ermöglichte, den Fehler schnell und zielgerichtet zu beheben.

Ergänzende Informationen: Zusätzlich zur Erfassung können die Mitarbeiter Freitextinformationen hinzufügen, um die Fehlerdokumentation mit weiteren Informationen anzureichern. Diese zusätzlichen Informationen ermöglichten eine tiefere Analyse und ein besseres Verständnis der Fehlerursachen. Automatisch wurden Angaben des Fehlererfassers, des Arbeitsplatzes und des Montageabschnitts ergänzt, um eine gezielte Rückverfolgung und Analyse zu ermöglichen.

Hinweis: Aufgrund von Limitierungen in der Verfügbarkeit und Bereitstellung von Daten für die Pilotierung ist das Fallbeispiel ohne 2D und 3D-Darstellungen der Bauteile und Baugruppen durchgeführt worden. Somit ist das Fehlerobjekt lediglich textuell über den Namen und Bauteil-ID beschrieben. Ein Einfluss auf die Anwendbarkeit des Gestaltungsmodells wurde dabei nicht festgestellt.

Durch diese strukturierte und systematische Erfassung der Fehlerdaten ist sichergestellt, dass eine unmittelbare Weiterverarbeitung und Analyse der Fehlerdaten ermöglicht wird, was zu einer schnelleren Identifikation und Behebung von Fehlern führt. Durch den Einsatz von IKT waren die Mitarbeiter in der Lage, Fehler direkt vor Ort zu dokumentieren.

Mithilfe der Datenanalyse-Anwendung von DATAbility können die Fehlerdaten systematisch analysiert werden. Abbildung 7.7 zeigt das Fehleranalyse-Dashboard, das verschiedene Filtermöglichkeiten und Visualisierungen zur Identifizierung von Korrelationen und Clustern bietet. Diese analytischen Funktionen ermöglichten eine detaillierte Untersuchung der Fehlerdaten und die Identifikation bisher unbekannter Fehlerzusammenhänge.

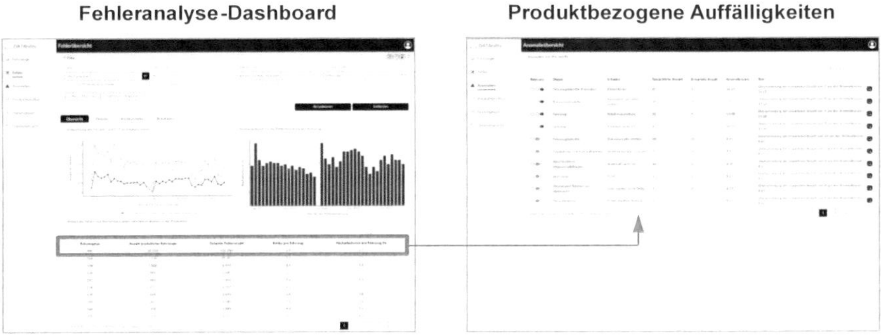

Abbildung 7.7: Ausschnitt des Fehleranalyse-Dashboards von Fallbeispiel 2

7.2.4 Evaluation

Die qualitative Evaluation des zweiten Fallbeispiels beschreibt in selbiger Struktur zu Kapitel 7.1.4 die Zielsetzung des Fallbeispiels, deren methodische Umsetzung, Ergebnisse sowie das rollenbasierte Feedback und ein zusammenfassendes Fazit. Der Fokus liegt dabei auf der Verbesserung der Ausgangssituation durch die Anwendung des Fallbeispiels (Döring 2023, S. 953):

Zielsetzung: Die Zielsetzung des Fallbeispiels war es, die Effizienz in Prozessen der manuelle Montage, des Prüfstandes und des Produktabnahme steigern, indem diese befähigt werden, produktbezogene Bauteil- und Funktionsfehler systematisch zu erfassen. Die Basis dafür stellte das entwickelte Gestaltungsmodell dar (vgl. Kap. 6).

Methodische Umsetzung: Für die Implementierung des Gestaltungsmodells wurden zunächst die relevanten Datentabellen aus dem SAP-System identifiziert und hinsichtlich ihrer Eignung für die Fehlerdatenerfassung bewertet. Die Fehlerdaten wurden sowohl in SAP als auch lokal in Excel erfasst, was eine flexible und umfassende Datenerfassung ermöglichte. Die Mitarbeiter wurden in einer Schulungsphase mit dem neuen Erfassungsprozess vertraut gemacht. Die Fehlererfassung erfolgte über ein modifiziertes Excel-Template, das eine benutzerfreundliche Oberfläche bot und die systematische Erfassung von Fehlerobjekten, Fehlerarten, Fehlerpositionen und ergänzenden Informationen ermöglichte. Die erfassten Daten wurden anschließend in eine Anwendung von DATAbility integriert, um eine strukturierte und umfassende Analyse zu ermöglichen. Durch regelmäßige Feedback-Schleifen bei der Pilotierung wurde sichergestellt, dass die Mitarbeiter ihre Erfahrungen einbringen konnten und das System kontinuierlich optimiert wurde.

Ergebnisse: Die Implementierung des Gestaltungsmodells führte zu einer signifikanten Reduktion der Fehlererfassungszeit um durchschnittlich 20 %. Die strukturierte Erfassung und Analyse der Fehlerdaten ermöglichte eine schnellere Identifikation von Fehlerursachen und eine zielgerichtete Behebung. Durch die systematische Datenerfassung konnten spezifische Muster und Korrelationen identifiziert werden, die zuvor nicht sichtbar waren. Diese Erkenntnisse führten zu gezielten Verbesserungsmaßnahmen in den Produktionsprozessen, was die Qualität der produzierten Anhänger und Sattelauflieger signifikant steigerte. Die Effizienz am Prüfstand, der Produktabnahme und der Nacharbeit wurde durch die präzise Lokalisierung der Fehlerpositionen erheblich verbessert. Insgesamt trug die Anwendung des Gestaltungsmodells dazu bei, die Produktionsprozesse effizienter zu gestalten und die Fehlerquote zu reduzieren.

Rollenbasiertes Feedback: Die Rückmeldungen der Mitarbeiter waren in diesem Fallbeispiel überwiegend positiv. Die Benutzerfreundlichkeit des Excel-Templates und die klare Strukturierung der Fehlererfassungsprozesse wurden besonders hervorgehoben. Die Möglichkeit, Fehler direkt, schnell und strukturiert erfassen zu können, wurde als Vorteil empfunden. Herausforderungen bestanden in der initialen Schulung der Mitarbeiter und der Integration des neuen Systems in die bestehenden Prozesse. Diese

Herausforderungen konnten durch Schulungsmaßnahmen und eine schrittweise Einführung bewältigt werden. Die Mitarbeiter berichteten, dass sie sich durch das neue System besser unterstützt fühlten und die Fehlererfassung weniger zeitaufwendig und fehleranfällig war. Die strukturierte Fehlerdatenerfassung führte zu einer Verbesserung der Datenqualität, was die Fehleranalyse und -behebung erheblich erleichterte. Lediglich eine bildhafte Erfassung (bspw. mithilfe von 2D- und 3D-Darstellungen der Bauteile) wurde als wünschenswert empfunden.

Fazit: Die Ergebnisse des zweiten Fallbeispiels zeigen, dass das entwickelte und angewandte Gestaltungsmodell zur Systematisierung der Fehlerdatenerfassung im manuellen Montageprozess wesentlich zur Effizienzsteigerung beitrug. Auch das zweite Fallbeispiel verdeutlicht die Relevanz und den Nutzen einer systematischen Fehlerdatenerfassung und -analyse für die Wettbewerbsfähigkeit produzierender Unternehmen. Durch die gezielte Erfassung und Analyse von Fehlerdaten konnten signifikante Verbesserungen in den Montageprozessen erzielt werden, was eine Steigerung der Qualität mit sich brachte. Die positiven Rückmeldungen der Mitarbeiter und die erzielten Effizienzgewinne bestätigen die Wirksamkeit des Gestaltungsmodells und dessen Potenzial für eine weitergehende Anwendung in anderen Bereichen der Produktion.

7.3 Zwischenfazit zur Modellanwendung

Das Gestaltungsmodell zur Systematisierung der Fehlerdatenerfassung im manuellen Montageprozess wurde erfolgreich in zwei industriellen Fallbeispielen angewendet und evaluiert. Diese Fallstudien, durchgeführt bei der MAN Truck & Bus SE und der KRONE Business Center GmbH & Co. KG, demonstrieren die praktische Anwendbarkeit und den Nutzen des entwickelten Modells.

In beiden Fallbeispielen zeigte sich, dass das Gestaltungsmodell maßgeblich zur Effizienzsteigerung in der manuellen Montage beitrug. Die strukturierte und systematische Fehlerdatenerfassung ermöglichte eine signifikante Reduktion der Fehlererfassungszeit, wobei bei MAN Truck & Bus SE eine Reduktion um 30 % und bei KRONE Business Center GmbH & Co. KG um 20 % erzielt wurde. Wohlwissend, dass Dokumentationsaufwände nicht wertschöpfend sind und häufig während bereits ausgeplanter Arbeitstakte erfolgen müssen, weshalb die Bereitschaft dafür häufig nur unzureichend vorhanden ist (Beckschulte et al. 2023c, S. 18). Gleichzeitig führte die systematische und strukturierte Fehlerdatenaufnahme zu einer verbesserten Fehleranalyse und einer gezielten Fehlerbehebung, was letztlich die Qualität der produzierten Produkte erhöhte und die Kundenzufriedenheit steigerte.

Die modulare und technologisch unabhängige Struktur des Modells erwies sich als flexibel und anpassbar an spezifische Unternehmens- und Anwendungsfälle. Die vier Module des Modells berücksichtigten sowohl technische als auch menschliche Faktoren, was zu einer umfassenden und präzisen Fehlerdokumentation und -analyse führte. Die Anwendung der Datenanalyse-Anwendung DATAbility ermöglichte eine verstärkte Visualisierung sowie die Identifikation von Korrelationen und Mustern, die zuvor unbekannt waren, und unterstützte gezielte Verbesserungsmaßnahmen in den Produktionsprozessen (vgl. Kap. 6.3).

Trotz der positiven Ergebnisse gab es einige Herausforderungen bei der Implementierung des Modells. Die initiale Schulung der Mitarbeiter und die Integration der neuen Prozesse in bestehende Systeme erforderte Zeit und Ressourcen. Insbesondere im zweiten Anwendungsfall wurde der Wunsch nach einer bildhaften Erfassung der Fehlerobjekte geäußert, was in der Pilotphase aufgrund von Limitierungen nicht umgesetzt werden konnte. Die Mitarbeiter gaben jedoch überwiegend positives Feedback zur Benutzerfreundlichkeit und zur verbesserten Unterstützung durch das neue System.

Die erfolgreiche Anwendung des Gestaltungsmodells zeigt in den beiden Fallbeispielen, dass die Systematisierung der manuellen Fehlerdatenerfassung die Fehleranalyse im Montageprozess verbessert. Die gezielte Erfassung und Analyse von Fehlerdaten trägt zur Effizienzsteigerung und Qualitätsverbesserung bei, was die Wettbewerbsfähigkeit produzierender Unternehmen erhöht. Die positiven Rückmeldungen der Mitarbeiter und die erzielten Effizienzgewinne bestätigen die Wirksamkeit des Modells und dessen Potenzial für eine weitergehende Anwendung in anderen Bereichen der Produktion. Das Zwischenfazit verdeutlicht, dass das entwickelte Gestaltungsmodell eine fundierte Grundlage für eine systematische Fehlerdatenerfassung und -analyse bietet und einen wichtigen Beitrag zur Effizienzsteigerung in manuellen Montageprozessen darstellt.

8 Kritische Reflexion

Zunächst werden die im Verlauf des Forschungsprozesses gewonnenen Erkenntnisse in Kapitel 8.1 zusammengefasst. Unter Berücksichtigung des zugrunde liegenden heuristischen Bezugsrahmens werden in Kapitel 8.2 die Limitationen, die im Rahmen der Arbeit zu beachten sind, aufgeführt. Dabei werden die grundlegenden Annahmen und Einschränkungen berücksichtigt und die methodischen Limitationen aufgezeigt. Abschließend bietet das Kapitel 8.3 einen Ausblick auf den weiterführenden Forschungsbedarf, der sich direkt oder indirekt aus dieser Arbeit ableiten lässt.

8.1 Zusammenfassung

Das *Kapitel 1* verdeutlicht, dass der Paradigmenwechsel von Industrie 4.0 zu Industrie 5.0 nicht nur als Herausforderung, sondern auch als Chance für innovative Lösungen am Wirtschaftsstandort Deutschland verstanden werden muss. Daten besitzen das Potenzial zur Optimierung und Neugestaltung von Produktionsprozessen, was jedoch eine gezielte Erfassung und Analyse von Informationen und Daten erfordert. Im Fokus steht die Befähigung der operativ arbeitenden Mitarbeiter im manuellen Montageprozess, die durch die effiziente Fehlerdatenerfassung und -analyse direkt zur Lösungsfindung und somit zur Steigerung der Produktqualität und Kundenzufriedenheit beitragen. Das Ziel der Arbeit ist es, ein Gestaltungsmodell zur Systematisierung der manuellen Fehlerdatenerfassung im Montageprozess zu entwickeln und zu evaluieren, um eine möglichst effiziente Fehleranalyse und nachhaltige Abstellung zu ermöglichen.

Auf Grundlage der Problemstellung und des heuristischen Bezugsrahmens wird in *Kapitel 2* der Untersuchungsbereich klar abgegrenzt und eine eindeutige Terminologie definiert. Die Arbeit verortet sich im Rahmen der Produktionstheorie der Industriebranche, mit einem besonderen Fokus auf die objektbezogene Arbeit während des manuellen Montageprozesses. Besondere Relevanz hat dabei die Rolle qualifizierter Mitarbeiter in der Sekundärmontage. Zudem entwickelt die Arbeit ein qualitätsbezogenes Begriffsverständnis und grenzt die Systemgrenzen des Fehlermanagements ab.

Die identifizierten Defizite in Forschung und Industrie hinsichtlich der Datenerfassung und -nutzung werden in *Kapitel 3* beschrieben. Basierend auf einer strukturierten Literaturanalyse und einer empirischen Industriestudie zeigt sich, dass methodische oder modellbasierte Ansätze zur Systematisierung der Datenerfassung in Produktion und Fehlermanagement fehlen, obwohl ein erheblicher Bedarf besteht. Auf dieser Erkenntnis basierend wird ein Beschreibungs- und Gestaltungsmodell entwickelt, das diese Bedarfe adressiert.

Das *Kapitel 4* stellt das methodische Vorgehen der Modellentwicklung vor, das auf einer iterativen Herangehensweise basiert und in drei Iterationsschritten und Modellierungsstufen gegliedert ist. Diese systematische und wissenschaftlich fundierte Vorgehensweise bei der Beantwortung der TFF betont die Bedeutung der kontinuierlichen

Verbesserung und Anpassung des Modells an reale Gegebenheiten, um die wissenschaftliche und praktische Relevanz zu optimieren.

Der Informationsbedarf kann durch das vorhandene Informationsangebot gedeckt werden, sofern eine präzise Fehlerdokumentation vorliegt, so die Erkenntnisse der Informationsbedarfsanalyse in *Kapitel 5*. Die Analyseergebnisse zeigen weiterhin auf, dass sich Fehleranalysen in der Regel auf Häufigkeits- und Wahrscheinlichkeitsverteilungen fokussieren, um eine ausreichende Informations- und Wissensbasis als Entscheidungsgrundlage zu schaffen. Aus diesem Grund wird der Analyseschwerpunkt auf die statistischen Methoden der Visualisierung, Korrelation und des Clusterings gelegt. Basierend auf den Arbeitsergebnissen der Informationsbedarfsanalyse ist ein funktionales Informationsmodell als Beschreibungsmodell entwickelt worden. Das entwickelte Modell umfasst vier Module, jeweils ein Produkt-, Prozess-, Ressourcen- und Fehlermanagementinformationsmodul.

Auf Basis des Informationsmodells entsteht in *Kapitel 6* ein konzeptionelles Datenmodell als Gestaltungsmodell für die zielgerichtete Fehlerdatenerfassung im manuellen Montageprozess. Dieses Modell umfasst ebenfalls vier Module, die des Produkt-, Prozess-, Ressourcen- und Fehlermanagementmoduls. Diese Module berücksichtigen sowohl technische als auch menschliche Faktoren und bieten einen strukturierten Ansatz zur Definition relevanter Entitäten, Attribute und Beziehungen im Kontext der Fehleranalyse. Die graphenbasierte Modellierung unterstützt dabei die Fehleranalyse durch Visualisierung, Korrelation und Clustering. Das Modell ist modular erweiterbar und technologisch unabhängig, wodurch es an spezifische Unternehmens- und Anwendungsfälle angepasst werden kann.

In *Kapitel 7* wird das Gestaltungsmodell im Rahmen des Forschungsprojekts *value chAIn* an zwei Fallbeispielen in zwei produzierenden Unternehmen angewendet und evaluiert. Die Ergebnisse werden in einem Zwischenfazit zusammengefasst, um die praktische Anwendbarkeit und Wirksamkeit des Modells zu überprüfen. Es steigert die Effizienz und Qualität in der manuellen Montage und beantwortet die FLF. Die FLF, die für diese Arbeit handlungsleitend war, lautete:

Kann die Fehleranalyse im Montageprozess durch die Systematisierung der manuellen Fehlerdatenerfassung verbessert werden?

Durch das methodische Vorgehen entlang des Forschungsprozesses, der positiven Beantwortung der einzelnen TFF sowie dem Nachweis der praktischen Relevanz des Modells kann die FLF bejaht werden. Durch die Veröffentlichung der Arbeitsergebnisse findet der Forschungsprozess seinen Abschluss (Witte 1981, S. 32).

8.2 Limitationen

Im Rahmen der Modellentwicklung sowie der zugrunde liegenden methodischen Vorgehensweise wurden verschiedene Annahmen und Einschränkungen formuliert und getroffen, die bei der Interpretation und Anwendung der Forschungsergebnisse berücksichtigt werden müssen. Nachfolgend sind die Limitationen aufgeführt und erläutert.

Eine Limitation ist die *begrenzte Anwendbarkeit* auf verschiedene Industrien. Das Modell wurde spezifisch für manuelle Montageprozesse entwickelt. In automatisierten oder teilautomatisierten Prozessen könnte die Effektivität des Modells von den erzielten Ergebnissen abweichen, da sich die Dynamik und die Anforderungen an die Fehlerdatenerfassung unterscheiden.

Eine weitere Limitation ist die *Abhängigkeit von der Mitarbeitermotivation*. Der Erfolg des Modells hängt stark von der Bereitschaft und Motivation der Mitarbeiter in der manuellen Montage ab, Fehler konsequent und präzise zu erfassen. Eine geringe Mitarbeitermotivation oder mangelnde Sorgfalt bei der Fehlerdatenerfassung kann die Effektivität des Modells erheblich beeinträchtigen. Hinzu kommen *Schulungsbedarfe*. Die Anwendung des Modellansatzes erfordert Schulungen der Mitarbeiter, um sicherzustellen, dass sie die damit zusammenhängenden Prozesse und Anwendungen effektiv nutzen können. Diese Schulungen sind sowohl zeit- als auch kostenintensiv, was insbesondere für KMU eine Belastung darstellen kann.

Darüber hinaus spielen weitere menschliche Faktoren eine zu berücksichtigende Rolle bei der Anwendung des Modells. *Psychologische und soziokulturelle Faktoren* auf allen Unternehmensebenen können die Anwendung und Akzeptanz des Modells stark beeinflussen, bspw. die Bereitschaft zur Veränderung, Schaffung von Transparenz im Fehlermanagement und interne Unternehmenspolitik.

Zusätzlich sind bestimmte *technologische Voraussetzungen* notwendig (bspw. der Einsatz moderner IKT, geeignete Hard- oder Software), um das Modell erfolgreich implementieren zu können, die im Kontext dieser Arbeit gezielt vernachlässigt wurden (Faber 2019, S. 37f.). Nicht jedes Unternehmen verfügt über die erforderlichen technologischen Ressourcen und die notwendige Infrastruktur. Dies kann insbesondere für KMU mit begrenzten IT-Kapazitäten eine signifikante Herausforderung darstellen (Beckschulte et al. 2023b, S. 61).

Ein zentrales Element des Modells ist die Qualität der erfassten Daten. Die *Datenqualität und -konsistenz* kann stark variieren und ist maßgeblich von der Genauigkeit und Sorgfalt der Mitarbeiter bei der Datenerfassung abhängig. Ungenaue oder inkonsistente Daten können die Fehleranalyse und die daraus resultierenden Maßnahmen erheblich beeinträchtigen. Nichtsdestotrotz bieten das Informationsmodell und das Datenmodell Modellvorlagen, an deren sich orientiert werden kann.

Schließlich ist die *empirische Validierung* des Modells eine aufzuführende Limitation. Die Evaluation basiert auf zwei industriellen Fallbeispielen, die möglicherweise nicht alle möglichen Szenarien und Herausforderungen abdecken, die in unterschiedlichen Unternehmen auftreten können. Eine umfängliche Validierung und weitere Fallbeispiele sind notwendig, um die Generalisierbarkeit und Robustheit des Modells umfassend zu bestätigen.

8.3 Ausblick

Das im Kontext der Arbeit entwickelte Gestaltungsmodell zur Systematisierung der Fehlerdatenerfassung im manuellen Montageprozess stellt das zentrale Ergebnis dar. Dieses Modell leistet einen wesentlichen Beitrag zur Minimierung der in Kapitel 1 beschriebenen Problemstellung. Produzierende Unternehmen können sowohl das Beschreibungsmodell als auch das Gestaltungsmodell als *Modellvorlage oder Leitfaden* nutzen, um ein tiefergehendes Verständnis der komplexen Vernetzung zwischen Produktionsprozessen, Fehlermanagement und Informationsmanagement zu etablieren.

Ein Ansatzpunkt für die zukünftige Forschung ist die *Erweiterung des Anwendungsbereichs* des Modells. Während die vorliegende Arbeit sich auf die Systematisierung der Fehlerdatenerfassung konzentriert, könnte das Modell dahingehend erweitert werden, um auch andere Aspekte der Produktionsprozesse zu integrieren. Dies umfasst bspw. die Berücksichtigung von Logistik- und Sicherheitsdaten. Durch eine umfassendere Datenintegration können weitere Effizienzpotenziale in der Produktion erschlossen werden.

Vertiefende Analyseansätze des Modells bieten ebenfalls Potenzial für zukünftige Forschung. Hierbei kann eine detailliertere Analyse und Spezifizierung der einzelnen Module erfolgen, um spezifische Anwendungsfälle noch gezielter zu adressieren. Insbesondere die Integration von Methoden des maschinellen Lernens zur Verbesserung der Fehleranalyse kann vertieft untersucht werden. Dadurch können Fehlerquellen nicht nur erkannt, sondern auch vorhergesagt und präventiv vermieden werden.

Die Erweiterung der *statistischen Methoden*, die zur Fehleranalyse eingesetzt werden, stellt einen weiteren vielversprechenden Forschungsbereich dar. Der Einsatz fortgeschrittener statistischer Techniken wie multivariater Analysen, Zeitreihenanalysen und Predictive Analytics könnte die Genauigkeit und Effizienz der Fehleranalyse weiter verbessern. Zukünftige Arbeiten sollten untersuchen, wie diese Methoden in das bestehende Modell integriert und angewendet werden können, um noch präzisere und umfassendere Einblicke in Fehlerursachen und -muster zu gewinnen.

Die *Automatisierung* stellt einen weiteren Ansatzpunkt für die zukünftige Entwicklung des Modells dar. Insbesondere die *Maschinenlesbarkeit bei der Datenanalyse* sowie die Integration des Modells in automatisierte Prozesse bieten erhebliche Potenziale. Die Entwicklung von Schnittstellen zu bestehenden Produktionssystemen und die Implementierung von Sensorik und Technologien kann die Fehlerdatenerfassung weiter automatisieren und die Reaktionsgeschwindigkeit auf erkannte Fehler erhöhen.

Ein zusätzlicher Ansatzpunkt für zukünftige Entwicklungen ist die stärkere Integration des Mitarbeiters im Montageprozess in die *Wissensrückführung*. Mithilfe von IKT können Mitarbeiter noch stärker und kontinuierlich über erkannte Fehler und deren Ursachen informiert werden. Dies kann nicht nur die Fehlerprävention verbessern, sondern auch das Wissen und die Kompetenz der Mitarbeiter erhöhen. Die Nutzung von bspw.

mobilen Endgeräten und Echtzeit-Kommunikationssystemen könnte dabei unterstützen, das Feedback der Mitarbeiter systematisch zu erfassen und in den kontinuierlichen Verbesserungsprozess zu integrieren.

Zusammenfassend stellt das entwickelte Gestaltungsmodell eine Verbesserung der Fehlerdatenerfassung im manuellen Montageprozess dar, dessen Bedarf in Forschung und Industrie dargelegt werden konnte. Zukünftige Forschungsarbeiten können die genannten Ansatzpunkte vertiefen und erweitern, um die Effizienz und Qualität in der Produktion kontinuierlich zu steigern. Durch die kontinuierliche Anpassung und Erweiterung des Modells kann dessen Anwendungspotenzial voll ausgeschöpft werden.

9 Literaturverzeichnis

Ackoff, R. L.: *From Data to Wisdom*. Journal of Applied Systems Analysis. 16, S. 3–9 (1989).

Ahlemann, F.; Karger, E.; Kreimendahl, S.; Obermeier, S.; Ludwig, D.; Maierhofer, M.; Oetken, P.: *Future IT Report 2021*. Digital Business, Essen (2021).

Ahmer, M.; Sandin, F.; Marklund, P.; Gustafsson, M.; Berglund, K.: *Failure mode classification for condition-based maintenance in a bearing ring grinding machine*. The International Journal of Advanced Manufacturing Technology. 122, S. 1479–1495 (2022).

Alpar, P.; Alt, R.; Bensberg, F.; Grob, H. L.; Weimann, P.; Winter, R.: *Anwendungsorientierte Wirtschaftsinformatik*. 7. Aufl. Springer Vieweg, Wiesbaden (2024).

Anfara, V. A. Jr.; Mertz, N. T.: *Setting the Stage*. In: Anfara, V. A. Jr.; Mertz, N. T. (Hrsg.) Theoretical Frameworks in Qualitative Research, S. 1–23. 2. Aufl. Sage Publications, Kalifornien (2014).

Angée, S.; Lozano-Argel, S. I.; Montoya-Munera, E. N.; Ospina-Arango, J.-D.; Tabares-Betancur M. S.: *Towards an improved ASUM-DM process methodology for cross-disciplinary multi-organization Big Data & Analytics projects*. In: Uden, L.; Hadzima, B.; Ting, I.-H. (Hrsg.) Knowledge Management in Organizations, p 613–624, Springer Nature, Berlin (2018).

Aqlan, F.; Ramakrishnan, S.; Shamsan, A.: *Integrating Data Analytics and Simulation for Defect Management in Manufacturing Environments*. Proceedings of the 2017 IEEE WSC. S. 3940–3951 (2017).

Azevedo, A.; Santos, M. F.: *KDD, SEMMA and CRISP-DM: A Parallel Overview*. Instituto Politécnico do Porto, Porto (2008).

Backhaus, K.; Erichson, B.; Gensler, S.; Weiber, R.; Weiber, T.: *Multivariate Analysemethoden*. 17. Aufl. Springer Gabler, Wiesbaden (2023).

Bankhofer, U.; Vogel, J.: *Datenanalyse und Statistik – Eine Einführung für Ökonomen im Bachelor*. Gabler, Wiesbaden (2007).

Bandte, H.: *Komplexität in Organisationen*. Deutscher Universitäts-Verlag, Wiesbaden (2007).

Bas, E.: *Einführung in Wahrscheinlichkeitsrechnung, Statistik und Stochastische Prozesse*. Springer Vieweg, Wiesbaden (2020).

Beaujean, P.: *Modular gestaltetes reaktives Qualitätsmanagement*. Apprimus Verlag, Aachen (2011).

Beckschulte, S.; Kaden, M.; Pirrone, L.; Schmitt, R. H.; Friedli, T.: *Manufacturing Data Analytics Studie 2023: Status quo und zukünftiges Potenzial von Datenanalysen in produzierenden Unternehmen.* In: Bracke, S.; Heß, P. (Hrsg.) Neue Methoden und Trends in der Qualitätswissenschaft, S. 115–135. Springer Vieweg, Wiesbaden (2025).

Beckschulte, S.; Güngör, B.: *Einführung in Predictive Quality*. In: Schmitt, R. H.; Dietrich, E. (Hrsg.) Handbuch Messtechnik in der industriellen Produktion, S. 771–784. Carl Hanser Verlag, München (2023).

Beckschulte, S.; Huebser, L.; Günther, R.; Schmitt, R. H.: *Datengetriebenes Fehlermanagement in der Produktion*. Zeitschrift für wirtschaftlichen Fabrikbetrieb. 118(4), S. 192–197 (2023a).

Beckschulte, S.; Hinrichs, M. P.; Pirrone, L.; Grothkopp, M.; Sohnius, F.; Schmitt, R. H.; Friedli, T.: *Manufacturing Data Analytics Study 2023 – Empirical Industry Study*. Apprimus Verlag, Aachen (2023b).

Beckschulte, S.; Huebser, L.; Günther, R.; Kaden, M.; Schmitt, R. H.: *Fehlerdatenaufnahme in der manuellen Montage: Informationsbedarfsanalyse für Fehleranalyse und -abstellung im Fehlermanagement*. In: Gröger, S. (Hrsg.) Nachhaltiges Qualitätsdatenmanagement, S. 1–20. Springer Vieweg, Wiesbaden (2023c).

Beckschulte, S.; Buschmann, D.; Schulze, T.; Günther, R.; Schmitt, R. H.: *A survey on information requirements analysis for failure analysis and prediction in production*. Procedia CIRP 120. S. 916–921 (2023d).

Beckschulte, S.; Günther, R.; Kiesel, R.; Schmitt, R. H.: *Quality Improvement Through Data Analysis – Qualification of Failure Management by Standardized Failure Recording in Manual Assembly*. In: Behrens, B. A.; et al. (Hrsg.) Production at the Leading Edge of Technology, S. 574–582. Springer Nature, Cham (2022a).

Beckschulte, S.; Liang, J.; Guenther, R.; Schmitt, R. H.: *Managing Complex Interactions between Production and Failure Management: a System-theoretical Model*. Proceedings of the 2021 IEEE ICECET. S. 1–5 (2022b).

Beckschulte, S.; Schlegel, P.; Günther, R.; Schmitt, R. H.: *Daten sind Gold wert: Warum Datenmanagement für Unternehmen zum Erfolgsfaktor wird*. Qualität und Zuverlässigkeit. 67(5), S. 22–25 (2022c).

Beckschulte, S.; Kiesel, R.; Schmitt, R.H.: *Manuelle Fehleraufnahme bei Mass Customization – Entwicklung eines Prozessmodells zur manuellen Fehlerdatenaufnahme in der Montage am Beispiel eines Nutzfahrzeugherstellers*. Zeitschrift für wirtschaftlichen Fabrikbetrieb. 116(4), S. 188–192 (2021).

Bendzioch, S.; Hinrichsen, S.; Bornewasser, M.: *Produktivität der Montagearbeit*. In: Bornewasser, M; Hinrichsen, S. (Hrsg.) Informatorische Assistenzsysteme in der variantenreichen Montage, S. 113–134. Springer Vieweg, Berlin (2020).

Bernard KRONE GmbH & Co. KG: *Presse-Information: Krone Gruppe steigert Umsatz auf 2,5 Mrd. Euro.* (10.01.2023) In: Richenhagen, S. Zugriff am 02.02.2024. https://www.krone-trailer.com/news/detail/krone-gruppe-steigert-umsatz-auf-25-mrd-euro (2023).

Bernard KRONE GmbH & Co. KG: *Presse-Information: Krone Business Center in Haselünne offiziell eröffnet.* (22.08.2019) In: Richenhagen, S. Zugriff am 02.02.2024. https://www.krone-trailer.com/news/detail/krone-business-center-in-hasel%C3%BCnne-offiziell-er%C3%B6ffnet (2019).

Biethan, J.; Rohrig, N.: *Datenmanagement.* In: Kurbel, K.; Strunz, H. (Hrsg.) Handbuch Wirtschaftsinformatik, S. 737–755. Poeschel Verlag, Stuttgart (1990).

Bilge, P.; Lendzian, H.; Stock, T.: *Standardisierung.* In: Dombrowski, U.; Mielke, T. (Hrsg.) Ganzheitliche Produktionssysteme, S. 66–80. Springer Vieweg, Berlin (2015).

Binder, V. A.; Kantowsky, J.: *Technologiepotenziale: Neuausrichtung der Gestaltungsfelder des strategischen Technologiemanagements.* Deutscher Universitäts-Verlag, Wiesbaden (1996).

Birkmeier, M.: *Messung und Darstellung der Qualität von betrieblichen Informationsflüssen.* Apprimus Verlag, Aachen (2020).

BMBF: *Industrie 4.0: Innovation im Zeitalter der Digitalisierung.* Bundesministerium für Bildung und Forschung, Bonn (2020).

BMWi: *Leitbild 2023 für Industrie 4.0 – Digitale Ökosysteme global gestalten.* Bundesministerium für Wirtschaft und Energie, Berlin (2019).

BMWK: *Schlaglichter der Wirtschaftspolitik – März 2024 Monatsbericht.* Bundesministerium für Wirtschaft und Klimaschutz, Berlin (2024).

Bocij, P.; Greasley, A.; Hickie, S.: *Business Information Systems: Technology, development and management for the modern business.* 6. Aufl. Pearson Eduction Limited, New York (2018).

Brecher, C.; et al.: *Integrative Produktionstechnik für Hochlohnländer.* In: Brecher, C.; Hirt, G.; Klocke, F.; Schapp, L.; Schmitt, R.; Schuh, G.; Schulz, W. (Hrsg.) Wettbewerbsfaktor Produktionstechnik – Aachener Perspektiven, S. 15–40. Apprimus Verlag, Aachen (2008).

Brell, C.; Brell, J.; Kirsch, S.: *Statistik von Null auf Hundert.* 2. Aufl. Springer Spektrum, Berlin (2017).

Breque, M.; De Nul, L.; Petridis, A.: *Industry 5.0 – Towards a sustainable, human-centric and resilient European industry.* European Commission, Directorate-General for Research and Innovation, Brüssel (2021).

Brill, M.: *Mathematik für Informatiker – Einführung an praktischen Beispielen aus der Welt der Computer.* 2. Aufl. Carl Hanser Verlag, München (2005).

Brockmann, E. N.; Anthony, W. P.: *Tacit knowledge and strategic decision making*. Group & Organization Management. 27(4), S. 436–455 (2016).

Bundesamt für Statistik (Schweiz): *Anzahl der aktiven Unternehmen in der Schweiz nach Branchen im Jahr 2021*. (04.12.2023) In: Statista. Zugriff am 01.05.2024. https://de.statista.com/statistik/daten/studie/252123/umfrage/anteil-der-wirtschafts-zweige-an-der-bruttowertschoepfung-in-deutschland/ (2023).

Bundesbank: *Monatsbericht September 2023 – 75. Jahrgang, Nr. 9. 2023*. Deutsche Bundesbank, Frankfurt am Main (2023).

Burggräf, P.; Nowacki, C.; Kamp, S.; Bachmann, F.: *Dimensionierung und Strukturierung der Produktion*. In: Burggräf, P.: Schuh, G. (Hrsg.) Fabrikplanung, S. 123–163. 2. Aufl. Springer Vieweg, Berlin Heidelberg (2021).

Burnus, H.: *Datenbankentwicklung in IT-Berufen: Eine praktisch orientierte Einführung in MS Access und MySQL*. Vieweg + Teubner Verlag, Wiesbaden (2008).

Buschmann, D.; Schulze, T.; Beckschulte, S.; Schmitt, R. H.: Information requirements analysis for process-oriented decision support via predictive quality models in production. Procedia CIRP 130. S. 1428–1434 (2024).

Buschmann, D.; Ellerich, M.; Huebser, L.; Lindemann, M.; Schlegel, P.; Schmitt, R. H.: *Zukunftsfähige Produktionssysteme durch Predictive Quality*. In: Pfeifer, T.; Schmitt, R. H. (Hrsg.) Masing Handbuch Qualitätsmanagement, S. 800–830. 7. Aufl. Carl Hanser Verlag, München (2021).

Caglar, T. R.; Andrushchenko, E.; Meyer, M.; Karaaslan, E. D.; Jochem, R.: *Developing a human-centered reference model for streamlining failure management in supply chains: An integrative approach to communication processes and recommender systems for SME*. Application of Emerging Technologies. 115, S. 147–156 (2023).

Caglar, T. R.; Jochem, R.: *A System Approach for Integration of Human-centered Smart Problem-solving Process in Digital Shop Floor Management*. Proceedings of the 2022 IEEE IEEM. S. 1124–1128 (2022).

Caiazzo, B.; Di Nardo, M.; Murino, T.; Petrillo, A.; Piccirillo, G.; Santini, S.: *Towards Zero Defect Manufacturing paradigm: A review of the state-of-the-art methods and open challenges*. Computers in Industry. 134, 103548 (2022).

Canhoto, A. I.; Clear, F.: *Artificial intelligence and machine learning as business tools: A framework for diagnosing value destruction potential*. Business Horizons. 63(2), S. 183–193 (2020).

Carnap, R.: *The Continuum of Inductive Methods*. The University of Chicago Press, Chicago (1951).

Cazes, C.; Keenan, R.; Lasante, J.: *Business Transformation Index 2023*. Expleo Group SAS, Versailles (2023).

Chakraborty, S.; Kumar, B.; Malguri, A.: *Reducing the Truck Turnaround Time inside a Heavy Manufacturing Industry through Makigami Analysis*. International Journal of Advanced Information Science and Technology. 5(9), S. 39–45 (2016).

Chen, P. P.-S.: *The Entity-Relationship Model: Toward a Unified View of Data*. ACM Transactions on Database Systems. 1(1), S. 9–36 (1976).

Cheng, F.-T.; Lin, C.-T.: *A Holonic Information Exchange System for e-Manufacturing*. 30th Annual Conference of the IEEE Industrial Electronics Society. S. 2383–2388 (2004).

Chlupsa, C.: *Der Einfluss unbewusster Motive auf den Entscheidungsprozess*. 2. Aufl. Springer Gabler, Wiesbaden (2022).

Choo, C. W.: *The Knowing Organization: How Organizations Use Information to Construct Meaning, Create Knowledge and Make Decisions*. International Journal of Information Management. 16(5), S. 329–340 (1996).

Cleff, T.: *Applied Statistics and Multivariate Data Analysis for Business and Economics*. Springer Nature, Cham (2019).

Cleff, T.: *Deskriptive Statistik und Explorative Datenanalyse*. 3. Aufl. Springer Gabler, Wiesbaden (2015).

Clemens, F.; Wenger, L.: *Grundlagen des Informationsmanagements*. In: Schuh, G.; Zeller, V.; Stich, V. (Hrsg.) Digitalisierungs- und Informationsmanagement, S. 17–26. Springer Vieweg, Berlin (2022).

Corsten, H.: *Lexikon der Betriebswirtschaftslehre*. Oldenbourg Wissenschaftsverlag, München (2000).

Corsten, M.; Corsten H.: *Betriebswirtschaftslehre*. 2. Aufl. Vahlen Verlag, München (2019).

Cronjäger, L.: *Bausteine für die Fabrik der Zukunft – Eine Einführung in die rechnerintegrierte Produktion (CIM)*. 2. Aufl. Springer, Berlin (1994).

Dangelmaier, W.: *Produktionstheorie 1 – Methodische Grundlagen*. Springer Vieweg, Berlin (2017).

Deckert, F.; Krenkel, P.; Mielke, T.: *Null-Fehler-Prinzip*. In: Dombrowski, U.; Mielke, T. (Hrsg.) Ganzheitliche Produktionssysteme, S. 80–95. Springer Vieweg, Berlin (2015).

Denkena, B.; Wichmann, M; Arnold, D.: *Erfasste Betriebsdaten und ihre Qualität*. Zeitschrift für wirtschaftlichen Fabrikbetrieb. 117(12), S. 847–850 (2022).

DESTATIS: *Erwerbsbeteiligung von Frauen nach Beruf in der EU*. (20.09.2023) In: Eurostat Datenbank. Zugriff am 01.05.2024. https://www.destatis.de/Europa/DE/Thema/Bevoelkerung-Arbeit-Soziales/Arbeitsmarkt/Qualitaet-der-Arbeit/_dimension-1/06_erwerbsbeteiligung-frauen-berufe.html (2023).

Deuse, J.; West, N.; Syberg, M.: *Rediscovering scientific management. The evolution from industrial engineering to industrial data science*. International Journal of Production Management and Engineering. 10(1), S. 1–12 (2022).

Deuse, J.; Weisner, K.; Hengstebeck, A.; Busch, F.: *Gestaltung von Produktionssystemen im Kontext von Industrie 4.0*. In: Botthof, A.; Hartmann, E. A. (Hrsg.) Zukunft der Arbeit in Industrie 4.0, S. 99–110. Springer Vieweg, Berlin Heidelberg (2015).

Dillinger, F.: *Implementierungsstrategie für die Kombination aus Lean-Production-Methoden und Industrie-4.0-Technologien*. TUM School of Engineering and Design, München (2024).

Dillmann, D. A.; Smyth, J. D.; Christian, L. M.: *Internet, Phone, Mail, and Mixed-Mode Surveys: The Tailored Design Method*. 4. Aufl. John Wiley & Sons, New Jersey (2014).

DIN 8593-0:2003-09: *Fertigungsverfahren Fügen – Teil 0: Allgemeines; Einordnung, Unterteilung, Begriffe*. Beuth, Berlin (2003).

DIN 8580:2022-12: *Fertigungsverfahren - Begriffe, Einteilung*. Beuth, Berlin (2022).

DIN 55350:2021-10: *Begriffe zum Qualitätsmanagement*. Beuth, Berlin (2022).

DIN 40041:1990-12: *Zuverlässigkeit; Begriffe*. Beuth, Berlin (1990).

DIN EN 13306:2018-02: *Instandhaltung - Begriffe der Instandhaltung*. Beuth, Berlin (2018).

DIN EN 62264-1:2014-07: *Integration von Unternehmensführungs- und Leitsystemen – Teil 1: Modelle und Terminologie*. Beuth, Berlin (2014).

DIN EN 62264-2:2014-06: *Integration von Unternehmensführungs- und Leitsystemen – Teil 2: Objekte und Attribute für die Integration von Unternehmensführungs- und Leitsystemen*. Beuth, Berlin (2014).

DIN EN 62264-3:2017-12: *Integration von Unternehmensführungs- und Leitsystemen – Teil 3: Aktivitätsmodelle für das Betriebsmanagement*. Beuth, Berlin (2017).

DIN EN ISO 9000:2015-11: *Qualitätsmanagementsysteme – Grundlagen und Begriffe (ISO 9000:2015)*. Beuth, Berlin (2015).

DIN IEC 60050-351:2014-09: *Internationales Elektrotechnisches Wörterbuch – Teil 351: Leittechnik*. Beuth, Berlin (2014).

Domingos, P.: *A Few Useful Things to Know About Machine Learning*. Communications of the ACM. 55(10), S. 78–87 (2012).

Döring, N.: *Forschungsmethoden und Evaluation in den Sozial- und Humanwissenschaften*. 6. Aufl. Springer, Berlin Heidelberg (2023).

Duan, L.; Xu,L. D.: *Data Analytics in Industry 4.0: A Survey*. Information Systems Frontiers. Springer Nature, Berlin (2021).

Dyckhoff, H.; Spengler, T. S.: *Produktionswirtschaft.* 3. Aufl. Springer, Berlin Heidelberg (2010).

Dyckhoff, H.: *Produktionstheorie – Grundzüge industrieller Produktionswirtschaft.* 5. Aufl. Springer, Berlin Heidelberg (2006).

Eckle-Kohler, J.; Kohler, M.: *Eine Einführung in die Statistik und ihre Anwendung.* 3. Aufl. Springer Spektrum, Berlin (2017).

Eckstein, P. P.: *Statistik für Wirtschaftswissenschaftler.* 6. Aufl. Springer Gabler, Wiesbaden (2019).

Egel, R.; Karch, S.; Kuhlenkötter, B.; Lüder, A.: *Data Framework for Retrieving Failure Information From Earlier Plant Engineering Projects.* Proceedings of the 24th European Conference on Knowledge Management. S. 327–334 (2023).

Ehrlenspiel, K.; Kiewert, A.; Lindemann, U.; Mörtl, M.: *Kostengünstig Entwickeln und Konstruieren: Kostenmanagement bei der integrierten Produktentwicklung.* 8. Aufl. Springer, Berlin (2020).

Eichstädt, T.; Spieker, S.: *52 Stunden Informatik – Was jeder über Informatik wissen sollte.* Springer Vieweg, Wiesbaden (2021).

Ellouze, W.: *Entwicklung eines Modells für ein ganzheitliches Fehlermanagement: ein prozessorientiertes Referenzmodell zum effizienten Fehlermanagement.* Shaker Verlag, Aachen (2010).

Elser, H.; Wangerow, K.; Ngo, Q. H.; Schmitt, R. H.: *Six Sigma.* In: Pfeifer, T.; Schmitt, R. H. (Hrsg.) Masing Handbuch Qualitätsmanagement, S. 262–313. 7. Aufl. Carl Hanser Verlag, München (2021).

Eran, Y.; Gottlib, G.; Greenberg, G.; Zelenko, J.: *The Use of Line-Width Error Detection for Quality Control in Reticle Fabrication.* Proceedings of SPIE. 3412, S. 552–559 (1998).

Ernst, H.; Schmidt, J.; Beneken, G.: *Grundkurs Informatik.* 8. Aufl. Springer Vieweg, Wiesbaden (2023).

Everest, G. C.: *Basic Data Structure Models Explained with a Common Example.* Proceedings of the 1976 Computing Systems. S. 39–46 (1976).

Eversheim, W.; Laschet, A.; Foerst, J.: *Qualität und Fehlerkosten im Maschinenbau unter Berücksichtigung technischer und betriebswirtschaftlicher Gesichtspunkte – Abschlussbericht (FQS-DGQ-Band, FQS 84 01).* Forschungsgemeinschaft Qualitätssicherung, Berlin (1996).

Exner, R.; Ngo, Q. H.; Liang, J.; Ellerich, M.; Günther, R.; Schmitt, S.; Schmitt, R. H.: *Failure Handling Process Model for Failure Management in Manual Assembly.* Proceedings of the 2020 IEEE IEEM. S. 1225–1229 (2020).

Exner, R.: *Ein quantitatives Modell zur Unterstützung des Fehlermanagements in der manuellen Montage.* Apprimus Verlag, Aachen (2019).

Faber, O.: *Digitalisierung – ein Megatrend: Treiber & Technologische Grundlagen*. In: Erner, M. (Hrsg.) Management 4.0 – Unternehmensführung im digitalen Zeitalter, S. 3–42. Springer Gabler, Berlin (2019).

Fabry, C.: *Synchronisation der Dienstleistungsproduktion mittels Takt*. Apprimus Verlag, Aachen (2014).

Fahrmeir, L.; Heumann, C.; Künstler, R.; Pigeot, I.; Tutz, G.: *Statistik – Der Weg zur Datenanalyse*. 9. Aufl. Springer Nature, Berlin (2023).

Falagas, M. E.; Pitsouni, E. I.; Maliwtzis, G. A.; Pappas, G.: *Comparison of PubMed, Scopus, Web of Science, and Google Scholar: strengths and weaknesses*. DASEB Journal. 22(2), S. 388–342 (2008).

Farrell, M. J.: *The Measurement of Productive Efficiency*. Journal of the Royal Statistical Society. 120(3), S. 253–290 (1957).

Faullant, R.: *Psychologische Determinanten der Kundenzufriedenheit*. Deutscher Universitäts-Verlag, Wiesbaden (2007).

Fayyad, U.; Piatetsky-Shapiro, G.; Smyth, P.: *The KDD process for extracting useful knowledge from volumes of data*. Communications of the ACM. 39(11), S. 27–34 (1996a).

Fayyad, U.; Piatetsky-Shapiro, G.; Smyth, P.: *From Data Mining to Knowledge Discovery in Databases*. AI Magazine. 17(3), S. 37–54 (1996b).

Ferstl, O. K.; Sinz, E. J.: *Grundlagen der Wirtschaftsinformatik*. 5. Aufl. Oldenbourg Wissenschaftsverlag, München (2006).

Fischer, R.; Malle, G.: *Mensch und Mathematik: Eine Einführung in didaktisches Denken und Handeln*. Profil Verlag, München (2004).

Fragapane, G.; Eleftheriadis, R.; Powell, D.; Antony, J.: *A global survey on the current state of practice in Zero Defect Manufacturing and its impact on production performance*. Computers in Industry. 148, 103879 (2023).

Frese, M.: *Error management or error prevention: Two strategies to deal with errors in software design*. In: Bullinger, H. J. (Hrsg.) Human aspects in computing, S. 776–782. Elsevier Science Publishing, Amsterdam (1991).

Friedli, T.: *Die Architektur von Kooperationen*. Difo Druck, Bamberg (2000).

Gabriel, R.; Röhrs, H.-P.: *Datenbanksysteme – Konzeptionelle Datenmodellierung und Datenbankarchitekturen*. 2. Aufl. Springer Lehrbuch, Heidelberg Berlin (1995).

Gadatsch, A.: *Grundkurs Geschäftsprozess-Management*. 8. Aufl. Springer Vieweg, Wiesbaden (2017a).

Gadatsch, A.: *Datenmodellierung für Einsteiger*. Springer Vieweg, Wiesbaden (2017b).

Galata, R.; Scheid, S.: *Deskriptive und Induktive Statistik für Studierende der BWL*. Carl Hanser Verlag, München (2012).

Ganesan, K.: *The Business Case for AI*. Opinosis Analytics Publishing, Salt Lake City (2022).

Gebauer, M.; Windheuser, U.: *Strukturierte Datenanalyse, Profiling und Geschäftsregeln*. In: Hildebrand, K.; Gebauer, M.; Mielke, M. (Hrsg.) Daten- und Informationsqualität: Die Grundlage der Digitalisierung, S. 87–100. 5. Aufl. Springer Vieweg, Berlin Heidelberg (2021).

Gebus, S.; Leiviskä, K.: *Knowledge acquisition for decision support systems on an electronic assembly line*. Expert Systems with Applications. 36, S. 93–101 (2009).

Gewohn, M.; Beyerer, J.; Usländer, T.; Sutschet, G.: *A Quality Information Management Model for Smart Rework Control within Vehicle Assembly Processes*. Proceedings of the 2018 IEEE ICIMP. S. 54–60 (2018).

Glöckner, H.: *Systemdynamische Modellierung des reaktiven Fehlermanagements in Produktionssystemen*. Apprimus Verlag, Aachen (2020).

Gluchowski, P.: *Business Analytics – Grundlagen, Methoden und Einsatzpotenziale*. HMD Praxis der Wirtschaftsinformatik. 53(3), S. 273–286 (2016).

Götze, U.; Leidich, E.; Wächtler, A.: *Entwicklungsstand des Stammdaten- und Geschäftsprozessmanagements in KMU: Ergebnisse einer Befragung*. Verlag der GUC, Chemnitz (2014).

Grabner, T.: *Operations Management: Auftragserfüllung bei Sach- und Dienstleistungen*. 4. Aufl. Springer Gabler, Wiesbaden (2019).

Grande, D.; Machado, J.; Petzold, B.; Roth, M.: *Reducing data costs without jeopardizing growth*. McKinsey & Company, Mailand (2020).

Groggert, S.: *Steigerung der Prozessqualität des kundenindividuellen Auftragsabwicklungsprozesses durch Data Analytics*. Apprimus Verlag, Aachen (2019).

Groggert, S.; Elser, H.; Ngo, Q. N.; Schmitt, R. H.: *Scenario-based Manufacturing Data Analytics with the Example of Order Tracing through BLE-Beacons*. Procedia Manufacturing. 24, S. 243–249 (2018).

Groggert, S.; Wenking, M.; Schmitt, R. H.; Friedli, T.: *Status quo and future potential of manufacturing data analytics — An empirical study*. Proceedings of the 2017 IEEE IEEM. S. 779–783 (2017).

Grosse, E. H.; Sgarbossa, F.; Berlin, C.; Neumann, W. P.: *Human-centric production and logistics system design and management: transitioning from Industry 4.0 to Industry 5.0*. International Journal of Production Research. 61(22), S. 7749–7759 (2023).

Grüger, L.; Welz, U. F.; Woll, R.: *Vorstellung eines Leitfadens für schriftliche Befragungen*. In: Gröger, S. (Hrsg.) Nachhaltiges Qualitätsdatenmanagement, S. 78–103. Springer Vieweg, Wiesbaden (2023).

Grundig, C. G.: *Fabrikplanung: Planungssystematik-Methoden-Anwendungen*. 7. Aufl. Carl Hanser Verlag, München (2021).

Grundig, C. G.: *Fabrikplanung: Planungssystematik-Methoden-Anwendungen*. 6. Aufl. Carl Hanser Verlag, München (2018).

Gumm, H. P.; Sommer, M.: *Einführung in die Informatik*. 9. Aufl. Oldenbourg Wissenschaftsverlag, München (2011).

Günther, R.; Wende, M.; Baumann, S.; Bartels, F.; Beckschulte, S.; Korn, H. G.; Schmitt, R. H.: *Data Enabled Failure Management Process (DEFMP) across the Product Value Chain*. 4th Conference on Production Systems and Logistics (CPSL). S. 459–468 (2023).

Günther, R.; Beckschulte, S.; Wende, M.; Schmitt, R. H.: *Wertschöpfungskettenübergreifendes Fehlermanagement – Transparente Einblicke in komplexe Zusammenhänge zwischen Produktentstehung und -nutzung erfolgreich er-schließen und verwerten*. Zeitschrift für wirtschaftlichen Fabrikbetrieb. 117(4), S. 187–191 (2022).

Günthner, W.; Klenk, E.; Tenerowicz-Wirth, P.: *Adaptive Logistiksysteme als Wegbereiter der Industrie 4.0*. In: Bauernhansl, T.; ten Hompel, M.; Vogel-Heuser, B. (Hrsg.) Industrie 4.0 in Produktion, Automatisierung und Logistik, S. 297–323. Springer Vieweg, Wiesbaden (2014).

Gusenbauer. M.; Haddaway, N. R.: *Which academic search systems are suitable for systematic reviews or meta-analyses? Evaluating retrieval qualities of Google Scholar, PubMed, and 26 other resources*. Research Synthesis Methods. 11(2), S. 181–217 (2020).

Gussen, L.: *Modellierung und Prognose der Qualitätswahrnehmung mittels Machine Learning*. Apprimus Verlag, Aachen (2022).

Haberfellner, R.; de Weck, O.; Fricke, E.; Vössner, S.: *Systems Engineering – Fundamentals and Applications*. Birkhäuser, Cham (2019).

Häder, M.: *Empirical Social Research: An Introduction*. Springer Nature, Wiesbaden (2022).

Haghi, S.; Heinrichs, V.; Kukulies, J.; Schmitt, R. H.: *Existing Challenges and the Corresponding Approach Towards a Smart Complaint and Failure Management Process*. Procedia CIRP 72. S. 989–994 (2018).

Heinrich, L. J.; Heinzl, A.; Roithmayr, F.: *Wirtschaftsinformatik-Lexikon*. 7. Aufl. Oldenbourg Wissenschaftsverlag, München Wien (2004).

Heinrich, L. J.; Riedl, R.; Stelzer, D.: *Informationsmanagement*. 11. Aufl. Oldenbourg Wissenschaftsverlag, München (2014).

Helfrich, H.: *Wissenschaftstheorie für Betriebswirtschaftler.* Springer Gabler, Wiesbaden (2016).

Helms, B.; Kissel, M.: *Engineering Intelligence – Von der graphenbasierten Modellierung zur wissensbasierten Datenanalyse.* In Lindemann, U. (Hrsg.) Handbuch Produktentwicklung, S. 979–1012. Carl Hanser Verlag, München (2016).

Hinrichs, H.: *Datenqualitätsmanagement in Data Warehouse-Systemen.* Carl von Ossietzky Universität Oldenburg, Oldenburg (2002).

Hinrichs, M. P.; Beckschulte, S.; Huebser, L.; Schmitt, R. H.: *Manufacturing Data Analytics: Wege zur Steigerung der Wettbewerbsfähigkeit.* Zeitschrift für wirtschaftlichen Fabrikbetrieb. 119(5), S. 385–390 (2024).

Hinrichsen, S.; Bornewasser, M.: *Veränderung der Gestaltungsparadigmen industrieller Montagewelt.* In: Bornewasser, M.; Hinrichsen, S. (Hrsg.) Informatorische Assistenzsysteme in der variantenreichen Montage, S. 1–20. Springer Vieweg, Berlin (2020).

Hofmann, R.; Gröger, S.; Süß, A.: *Prüfplanung.* In: Schmitt, R. H.; Dietrich, E. (Hrsg.) Handbuch Mestechnik in der industriellen Produktion, S. 11–22. Carl Hanser Verlag, München (2023).

Hofmann, P.: *Fehlerbehandlung in Flexiblen Fertigungssystemen: Einführung für Hersteller und Anwender.* Oldenbourg Wissenschaftsverlag, München (1990).

Holland, H.; Scharnbacher, K.: *Grundlagen statistischer Wahrscheinlichkeiten.* Gabler Verlag, Wiesbaden (2004).

Honné, M.: *Erklärungsmodell ausgewählter Lean-Prinzipien für industrielle Dienstleistungen.* Apprimus Verlag, Aachen (2016).

Hull, R.; King, R.: Semantic *Database Modeling: Survey, Applications, and Research Issues.* ACM Computing Surveys. 19(3), S. 201–260 (1987).

Hüttenrauch, M.; Baum, M.: *Effiziente Vielfalt: Die dritte Revolution in der Automobilindustrie.* Springer Verlag, Berlin Heidelberg (2008).

ISO/IEC 2382:2015-05: *Informationstechnologie – Vokabularien.* Beuth, Berlin (2015).

Jackson, J.: *Data Mining – A Conceptual Overview.* Communications of the Association for Information Systems. 8, S. 267–296 (2002).

Jacob, R.; Heinz, A.; Décieux, J. P.: *Umfrage: Einführung in die Methoden der Umfrageforschung.* 3. Aufl. Oldenbourg Wissenschaftsverlag, München (2013).

Jia, X.; Ji, D.-Y.; Minami, T.; Lee, J.: *Data Quality and Usability Assessment Methodology for Prognostics and Health Management: A Systematic Framework.* IFAC-PapersOnLine. 55(19), S. 55–60 (2022).

Jung, H.: *Allgemeine Betriebswirtschaftslehre.* 12. Aufl. Oldenbourg Wissenschaftsverlag, München (2010).

Kellner, F.; Lienland, B.; Lukesch, M.: *Produktionswirtschaft: Planung, Steuerung und Industrie 4.0.* 3. Aufl. Springer Gabler, Berlin (2022).

Kersten, H.; Klett, G.: *Der IT Security Manager: Aktuelles Praxiswissen für IT Security Manager und IT-Sicherheitsbeauftragte in Unternehmen und Behörden.* 4. Aufl. Springer Vieweg, Wiesbaden (2015).

Kiesel, R.; Gützlaff, A.; Schmitt, R. H.; Schuh, G.: *Methods and Limits of Data-Based Decision Support in Production Management.* In: Becher, C.; et al. (Hrsg.) Internet of Production: Fundamentals, Methods and Applications, S. 331–343. Springer, Cham (2024).

Kissel, M. P.: *Mustererkennung in komplexen Produktportfolios.* Lehrstuhl für Produktentwicklung, München (2014).

Klasen, N.; Huebser, L.; Haller, J.; Schmitt, R. H.: *Datenbasierte Entscheidungsunterstützung.* Qualität und Zuverlässigkeit. 67(8), S. 24–27 (2022).

Klingenberg, C.; Weber, K.: *Daten- und Informationsmanagement.* In: Tiemeyer, E. (Hrsg.) Handbuch IT-Management, S. 235–290. 8. Aufl. Carl Hanser Verlag, München (2023).

Koch, J.: *Methodik zur Verbesserung der Transparenz und Steuerbarkeit der Produktkomplexität.* Apprimus Verlag, Aachen (2021).

Koch, M.; Kemper, H.-G.; Lasi, H.: *Informationsmanagement in der Produktion.* Wirtschaftsinformatik Proceedings 2011. 66, S. 456–465 (2011).

Koeppe, A.; Hesser, D. F.; Mundt, M.; Bamer, F.; Markert, B.: *Robotik 4.0.* In: Frenz, W. (Hrsg.) Handbuch Industrie 4.0: Recht, Technik, Gesellschaft, S. 553–567. Springer Nature, Berlin (2020).

Kopetzky, M.: *Prozessorientiertes Wissensmanagement – Konzeption eines integrierten Vorgehensmodells.* GRIN Verlag, München (2007).

Koreimann, D. S.: *Methoden der Informationsbedarfsanalyse.* Walter de Gruyter, Berlin Boston (1976).

Kornmesser, S.; Büttemeyer, W.: *Was ist Wissenschaftstheorie?* In: Kornmesser, S.; Büttemeyer, W. (Hrsg.) Wissenschaftstheorie: Eine Einführung, S. 3–18. J. B. Metzler Verlag, Berlin (2020).

Kothari, C. R.: *Research Methodology – Methods and Techniques.* 2. Aufl. New Age International Publishers, New Delhi (2004).

Kragulj, F.: *Knowledge Management and Sustainable Value Creation: Needs as a Strategic Focus for Organizations.* Springer Nature, Cham (2023).

Krcmar, H.: *Einführung in das Informationsmanagement.* 2. Aufl. Springer Gabler, Berlin Heidelberg (2015a).

Krcmar, H.: *Informationsmanagement*. 6. Aufl. Springer Gabler, Berlin Heidelberg (2015b).

Krcmar, H.; Schwarzer, B.: *Prozessorientierte Unternehmensmodellierung – Gründe, Anforderungen an Werkzeuge und Folgen für die Organisation*. In: Scheer, A.-W. (Hrsg.) Prozessorientierte Unternehmensführung, S. 13-34. Gabler Verlag, Wiesbaden (1994).

Krebs, H.A.; Hagenweiler, P.: *Datenanonymisierung im Kontext Künstlicher Intelligenz und Big Data*. Springer Vieweg, Wiesbaden (2022).

Kreis, H.; Wildner, R.; Kuß, A.: *Markforschung: Datenerhebung und Datenanalyse*. 7. Aufl. Springer Gabler, Wiesbaden (2021).

Kubicek, H.: *Heuristische Bezugsrahmen und heuristisch angelegte Forschungsdesign als Elemente einer Konstruktionsstrategie empirischer Forschung*. In: Köhler, R. (Hrsg.) Empirische und handlungstheoretische Forschungskonzeption in der Betriebswirtschaftslehre, S. 3-36. Poeschel Verlag, Stuttgart (1977).

Kugley, S.; Wade, A.; Thomas, J.; Mahood, Q.; Klint Jørgensen, A.-M.; Hammersrøm, K.; Sathe, N.: *Searching for studies: a guide to information retrieval for Campbell systematic reviews*. Campbell Systematic Reviews. 13(1), S. 1–73 (2017).

Kurbel, K.; Endres, A.: *Produktionsplanung und -steuerung. Methodische Grundlagen von PPS-Systemen und Erweiterungen*. 6. Aufl. Oldenbourg Verlag, München (2005).

Kurgan, L. A.; Musilek, P.: *A survey of Knowledge Discovery and Data Mining process models*. The Knowledge Engineering Review. 21(1), S. 1–24 (2006).

Kuryło, P.; WysoczańskiA.; Bonarski, P.: *Knowledge and Information Management*. System Safety: Human - Technical Facility - Envoronment - CzOTO. 3(1), S. 1–10 (2021).

Landau, S.; Ster, I. C.: *Cluster Analysis: Overview*. In: Peterson, P.; Baker, E.; McGaw, B. (Hrsg.) International Encyclopedia of Education, S. 72–83. 3. Aufl. Elsevier Science, Amsterdam (2010).

Landherr, M.; Neumann, M.; Volkmann, J.; Constantinescu, C.: *Digitale Fabrik*. In: Westkämper, E.; Spath, D.; Constantinescu, C.; Lentes, J. (Hrsg.) Digitale Produktion, S. 107–131. Springer Vieweg, Berlin Heidelberg (2013).

Lange, U.; Surdyk, K.: *Ressourceneffizienz in der Wertschöpfungskette – VDI ZRE Kurzanalyse Nr. 23*. VDI Zentrum Ressourceneffizienz GmbH, Berlin (2018).

Langlotz, P.; Aurich, J. C.: *Systematical Combination of a Lean Production System and Industry 4.0 Development of a method library to assess interactions*. In: Wulfsberg, J. P.; Hintze, W.; Behrens, B. A. (Hrsg.) Production at the leading edge of technology, S. 573–582. Springer Vieweg, Berlin (2019).

Laschet, A.: *Konzeption eines Fehlerinformations- und -bewertungssystems.* Shaker Verlag, Aachen (1995).

Lehner, F.; Wildner, S.; Scholz, M.: *Wirtschaftsinformatik.* 2. Aufl. Carl Hanser Verlag, München (2008).

Lindemann, U.; Maurer, M.; Braun, T.: *Structural Complexity Management – An Approach for the Field of Product Design.* Springer Verlag, Berlin Heidelberg (2009).

Linder, A.; Schmitt, S.; Schmitt R. H.: *Technical complaint management from a quality perspective.* Total Quality Management & Business Excellence. 25(7-8), S. 865–875 (2014).

Linß, G.; Linß, E.: *Qualitätsmanagement – Grundlagen.* 5. Aufl. Carl Hanser Verlag, München (2023).

Linß, G.: *Qualitätsmanagement für Ingenieure.* 4. Aufl. Carl Hanser Verlag, München (2018).

Lotter, B.: *Einführung.* In: Lotter, B.; Wiendahl, H. P. (Hrsg.) Montage in der industriellen Produktion, S. 1–8. 2. Aufl. Springer Vieweg, Berlin Heidelberg (2012).

Luft, T; Cardinal, J. L.; Wartzack, S.: *Methoden der Entscheidungsfindung.* In: Lindemann, U. (Hrsg.) Handbuch Produktentwicklung, S. 759–803. Carl Hanser Verlag, München (2016).

Lunze, J.: *Regelungstechnik 1 – Systemtheoretische Grundlagen, Analyse und Entwurf einschleifiger Regelungen.* 10. Aufl. Springer Vieweg, Berlin Heidelberg (2014).

Lyons, A. C.; Um, J.; Sharifi, H.: *Product variety, customisation and business process performance: A mixed-methods approach to understanding their relationships.* International Journal of Production Economics. 221(1), 107469 (2020).

MAN Truck & Bus SE: *Presse-Information: MAN Truck & Bus mit starkem Geschäftsjahr 2023.* (05.03.2024) In: Roggenbuck, J. Zugriff am 15.05.2024. https://press.mantruckandbus.com/corporate/download/2e6df006-d469-413e-a01a-876d1d4f4452/pmfy2023final-d.pdf (2024).

Manyika, J.; Silberg, J.; Presten, B.: *What Do We Do About the Biases in AI?* Harvard Business School Publishing, Watertown (2019).

Mariscal, G.; Marban, O.; Fernandez, C.: *A survey of data mining and knowledge discovery process models and methodologies.* The Knowledge Engineering Review. 25(2), S. 137–166 (2010).

Martínez-Plumed, F.; Contreras-Ochando, L.; Ferri, C.; Flach, P.; Hernández-Orallo, J.; Kull, M.; Lachiche N.; Ramírez-Quintana, M. J.: *CASP-DM: Context Aware Standard Process for Data Mining.* Cornell University, New York (2017).

Meier, A.: *Ziele und Aufgaben im Datenmanagement aus der Sicht des Praktikers.* Wirtschaftsinformatik & Management. 36(5), S. 455–464 (1994).

Merkel, L. A.: *Einführung kognitiver Assistenzsysteme in der manuellen Montage.* Lehrstuhl für Betriebswissenschaften und Montagetechnik am Institut für Werkzeugmaschinen und Betriebswissenschaften, München (2021).

Mittag, H.-J.; Schüller, K.: *Statistik – Eine interdisziplinäre Einführung mit interaktiven Elementen.* 7. Aufl. Springer Nature, Berlin (2023).

Moher, D.; Liberati, A.; Tetzlaff, J.; Altmann, D. G.: *Preferred reporting items for systematic reviews and meta-analyses: the PRISMA statement.* BMJ. 339, S. 1–8 (2009).

Mönkemeier, E.: *Aufwandsschätzung von Offshore-IT-Entwicklungsprojekten. Risikomanagement durch systemdynamische Modelle globaler virtueller Teams.* Springer Gabler, Wiesbaden (2014).

Muñoz, M.; Parra, I.; García, M.; Marcos, J.; Pérez, M.: *A Tool for the Performance Evaluation and Failure Detection of Amareleja PV Plant (Acciona) From SCADA.* Proceedings of the 2015 IEEE EPE. S. 1–9 (2015).

Murphy, K. P.: *Machine Learning: A Probablistic Perspective.* MIT Press, Cambridge (2012).

Nachreiner, F.: *Grundlagen naturwissenschaftlicher Methodik in der Arbeitswissenschaft.* In: Luczak, H.; Volpert, W. (Hrsg.) Handbuch Arbeitswissenschaft, S. 87–92. Poeschel Verlag, Stuttgart (1997).

Neuhäuser, T.; Chen, Q.; Rösch, M.; Hohmann, A.; Reinhard, G.: *Building Information Modeling im Fabriklebenszyklus.* Zeitschrift für wirtschaftlichen Fabrikbetrieb. 115(Special), S. 66–69 (2020).

Neumann, W. P.; Winkelhaus, S.; Grosse E. H.; Glock, C. H.: *Industry 4.0 and the human factor – A systems framework and analysis methodology for successful development.* International Journal of Production Economics. 233, 107992 (2021).

Niehues, M.; et al.: *Organisation, Qualität und IT-Systeme für Planung und Betrieb.* In: Reinhart, G. (Hrsg.) Handbuch Industrie 4.0, S. 137–167. Carl Hanser Verlag, München (2017).

Nohr, H.: *Management der Informationsqualität.* In: Riekert, W. F.; Michelson, M. (Hrsg.) Informationswirtschaft, S. 57–77. Deutscher Universitäts-Verlag, Wiesbaden (2001).

North, K.: *Wissensorientierte Unternehmensführung – Wissensmanagement im digitalen Wandel.* 7. Aufl. Springer Gabler, Wiesbaden (2021).

Nukta, A.; Schick, M.; Haueis, M.; Böblingen, C. H.; Lohr, C.: *Gestaltung erfolgreicher Lernumgebungen in der manuellen Montage.* Zeitschrift für wirtschaftlichen Fabrikbetrieb. 107(1-2), S. 77–81 (2012).

Obermaier, R.; Saliger, E.: *Betriebswirtschaftliche Entscheidungstheorie.* 7. Aufl. Walter De Gruyter, Berlin Boston (2020).

Ongsulee, P.; Chotchaung, V.; Bamrungsi, E.; Rodcheewit, T.: *Big Data, Predictive Analytics and Machine Learning*. Proceedings of the 2019 IEEE ICT&KE. S. 1–6 (2019).

Orendi, G.: *Systemkonzept für die phasenneutrale Fehlerbehandlung als Voraussetzung für den Einsatz präventiver Qualitätssicherungsverfahren*. Shaker Verlag, Aachen (1993).

Österle, H.; Becker, J.; Frank, U.; Hess, T.; Karagiannis, D.; Krcmar, H.; Loos, P.; Mertens, P.; Oberweis, A.; Sinz, E. J.: *Memorandum zur gestaltungsorientierten Wirtschaftsinformatik*. Schmalenbach Journal of Business Research. 62(6), S. 664–672 (2010).

Otto, B.; Österle, H.: *Corporate Data Quality: Voraussetzung erfolgreicher Geschäftsmodelle*. Springer Gabler, Berlin Heidelberg (2016).

Page, M. J.; et al.: *The PRISMA 2020 statement: an updated guideline for reporting systematic reviews*. Systematic Reviews. 10(89), S. 1–11. (2021).

Panetto, H.; Dassisti, M.; Tursi, A.: *ONTO-PDM: Product-driven ONTOlogy for Product Data Management interoperability within manufacturing process environment*. Advanced Engineering Informatics. 26, S. 334–348 (2012).

Papp, S.; Ortner, B.: *Datenmanagement*. In: Papp, S.; et al. (Hrsg.) Handbuch Data Science und KI, S. 145–167. 2. Aufl. Carl Hanser Verlag, München (2022).

Papula, L.: *Mathematik für Ingenieure und Naturwissenschaftler Band 3*. 7. Aufl. Springer Vieweg, Wiesbaden (2016).

Park, J. I.; Baek, S. H.; Jeong, M. J.; Bae, S. J.: *Dual Features Functional Support Vector Machines for Fault Detection of Rechargeable Batteries*. IEEE Transactions on Systems, Man, and Cybernetics. 39(4), S. 480–485 (2009).

Patzak, G.: *Systemtechnik – Planung komplexer innovativer Systeme*. Springer Verlag, Berlin (1982).

Pfeifer, T.: *Quality Management – Strategies, Methods, Techniques*. 3. Aufl. Carl Hanser Verlag, München (2002).

Pfeifer, T.; Grob, R.; Klonaris, P.; Warnecke, G.; Förster, H.; Schülke, P.; Jarke, M.; Klamma, R.; Peters, P.: *Industrielles Fehlermanagement mit objektorientierten Technologien*. In: Jarke, M.; Pasedach, K.; Pohl, K. (Hrsg.) Informatik '97 Informatik als Innovationsmotor, S. 512–513. Springer, Berlin Heidelberg (1997).

Pfeifer, T.: *Fehlermanagement mit objektorientierten Technologien in der qualitätsorientierten Produktion*. FZKA-PFT 183, Karlsruhe (1997).

Pfeifer, T.; Grob, R.; Klonaris, P.: *Wissensbasierte Fehleranalyse*. In: Pfeifer, T. (Hrsg.) Wissensbasierte Systeme in der Qualitätssicherung. Methoden zur Nutzung verteilten Wissens, S. 96–112. Springer, Berlin (1996).

Picot, A.; Reichwald, R.; Wigand, R. T.: *Die grenzenlose Unternehmung*. 5. Aufl. Gabler Verlag, Wiesbaden (2003).

Pierce, E. M.: *Assessing Data Quality With Control Matrices*. Communications of the ACM. 47(2), S. 82–86 (2004).

Pioch, S.: *Quick Guide Wissensbasiert entscheiden*. 2. Aufl. Springer Gabler, Wiesbaden (2021).

Ponce, N.: *Operationalisierung von Produktionssystemen: Steigerung der Leistungsfähigkeit produzierender Unternehmen am Beispiel der Pharmaindustrie*. HSG – Hochschule für Wirtschafts-, Rechts- und Sozialwissenschaften, St. Gallen (2022).

Porter, M. E.: *Competitive Strategy: Techniques for Analyzing Industries and Competitors*. Free Press, New York (2004).

Pötter, T.; Folmer, J.; Vogel-Heuser, B.: *Enabling Industrie 4.0 – Chancen und Nutzen für die Prozessindustrie*. In: Bauernhansl, T.; ten Hompel, M.; Vogel-Heuser, B. (Hrsg.) Industrie 4.0 in Produktion, Automatisierung und Logistik, S. 159–171. Springer Vieweg, Wiesbaden (2014).

Pötters, P.; Leyendecker, B.; Ohlig, J.; Schmitt R. H.: *Analyse der Wirksamkeit ausgewählter Optimierungsmethoden in der Montage*. In: Schmitt, R. H. (Hrsg.) Potenziale Künstlicher Intelligenz für die Qualitätswissenschaft, S. 145–161. Springer Vieweg, Berlin (2020).

Probst, G.; Raub, S.; Romhardt, K.: *Wissen managen: Wie Unternehmen ihre wertvollste Ressource optimal nutzen*. 7. Aufl. Springer Gabler, Wiesbaden (2012).

Psarommatis, F.; May, G.; Dreyfus, P. A.; Kiritsis, D.: *Zero defect manufacturing: state-of-the-art review, shortcomings and future directions in research*. International Journal of Production Research. 58(1), S. 1–17 (2020).

Purdy, M.; Williams, M.: *How AI Can Help Leaders Make Better Decisions Under Pressure*. Harvard Business School Publishing, Watertown (2023).

Quatember, A.: *Datenqualität in Stichprobenerhebungen*. 2. Aufl. Springer Spektrum, Berlin Heidelberg (2015).

Raffée, H.: *Grundprobleme der Betriebswirtschaftslehre*. 8. Aufl. Vandenhoeck und Ruprecht, Göttigen (1993).

Reiman, A.; Kaivo-oja, J.; Parviainen, E.; Takala, E. P.; Lauraeus, T.: *Human work in the shift to Industry 4.0: a road map to the management of technological changes in manufacturing*. International Journal of Production Research. S. 1–18 (2023).

Reinhart, G.; Bengler, K.; Dollinger, C.; Intra, C.; Lock, C.; Popova-Dlogosch, S.; Rimpau, C.; Schmidtler, J.; Teubner, S.; Vernim, S.: *Der Mensch in der Produktion von Morgen*. In: Reinhart, G. (Hrsg.) Handbuch Industrie 4.0, S. 51–88. Carl Hanser Verlag, München (2017).

Reker J.; Anderson, N.: *Data Analytics im Mittelstand: Die Evolution der Entscheidungsfindung*. Deloitte & Touche, Berlin (2014).

Reschke, R.: *Gestaltungsmodell der Kennzahlen und Indikatoren bei der Einführung und Weiterentwicklung von Qualitätsmanagementsystemen für deutsche Hochschulen*. Apprimus Verlag, Aachen (2019).

Rohweder, J. P.; Kasten, G.; Malzahn, D.; Piro, A.; Schmid. J.: *Informationsqualität – Definitionen, Dimensionen und Begriffe*. In: Hildebrand, K.; Gebauer, M.; Mielke, M.; (Hrsg.) Daten- und Informationsqualität: Die Grundlage der Digitalisierung, S. 23–43. 5. Aufl. Springer Vieweg, Berlin Heidelberg (2021).

Romeike, F.; Stallinger, M.: *Stochastische Szenariosimulation in der Unternehmenspraxis*. Springer Gabler, Wiesbaden (2021).

Roschmann, K.: *Betriebsdatenerfassung in Industrieunternehmen: ein Leitfaden zur Einführung und Anwendung der Betriebsdatenerfassung; Arbeitsergebnis der Gemeinschaftsarbeit*. Verlag Moderne Industrie, München (1979).

Rothmeier, J.: *Digitale Technologien für die Entwicklung ressourceneffizienter Produkte und Services – VDI ZRE Kurzanalyse Nr. 31*. VDI Zentrum Ressourceneffizienz GmbH, Berlin (2022).

Rowley, J.: *The wisdom hierarchy: representations of the DIKW hierarchy*. Journal of Information Science. 33(2), S.163–180 (2007).

Runkler, T. A.: *Data Analytics – Models and Algorithms for Intelligent Data Analysis*. 3. Aufl. Springer Vieweg, Wiesbaden (2020).

Runkler, T. A.: *Data Mining – Modelle und Algorithmen intelligenter Datenanalyse*. 2. Aufl. Springer Vieweg, Wiesbaden (2015).

Rüßmann, M.: *Leistungsmessung des Fehlermanagementprozesses*. Apprimus Verlag, Aachen (2021).

Rüßmann, M.; Hellebrand, T.; Heine, I.; Huber, U.; Telpis, V.; Rutten, P.; Schmitt, R. H.: *Performance measurement of the complaint and failure management process*. Quality Management Journal. 21(1), S. 2–20 (2020).

Rüßmann, M.; Haghi, S.; Bergstein, D.; Schmitt, R. H.: *Smartes Fehlermanagement auf dem Shop Floor. Ein Lösungsansatz für KMU*. In: Bosse, C. K.; Zink, K. J. (Hrsg.) Arbeit 4.0 im Mittelstand, S. 267–278. Springer Gabler, Berlin (2019).

Saake, G.; Sattler, K.-U.; Heuer, A.: *Datenbanken – Konzepte und Sprachen*. 4. Aufl. mitp Verlag, Heidelberg Hamburg (2010).

Sand, C.; Meiners, M.; Eberle, J.; Franke, J.: *Evaluation of Energy Measurements for Error Detection in Press-Fitting Processes*. Proceedings of the 2018 IEEE SIMS. S. 1–6 (2018).

Sapp, C.; Brabham, D.; Antelmi, J.; Cook, H.; Craig, T.; Barot, S.; Galli, D.; Pal, S.; Mohan, S.; Gilbert, G.: *2019 Planning Guide for Data and Analytics*. Gartner, Inc., Stamford (2019).

Sarwal, A.; Filipovic, D.: *System for Intelligent Machine Fault Analysis*. Proceedings of SPIE. 5605, S. 250–256 (2004).

Schäfer, F.; Zeiselmair, C.; Becker, J.; Otten, H.: *Synthesizing CRISP-DM and Quality Management: A Data Mining Approach for Production Processes*. Proceedings of the 2018 IEEE ICTMOD. S. 190-195 (2018).

Schäuffele, J.; Zurawka, T.: *Automotive Software Engineering: Grundlagen, Prozesse, Methoden und Werkzeuge effizient einsetzen*. 6. Aufl. Springer Vieweg, Wiesbaden (2016).

Scheibmayer, M.: *Bestimmung von Zielgrößen für die Produktstammdatenqualität in produzierenden Unternehmen*. Apprimus Verlag, Aachen (2014).

Scheid, S.; Vogl, S.: *Data Science – Grundlagen, Methoden und Modelle der Statistik*. Carl Hanser Verlag, München (2021).

Schenk, M.; Wirth, S.; Müller, E.: *Fabrikplanung und Fabrikbetrieb*. 2. Aufl. Springer Vieweg, Berlin Heidelberg (2014).

Scherf, C.-S.; Brunn, C.; Gensch, C.-O.; Köhler, A. R.: *Anreizsysteme für eine ökologisch nachhaltige Digitalisierung in kleinen und mittleren Unternehmen (KMU)*. Öko-Institut e. V., Berlin (2021).

Schick, M.; Mubarak, H.; Haueis, M.: *Modellierung und Steigerung der Güte von Qualitätsregelkreisen – Quality Control Modelling Language (QMOLA) als neues Werkzeug*. Zeitschrift für wirtschaftlichen Fabrikbetrieb. 104(12), S. 1151–1157 (2009a).

Schick, M.; Haueis, M.; Schneider F.: *Lernregelkreise zur Unterstützung der Qualitätsregelung in der manuellen Montage – Einsatz von Industrial Learning zur Senkung der Fehlerquote in manuellen Montageprozessen*. Zeitschrift für wirtschaftlichen Fabrikbetrieb. 104(6), S. 463–467 (2009b).

Schlegel, P.: *Bewertung und Optimierung der Vollständigkeit von Betriebsdaten im Kontext der Fehlerprädiktion*. Apprimus Verlag, Aachen (2022).

Schmidt, M.: *Praxisleitfaden Montageplanung*. Carl Hanser Verlag, München (2022).

Schmitt, L., S.; Andres, M.: *Methoden zur Modellbildung und Simulation mechatronischer Systeme*. 2. Aufl. Springer Vieweg, Wiesbaden (2023).

Schmitt, R. H.; Buschmann, D.; Briele, K.; Schlegel, P.; Ellerich, M.: *Sustainable Production through Predictive Quality and Sustainability Analytics along the Supply Chain*. In: Trauth, D.; Bergs, T.; Prinz, W. (Hrsg.) The Monetization of Technical Data, S. 473–486. Springer Nature, Berlin (2023).

Schmitt, R. H.; Ellerich, M.; Schlegel, P.; Ngo, Q. H.; Emonts, D.; Montavon, B.; Buschmann, D.; Lauther, R.: *Datenbasiertes Qualitätsmanagement im Internet of Production*. In: Frenz, W. (Hrsg.) Handbuch Industrie 4.0: Recht, Technik, Gesellschaft, S. 489–516. Springer, Berlin Heidelberg (2020a).

Schmitt, R. H.; Kurzhals, R.; Ellerich, M.; Nilgen, G.; Schlegel, P.; Dietrich, E.; Krauß, J.; Latz, A.; Gregori, J.; Miller; N.: *Predictive Quality – Data Analytics in produzierenden Unternehmen*. In: Bergs, T.; Brecher, C.; Schmitt, R. H.; Schuh, G. (Hrsg.) Internet of Production – Turning Data into Value, S. 226–253. Fraunhofer-Institut für Produktionstechnologie IPT und Werkzeugmaschinenlabor WZL der RWTH Aachen, Aachen (2020b).

Schmitt, R. H.; Pfeifer, T.: *Qualitätsmanagement: Strategien-Methoden-Techniken*. 5. Aufl. Carl Hanser Verlag, München (2015).

Schmitt, R. H.: *Basiswissen Qualitätsmanagement*. Symposion Publishing, Düsseldorf (2015).

Schmitt, R. H.; Monostori, L.; Glöckner, H.; Viharos, Z. J.: *Design and assessment of quality control loops for stable business processes*. CIRP Annals – Manufacturing Technology 61. S. 439–444 (2012).

Schmitt, S.: *Gestaltungsmodell zum qualitätsorientierten Management von Serienanläufen*. Apprimus Verlag, Aachen (2012).

Schmitt, R. H.; Glöckner, H.: *Effizienter mit Sensor, Regler und Aktor – Verbesserung von Qualitätsregelkreisen durch Regelungstechnik*. Qualität und Zuverlässigkeit. 56(2), S. 56–57 (2011).

Schneeweiß, C.: *Planung – Band 2: Konzepte der Prozess- und Modellgestaltung*. Springer Lehrbuch, Berlin Heidelberg (1992).

Schneider, M.; Lucke, D.; Adolf, T.: *A Cyber-Physical Failure Management System for Smart Factories*. Procedia CIRP 81. S. 300–305 (2019).

Schönfeld, D.; Klimant, H.; Piotraschke, R.: *Informations- und Kodierungstheorie*. 4. Aufl. Springer Vieweg, Wiesbaden (2012).

Schreyögg, G.; Koch, J.: *Management: Grundlagen der Unternehmensführung*. 8. Aufl. Springer Gabler, Wiesbaden (2020).

Schröder, M.: *Klassifikation von Fehlerereignissen in produzierenden Unternehmen zur Erfüllung von Analysefunktionen im Anlauf*. Apprimus Verlag, Aachen (2016).

Schuh, G.; Reinhart, G.; Prote, J.-P.; Sauermann, F.; Horsthofer, J.; Oppolzer, F.; Knoll, D.: *Data Mining Definitions and Applications for the Management of Production Complexity*. Procedia CIRP 81. S. 874–879 (2019).

Schuh, G.; et al.: *Produktionsdaten als Enabler für Industrie 4.0 : Gemeinsame Studie der produktionstechnischen Institute IFA, IPMT, Fraunhofer IWU und WZL*. wt Werkstattstechnik online. 105(4), S. 200–203 (2015).

Schuh, G.; Schmidt, C.: *Grundlagen des Produktionsmanagements*. In: Schuh, G.; Schmidt, C. (Hrsg.) Produktionsmanagement – Handbuch Produktion und Management 5, S. 1–62. 2. Aufl. Springer Vieweg, Berlin Heidelberg (2014).

Schuh, G.; Arnoscht, J.; Schiffer, M.: *Innovationscontrolling*. In: Schuh, G. (Hrsg.) Innovationsmanagement, S. 249–350. Springer Vieweg, Berlin Heidelberg (2012).

Schuh, G.; et al.: *Individualisierte Produktion*. In: Brecher, C. (Hrsg.) Integrative Produktionstechnik für Hochlohnländer, S. 83–255. Springer, Berlin Heidelberg (2011).

Schumann, S.: *Repräsentative Umfrage*. 7. Aufl. De Gruyter, Berlin (2019).

Schwarz, O.: *Datenanalyse – Einführung, deskriptive und diagnostische* Analyse. In: Lang, M. (Hrsg.) Datenkompetenz – Daten erfolgreich nutzen, S. 85–116, Carl Hanser Verlag, München (2023a).

Schwarz, O.: *Datenanalyse – prädiktive und präskriptive* Analyse. In: Lang, M. (Hrsg.) Datenkompetenz – Daten erfolgreich nutzen, S. 117–146, Carl Hanser Verlag, München (2023b).

Schwarze, J.: *Informationsmanagement*. Verlag Neue Wirtschafts-Briefe, Herne Berlin (1998).

Seliger, G.: *Montage und Demontage*. In: Grote, K. H.; Bender, B.; Göhlich, D. (Hrsg.) Dubbel, S. 1503–1509. 25. Aufl. Springer Vieweg, Berlin Heidelberg (2018).

Selvik, J. T.; Signoret, J.-P.: *How to interpret safety critical failures in risk and reliability assessments*. Reliability Engineering and System Safety. 161, S. 61–68 (2017).

Sgarbossa, F.; Grosse, E. H.; Neumann, W. P.; Battini, D.; d, Glock, C. H.: *Human factors in production and logistics systems of the future*. Annual Reviews in Control. 49, S. 295–305 (2020).

Shannon, C. E.: *A Mathematical Theory of Communication*. Bell System Technical Journal. 27(3), S. 379–423 (1948).

Shearer, C.: *The CRISP-DM Modell: The New Blueprint for Data Mining*. Journal of Data Warehousing. 5(4), S. 13–22 (2000).

Shi-Nash, A.; Hardoon, D. R.: *Data Analytics and Predictive Analytics in the Era of Big Data*. In: Geng, H. (Hrsg.) Internet of Things and Data Analytics Handbook, S. 329–345. John Wiley & Sons, New Jersey (2017).

Simon, H. A.: *The New Science of Management Decision*. 3. Aufl. Prentice-Hall, New Jersey (1977).

Snodgrass, R. T.: *Editorial: Single- versus double-blind reviewing*. ACM Transactions on Database Systems. 32(1), S. 1–31 (2007).

Somasekaram, P.; Calinescu, R.; Buyya, R.: *High-availability clusters: A taxonomy, survey, and future directions*. The Journal of Systems & Software. 187, 111208 (2022).

Sonntag, M.; Glück, N.: *KI-basierte Datenanalyse: Prozessoptimierung in der Produktion von Kühlsattelaufliegern.* Mobiles Fachzeitschrift für Konstrukteure. 44(1), S. 8–9 (2023).

Stachowiak, H.: *Allgemeine Modelltheorie.* Springer Verlag, Wien New York (1973).

Statista: *Verteilung der Bruttowertschöpfung in Deutschland nach Wirtschaftszweigen 2023.* (23.02.2024) In: Statistisches Bundesamt. Zugriff am 01.05.2024. https://de.statista.com/statistik/daten/studie/252123/umfrage/anteil-der-wirtschaftszweige-an-der-bruttowertschoepfung-in-deutschland/ (2024).

Statista: *Volumen der jährlich generierten/replizierten digitalen Datenmenge weltweit von 2010 bis 2022 und Prognose bis 2027.* (18.05.2023) In: Statista. Zugriff am 01.05.2024. https://de.statista.com/statistik/daten/studie/267974/umfrage/prognose-zum-weltweit-generierten-datenvolumen/ (2023a).

Statista: *Anzahl der Unternehmen des Produzierenden Gewerbes (rechtliche Einheiten) in Deutschland von 2019 bis 2022.* (04.12.2023) In: Statistisches Bundesamt. Zugriff am 01.05.2024. https://de.statista.com/statistik/daten/studie/1058092/umfrage/unternehmen-des-produzierenden-gewerbes-in-deutschland/ (2023b).

Statista: *Anzahl der Unternehmen des Produzierenden Gewerbes (rechtliche Einheiten) in Deutschland nach Beschäftigtengrößenklassen im Jahr 2022.* (04.12.2023) In: Statistisches Bundesamt. Zugriff am 01.05.2024. https://de.statista.com/statistik/daten/studie/1058062/umfrage/unternehmen-des-produzierenden-gewerbes-in-deutschland-nach-beschaeftigtengroessenklassen/ (2023c).

Statistik Austria: *Anzahl der Unternehmen in Österreich nach Branchen am 31. Oktober 2020.* (27.06.2022) In: Statista. Zugriff am 01.05.2024. https://de.statista.com/statistik/daten/studie/1108477/umfrage/unternehmen-in-oesterreich-nach-branchen/ (2024).

Stich, S.; Jordan, F.; Birkmeier, M.; Oflazgil, K.; Reschke, J.; Diews, A.: *Big Data Technology for Resilient Failure Management in Production Systems.* In: Umeda, S.; Nakano, M.; Mizuyama, H.; Hibino, N.; Kiritsis, D.; von Cieminski, G. (Hrsg.) Advances in Production Management Systems: Innovative Production Management Towards Sustainable Growth, S. 447–454. Springer, Cham (2015).

Studer, T.: *Relationale Datenbanken.* 2. Aufl. Springer Vieweg, Berlin (2019).

Suchánek, P.; Richter, J.; Králová, M.: *Customer Satisfaction, Product Quality and Performance of Companies.* Review of Economic Perspectives. 14(4), S. 329–344 (2014).

Teubner, S.; Vernim, S.; Dollinger, C.; Reinhart, G.: *Mitarbeiterorientiertes Produktionsmanagement.* Zeitschrift für wirtschaftlichen Fabrikbetrieb. 113(10), S. 647–651 (2018).

Thoben, K.-D.; Wiesner, S.; Wuest, T.: *"Industrie 4.0" and Smart Manufacturing – A Review of Research Issues and Application Examples*. International Journal of Automation Technology. 11(1), S. 4–16 (2017).

Thome, G.; Sollbach, W.: *Grundlagen und Modelle des Infomation Lifecycle Management*. Springer Verlag, Berlin Heidelberg (2007).

Tittmann, P.: *Graphentheorie – Eine anwendungsorientierte Eiführung*. 2. Aufl. Carl Hanser Verlag, München (2011).

Tomczak, T.: *Forschungsmethoden in der Marketingwissenschaft. Ein Plädoyer für den qualitativen Forschungsansatz*. Marketing ZFP. 14(2), S. 77–87 (1992).

Traktuell: *Promotion: Krone Commercial Vehicle SE.* (23.12.2021) In: WEKA Industrie Medien. Zugriff am 02.02.2024. https://traktuell.at/artikel/krone-commercial-vehicle-se/ (2021).

Tuertmann, R.; Gloeckner, H.; Falk, B.; Schmitt, R. H.: *Conceptual modelling of the Failure management process in the manufacturing industry*. Total Quality Management & Business Excellence. 28(9-10), S. 1041–1053 (2017).

Tuertmann, R.; Rüssmann, M.; Schröder, M.; Linder, A.; Schmitt, R. H.: *Challenges and Design of a data-oriented complaint and failure management*. Total Quality Management & Business Excellence. 16(9), S. 885–896 (2016).

Ulich, E.: *Mensch-Technik-Organisation: ein europäisches Produktionskonzept*. In: Strohm, O.; Ulich, E. (Hrsg.) Unternehmen arbeitspsychologisch bewerten: ein Mehr-Ebenen-Ansatz unter besonderer Berücksichtigung von Mensch, Technik und Organisation, S. 5-17. vdf Hochschulverlag AG, Zürich (1997).

Ulrich, H.: *Von der Betriebswirtschaftslehre zur systemorientierten Managementlehre*. In: Wunderer, R. (Hrsg.) Betriebswirtschaftslehre als Management- und Führungslehre, S. 3–32. Poeschel Verlag, Stuttgart (1985).

Ulrich, H.: *Die Managementlehre als anwendungsorientierte Wissenschaft*. In: Dyllick, T.; Probst, G. J. B. (Hrsg.) Management, S. 131–210. Haupt, Bern (1984).

Ulrich, H.: *Die Betriebswirtschaftslehre als anwendungsorientierte Sozialwissenschaft*. In: Geist, M.N.; Köhler, R.; Sandig, C. (Hrsg.) Die Führung des Betriebs, S. 1–26. Poeschel Verlag, Stuttgart (1981).

Ulrich, P.; Hill, W.: *Wissenschaftliche Aspekte ausgewählter betriebswissenschaftlicher Konzeptionen*. In: Raffée, H.; Abel, B. (Hrsg.) Wissenschaftstheoretische Grundfragen der Wissenschaftswissenschaften, S. 161-190. Vahlen Verlag, München (1979).

Ulrich, P.; Hill, W.: *Wissenschaftstheoretische Grundlagen der Betriebswirtschaftslehre (Teil 1)*. Wirtschaftswissenschaftliches Studium. 5(7), S. 304–309 (1976).

Vass, C.: *Industry Classification Benchmark (ICB) reclassification*. FTSE Russell, London (2019).

Ventzislavova, M.; Hensel, C.: *Betriebswirtschaftliche Formelsammlung – betrieblicher Leistungsprozess*. Books on Demand, Norderstedt (2012).

Vogt, W.; Nagel, D.: *Cluster Analysis in Diagnosis*. Clinical Chemistry. 38(2), S. 182–198 (1992).

Von der Hude, M.: *Predictive Analytics und Data Mining*. Springer Vieweg, Wiesbaden (2020).

Voß, S.; Gutenschwager, K.: *Informationsplanung — Methoden der Informationsbedarfsanalyse und Wissensakquisition*. In: Voß, S.; Gutenschwager, K. (Hrsg.) Informationsmanagement, S. 129–148. Springer, Berlin Heidelberg (2001).

Wachter, C.; Beckschulte, S.; Hinrichs, M. P.; Sohnius, F.; Schmitt, R. H.: *Strategies for Resilient Manufacturing: A Systematic Literature Review of Failure Management in Production*. Procedia CIRP 130. S 1393–1402 (2024).

Wagner, K. W.; Käfer, R.: *PQM – Prozessorientiertes Qualitätsmanagement*. 8. Aufl. Carl Hanser Verlag, München (2023).

Waldscheck, L.; Günther, R.; Beckschulte, S.; Baumann, S.; Haller, J.; Wende, M; Dresemann, M.; Schmitt R. H.: *Introduction of decision support systems for failure management in manufacturing*. Procedia CIRP 130. S. 1549–1555 (2024).

Waller, D.: *10 Steps to Creating a Data-Driven Culture*. Harvard Business School Publishing, Watertown (2020).

Wang, R. Y.; Strang, D. M.: *What Data Quality Means to Data Consumers*. Journal of Management Information Systems. 14(4), S. 5–33 (1996).

Warnecke, H. J.; Löhr, H. G.; Kiener, W.: *Montagetechnik Schwerpunkt der Rationalisierung*. Krausskopf, Mainz (1975).

Weber, K.; Klotz, M.: *Informations- und Datenmanagement*. In: Tiemeyer, E. (Hrsg.) Handbuch IT-Management, S. 187–245. 6. Aufl. Carl Hanser Verlag, München (2017).

Weisweiler, S.; Schwerdtfeger, B.; Hammerl, M.: *Anforderungen supra-adaptiver Logistiksysteme: Fehlerkultur-Fehlerprävention-Fehlermanagement*. In: Günthner, G. (Hrsg.) Neue Wege in der Automobillogistik, S. 439–448. Springer Verlag, Berlin Heidelberg (2007).

Wenking, M.; Benninghaus, C.; Groggert, S.: *Die Zukunft von Manufacturing Data Analytics*. Industrie 4.0 Management. 33(4), S. 33–37 (2017).

Wermuth, M. J.: *Deskriptive und Induktive Statistik*. In: Hennecke, M.; Skrotzki, B. (Hrsg.) Hütte Band 1: Mathematisch-naturwissenschaftliche und allgemeine Grundlagen für Ingenieure, S. 231–271. 35. Aufl. Springer Vieweg, Berlin (2022).

Wermuth, M. J.: *Deskriptive und Induktive Statistik*. In: Hennecke, M.; Skrotzki, B. (Hrsg.) Hütte – Das Ingenieurwissen, S. 1–41. Springer, Berlin Heidelberg (2019).

Weskamp, M.; Tamas, A.; Wochinger, T.; Schatz, A.: *Einsatz und Nutzenpotenziale von Data Mining in Produktionsunternehmen*. Fraunhofer-Institut für Produktionstechnik und Automatisierung IPA, Stuttgart (2014).

West, N.; Syberg, M.; Schwenken, J.; Klapic, E.; Klinkenberg, R.; Deuse, J.: *Prozesskette der industriellen Datenanalyse*. In: Deuse, J.; Klinkenberg, R.; West, N. (Hrsg.) *Industrielle Datenanalyse*, S. 41–74. Springer Vieweg, Wiesbaden (2024).

Wiendahl, H. P.; Wiendahl, H. H.: *Betriebsorganisation für Ingenieure*. 9. Aufl. Carl Hanser Verlag, München (2019).

Wildemann, H.: *Neue Montagekonzepte*. Zeitschrift für wirtschaftlichen Fabrikbetrieb. 105(4), S. 316–322 (2010).

Williams, T. J.: *A Reference Model for Computer Integrated Manufacturing from the Viewpoint of Industrial Automation*. IFAC Proceedings Volumes. 23(8), S. 281–291 (1990).

Winkelmann, A.; Kässens, S.: *Fachkonzeptionelle Spezifikation einer Betriebsdatenerfassungskomponente für ERP-Systeme*. In: Becker, J.; Grob, H.-L.; Klein, S.; Kuchen, H.; Müller-Funk, U.; Vossen, G. (Hrsg.) Arbeitsberichte des Instituts für Wirtschaftsinformatik. WWU Institut für Wirtschaftsinformatik, Münster (2009).

Winz, G.: *Einführung ins Qualitätsmanagement*. 2. Aufl. Carl Hanser Verlag, München (2023).

Witte, E.: *Nutzungsanspruch und Nutzungsvielfalt*. Witte, E. (Hrsg.) Der praktische Nutzen empirischer Forschung, S. 13–40. Mohr Verlag, Tübingen (1981).

Xu, X.; Lu, Y.; Vogel-Heuser, B.; Wang L.: *Industry 4.0 and Industry 5.0 – Inception, conception and perception*. Journal of Manufacturing Systems. 61, S. 530–535 (2021).

Yu, D.; Frincke, D.: *Towards Survivable Intrusion Detection System*. Proceedings of the 2004 IEEE HICSS. S. 1–10 (2004).

Yuan, T.; Adjallah, K. H.; Sava, A. ; Wang, H.; Liu, L.: *Issues of Intelligent Data Acquisition and Quality for Manufacturing Decision-Support in an Industry 4.0 Context*. Proceedings of the 2021 IEEE IDAACS. S. 1200–1205 (2021).

Zeller, V.; Seelmann, V.: *Ordnungsrahmen Digitalisierungs- und Informationsmanagement*. In: Schuh, G.; Zeller, V.; Stich, V. (Hrsg.) Digitalisierungs- und Informationsmanagement, S. 27–38. Springer Vieweg, Berlin (2022).

Zhivotova, A. A.; Berdonosov, V. D.: *Expert Systems as a Tool to Improve Efficiency of Operational Production Management*. Proceedings of the 2018 IEEE FarEastCon. S. 1–7 (2018).

Ziegler, A.; Antes, G.; König I. R.: *Bevorzugte Report Items für systematische Übersichten und Meta-Analysen: Das PRISMA-Statement*. Deutsche Medizinische Wochenschrift. 136(8), S. 9–15 (2011).

IX. Anhang

IX.I Datenanalysemethoden und -verfahren nach Reifegrad

In Tabelle IX.1 führt eine Einteilung der Datenanalysemethoden und -verfahren nach Reifegrad auf.

Tabelle IX.1: Datenanalysemethoden und -verfahren nach Reifegrad (i. A. a. Runkler 2020, S. 59ff.; Groggert 2019, S. 30; Bankhofer & Vogel 2007, S. 255; Jackson 2002, S. 276)

Datenanalyse-methode	Datenanalyse-verfahren	Deskriptiv	Diagnostisch	Prädiktiv	Präskriptiv
Visualisierung	Diagramme	●	●		
	Kennzahlen/KPIs	●	●		
Korrelation	Korrelationskoeffizienten (nach Pearson, Spearman oder Kendalls Tau)	●	●	●	
	Punktbiseriale Korrelation	●	●	●	
	Assoziationsanalyse (Apriori Algorithmus)		●	●	●
	Chi-Quadrat Unabhängigkeitstest			●	●
Clustering	Sequenzielle Verfahren	●	●	●	●
	Prototypenbasierte Verfahren ▪ C-means-Clustermodell	●	●	●	●
	Unscharfe Methoden ▪ Fuzzy Clustering	●	●	●	
	Neuronale Netze ▪ Selbstorganisierende Karten		●	●	●
Prognose	Endliche Zustandsautomaten ▪ Mealy- oder Moore-Maschinen			●	
	Rekurrente Modelle			●	●
	Autoregressive Modelle			●	●
	Nichtlineare Modelle ▪ Rekurrente neuronale Netze			●	●
	Probabilistische Verfahren ▪ Bayes-Netze ▪ Fallbasiertes Schließen (engl. Case-based Reasoning, CBR)			●	●
Regression	Lineare Regression		●	●	●
	Kurvlineare Regression		●	●	●
	Neuronale Netze ▪ Radial-Basisfunktionen-Netze (RBF) ▪ Multilayer Perception (MLP)		●	●	●

Datenanalyse-methode	**Datenanalyse-verfahren**	**Deskriptiv**	**Diagnostisch**	**Prädiktiv**	**Präskriptiv**
Regression	Neuronale Netze ▪ Radial-Basisfunktionen-Netze (RBF) ▪ Multilayer Perception (MLP)		●	●	●
	Stochastische Verfahren ▪ Simulated Annealing ▪ Evolutionäre Algorithmen ▪ Verfahren der Schwarmintelligenz		●	●	●
Klassifikation	Probabilistische Verfahren ▪ Naiver Bayes Klassifikator		●	●	
	Lineare Verfahren ▪ Diskriminanzanalyse		●	●	●
	Prototypenbasierte Verfahren ▪ Nächster-Nachbar bzw. Nächste-k-Nachbarn ▪ Lernende Vektorquantisierung ▪ Support-Vektor-Maschinen (SVM)		●	●	●
	Hierarchische Verfahren ▪ Entscheidungsbäume		●	●	●

IX.II Detaillierte Prozessflussanalyse

In Abbildung IX.1 ist die detaillierte Prozessflussanalyse aufgeführt, die in Kapitel 5.3.1 auszugsweise dargestellt ist.

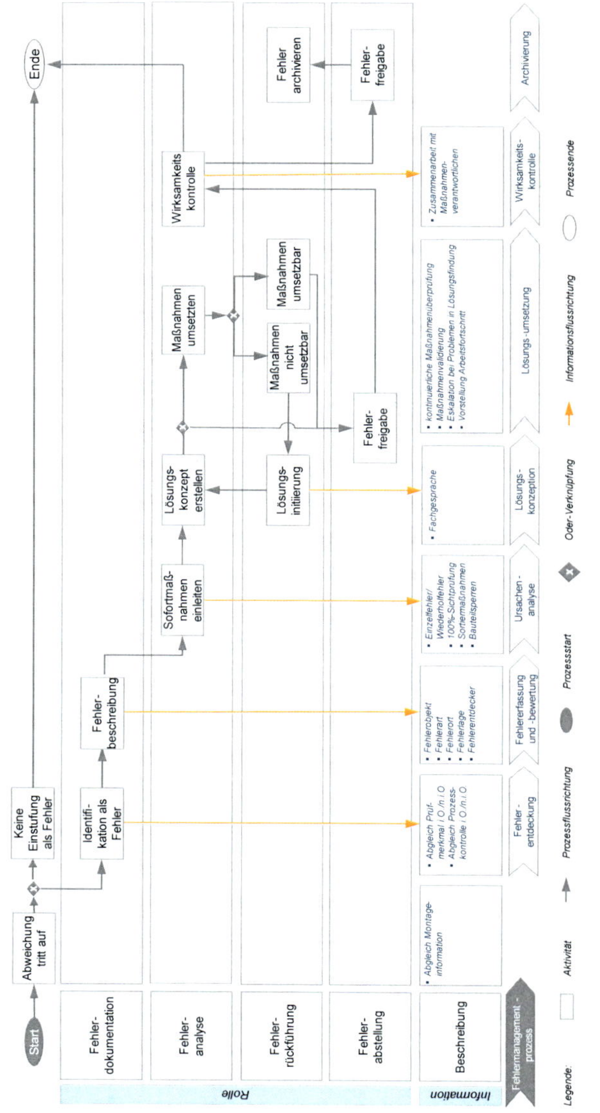

Abbildung IX.1: Detaillierte Prozessflussanalyse

IX.III Studentenarbeitsverzeichnis

In Tabelle IX.2 werden alle Abschlussarbeiten aufgeführt, die während der Entstehung dieser Dissertation und in der Zeit als wissenschaftlicher Mitarbeiter betreut wurden.

Tabelle IX.2: Betreute studentische Abschlussarbeiten

Lfd. Nr.	Monat/ Jahr	Student	Titel der Arbeit	Art der Arbeit
15.	12/2023	Samuel Henke	*First Time Through: Analyse und Evaluation der Einführung einer Qualitätskennzahl am Beispiel eines Nutzfahrzeugherstellers*	Bachelorarbeit
14.	07/2023	Lukas Tork	*Entwicklung eines Klassifizierungsverfahrens für Fehler an elektronischen Komponenten im Nutzfahrzeug zur langfristigen Erkenntnisgewinnung im Qualitätsmanagement*	Masterarbeit
13.	01/2023	Michaela Sanladerer	*Entwicklung eines Konzeptmodells zur Optimierung des Fehleraufnahmeprozesses im Produktaudit am Beispiel eines Nutzfahrzeugherstellers*	Masterarbeit
12.	11/2022	Lennart Schürmann	*Potential Applications of Distributed Ledger Technology in Production Exemplified by a Digital Vehicle Protocol*	Masterarbeit
11.	05/2022	Linus Florian Wolf	*Analyse und Optimierung eines Kennzahlensystems für das Qualitätsmanagement in der Nutzfahrzeug-Produktion*	Masterarbeit
10.	03/2022	Johannes Mohren	*Potential of Machine Learning for Process Control compared to SPC in Dynamic Manufacturing Environments with High Product Variance*	Masterarbeit
9.	02/2022	Phil-Martin Kaulfuß	*Entwicklung eines Schulungskonzeptes zur Einführung produktionskritischer IT-Systeme in der manuellen Montage*	Bachelorarbeit
8.	02/2022	Berkan Seref	*Entwicklung und Erprobung eines Konzeptes zur Fehlererfassung durch Augmented Reality im produktionsnahen Umfeld*	Bachelorarbeit
7.	10/2021	Jan Blomenkemper	*Entwicklung einer Systematik zur Quantifizierung der Qualitätswirkung von Verbesserungsmaßnahmen in der Instandhaltung der Eisenbahninfrastruktur*	Masterarbeit
6.	09/2021	Thevagiri Rajan Harikrishnan	*Advanced Crimping Control and Predictive Maintenance: Analysis on the impact of digitalization in manufacturing industry*	Masterarbeit

Lfd. Nr.	Monat/ Jahr	Student	Titel der Arbeit	Art der Arbeit
5.	10/2021	Stefan Tolazzi	*Entwicklung und Erprobung eines Vorgehensmodells zur Pilotierung von Softwarelösungen in der Produktion anhand eines Fehlerdokumentationssystems*	Masterarbeit
4.	09/2021	Martin Schilling	*Konzeption eines Klassifikationsmodells zur strukturierten Bestimmung von Fehlerarten zur Gewährleistung der Produktsicherheit ausgewählter Montageumfänge im Nutzfahrzeugbau*	Masterarbeit
3.	06/2021	Marc-Valentin Mac	*Effizienzsteigerung der Inline-Nacharbeit durch eine automatisierte Steuerung in der Automobilmontage*	Masterarbeit
2.	05/2021	Hasan Hüseyin Özdemir	*Identifikation und Quantifizierung von Stabilitätsfaktoren im Produktionsanlauf*	Bachelorarbeit
1.	10/2020	Natalie Pöckl	*Erarbeitung eines Konzeptes zur Unterstützung der Mitarbeiter bei der systemischen Fehlererfassung im Montageprozess*	Masterarbeit

IX.V Veröffentlichungsverzeichnis

Inhalte dieser Arbeit wurden auszugsweise vorab in nationalen und internationalen Fachzeitschriften-, Buch- sowie Konferenzbeiträgen publiziert, die in Tabelle IX.3 aufgelistet sind.

Tabelle IX.3: Erstellte wissenschaftliche Veröffentlichungen

Lfd. Nr.	Monat/ Jahr	Veröffentlichung
37.	In press	Dausch, V.; Beckschulte, S.; Schmitt, R. H.; Kreimeyer, M.: *Enhancing data consistency in information flow of manual and variant-rich assembly processes*. Procedia CIRP ICME. in press (2024).
36.	In press	Schulze, T.; Huebser, L.; Beckschulte, S.; Schmitt, R. H.: *Generalized Statistical Process Control via 1D-CNN Pretraining*. 18th CIRP Conference on Intelligent Procedia CIRP ICME. in press (2024).
35.	04/2025	Schoch, A.; Beckschulte, S.; Refflinghaus, R.; Schmitt R. H.: *Qualitätsmanagement 4.0: Entwicklungen zur KI-gestützten Entscheidungsunterstützung in der Automobilmontage*. In: Jochem, R.; Meyer, M. (Hrsg.) Rethinking Quality - Wandel des Qualitätsmanagements durch Digitalisierung und Künstliche Intelligenz, S.171–188. Springer Vieweg, Wiesbaden (2025).
34.	04/2025	Beckschulte, S.; Kaden, M.; Pirrone, L.; Schmitt, R. H.; Friedli, T.: *Manufacturing Data Analytics Studie 2023: Status quo und zukünftiges Potenzial von Datenanalysen in produzierenden Unternehmen*. In: Bracke, S.; Heß, P. (Hrsg.) Neue Methoden und Trends in der Qualitätswissenschaft, S. 115–135. Springer Vieweg, Wiesbaden (2025).
33.	12/2024	Padrón Hinrichs, M.; Beckschulte, S.; Kaden, M.; Sohnius, F.; Schmitt, R. H.: *Enabler for Top Performance in Manufacturing Companies*. Casting Plant & Technology. 12(4), S. 47–49 (2024).
32.	12/2024	Buschmann, D.; Schulze, T.; Beckschulte, S.; Schmitt, R. H.: *Information requirements analysis for process-oriented decision support via predictive quality models in production*. Procedia CIRP CMS 130. S. 1428–1434 (2024).
31.	12/2024	Wachter, C.; Beckschulte, S.; Padrón Hinrichs, M.; Sohnius, F.; Schmitt, R. H.: *Strategies for Resilient Manufacturing: A Systematic Literature Review of Failure Management in Production*. Procedia CIRP CMS 130. S. 1393–1402 (2024).
30.	12/2024	Waldscheck, L.; Günther, R.; Beckschulte, S.; Baumann, S.; Haller, J.; Wende, M.; Dresemann, M.; Schmitt, R. H.: *Introduction of decision support systems for failure management in manufacturing*. Procedia CIRP CMS 130. S. 1549–1555 (2024).
29.	06/2024	Padrón Hinrichs, M.; Beckschulte, S.; Kaden, M.; Sohnius, F.; Schmitt, R. H.: *Wegbereiter für Spitzenleistung in produzierenden Unternehmen*. Giesserei. 111(6), S. 72–74 (2024).

Lfd. Nr.	Monat/ Jahr	Veröffentlichung
28.	05/2024	Padrón Hinrichs, M.; Beckschulte, S.; Huebser, L.; Schmitt, R. H.: *Manufacturing Data Analytics: Wege zur Steigerung der Wettbewerbsfähigkeit*. Zeitschrift für wirtschaftlichen Fabrikbetrieb. 119(5), S. 385–390 (2024).
27.	04/2024	Padrón Hinrichs, M.; Beckschulte, S.; Kaden, M.; Sohnius, F.; Schmitt, R. H.: *Datenanalyse bereitet den Weg zur Spitzenleistung*. Qualität und Zuverlässigkeit. 69(4), S. 26–29 (2024).
26.	03/2024	Beckschulte, S.; Huebser, L.; Schulze, T.; Schmitt, R. H.: *Handlungsstufenplan für Digitalisierungsprojekte in der Produktion*. Zeitschrift für wirtschaftlichen Fabrikbetrieb. 119(3), S. 176–181 (2024).
25.	12/2023	Dausch, V.; Beckschulte, S.; Huebser, L.; Schulze, T.; Schmitt, R. H.; Kreimeyer, M.: *Reducing Wastage in Manufacturing through Digitalization: An Adaptive Solution Approach For Process Efficiency*. 5th Conference on Production Systems and Logistics (CPSL). S. 559–568 (2024).
24.	11/2023	Beckschulte, S.; Padrón Hinrichs, M.; Pirrone, L.; Grothkopp, M.; Sohnius, F.; Schmitt, R. H.; Friedli, T.: *Manufacturing Data Analytics Study 2023 – Empirical Industry Study*. Apprimus Verlag, Aachen (2023).
23.	10/2023	Beckschulte, S.; Buschmann, D.; Schulze, T.; Günther, R.; Schmitt, R. H.: *A survey on information requirements analysis for failure analysis and prediction in production*. Procedia CIRP 120. S. 916–921 (2023).
22.	08/2023	Beckschulte, S.; Güngör, B.: *Einführung in Predictive Quality*. In: Schmitt R. H.; Dietrich, E. (Hrsg.) Handbuch Messtechnik in der industriellen Produktion, S. 771–784. Carl Hanser Verlag, München (2023).
21.	06/2023	Haller, J.; Beckschulte, S.; Padrón, M.; Ngo, Q. H.; Schmitt R. H.: *Framework for Target Classification and Strategy Derivation during Production Ramp-up*. Proceedings of the IEEE International Systems Conference (SysCon). S. 1–5 (2023).
20.	05/2023	Beckschulte, S.; Huebser, L.; Günther, R.; Kaden, M.; Schmitt, R. H.: *Fehlerdatenaufnahme in der manuellen Montage: Informationsbedarfsanalyse für die Fehleranalyse und -abstellung im Fehlermanagement*. In: Gröger, S. (Hrsg.) Nachhaltiges Qualitätsdatenmanagement, S. 1–20. Springer Vieweg, Wiesbaden (2023).
19.	04/2023	Günther, R.; Wende, M.; Baumann, S.; Bartels, F.; Beckschulte, S.; Korn, H. G.; R.; Schmitt, R. H.: *Data Enabled Failure Management Process (DEFMP) across the Product Value Chain*. 4th Conference on Production Systems and Logistics (CPSL), S. 459–468 (2023).
18.	04/2023	Beckschulte, S.; Huebser, L.; Günther, R.; Schmitt, R. H.: *Datengetriebenes Fehlermanagement in der Produktion – Komplexe Zusammenhänge zwischen Datenerfassung und -analyse im Fehlermanagement erfolgreich erschließen und nutzen*. Zeitschrift für wirtschaftlichen Fabrikbetrieb. 118(4), S. 192–197 (2023).
17.	02/2023	Padrón, M.; Beckschulte, S.; Haller, J.; Elsner, J.; Schmitt, R. H.: *Nachhaltigkeit im Produktionsanlauf – Potenziale für ein ressourceneffizientes Management der Anlaufphasen eines Produktionssystems*. Zeitschrift für wirtschaftlichen Fabrikbetrieb. 118(1–2), S. 15–19 (2023).

Lfd. Nr.	Monat/ Jahr	Veröffentlichung
16.	02/2023	Beckschulte, S.; Mohren, J.; Huebser, L.; Buschmann, D.; Schmitt, R. H.: *Benchmarking Control Charts and Machine Learning Methods for Fault Prediction in Manufacturing*. In: Liewald, M.; et al. (Hrsg.) Production at the Leading Edge of Technology, S. 545–554. Springer Nature, Cham (2023).
15.	10/2022	Beckschulte, S.; Huebser, L.; Klasen, N.; Günther, R.; Schmitt, R. H.: *Potenziale von Neuronalen Netzen gegenüber SPC zur Fehlervermeidung in der Prozesssteuerung*. In: Woll, R.; Goldmann, C. (Hrsg.) Trends und Entwicklungstendenzen im Qualitätsmanagement, S. 188–206. Springer Vieweg, Wiesbaden (2022).
14.	08/2022	Günther, R.; Beckschulte, S.; Wende, M.; Mende, H.; Schmitt, R. H.: *AI-Based Failure Management: Value Chain Approach in Commercial Vehicle Industry*. Procedia CIRP 109. S. 251–256 (2022).
13.	06/2022	Beckschulte, S.; Huebser, L.; Kiesel, R.; Schmitt, R. H.: *Digital Vehicle Protocol based on Distributed Ledger Technology in Production*. Procedia CIRP 107, S. 804–809 (2022).
12.	05/2022	Beckschulte, S.; Schlegel, P.; Günther, R.; Schmitt, R. H.: *Daten sind Gold wert: Warum Datenmanagement für Unternehmen zum Erfolgsfaktor wird*. Qualität und Zuverlässigkeit. 67(5), S. 22–25 (2022).
11.	04/2022	Günther, R.; Beckschulte, S.; Wende, M.; Schmitt, R. H.: *Wertschöpfungsketten-übergreifendes Fehlermanagement – Transparente Einblicke in komplexe Zusammenhänge zwischen Produktentstehung und -nutzung erfolgreich erschließen und verwerten*. Zeitschrift für wirtschaftlichen Fabrikbetrieb. 117(4), S. 187–191 (2022).
10.	02/2022	Beckschulte, S.; Liang, J.; Günther, R.; Schmitt, R. H.: *Managing Complex Interactions between Production and Failure Management: a System-theoretical Model*. Proceedings of the IEEE International Conference on Electrical, Computer and Energy Technologies (ICECET). S. 1–5 (2022).
9.	02/2022	Bennerscheid, N.; Beckschulte, S.; Wangerow, K.; Schmitt, R. H.: *Betriebsbewährtheit von Feldgeräten – Datenanalyse mit System: Wie KI und Text Mining das Leben von Feldgeräten verlängern*. Process 29(3), S. 18–22 (2022).
8.	01/2022	Beckschulte, S.; Günther, R.; Kiesel, R.; Schmitt, R.H.: *Quality Improvement through Data Analysis – Qualification of Failure Management by Standardized Failure Recording in Manual Assembly*. In: Behrens, B. A.; et al. (Hrsg.) Production at the Leading Edge of Technology, S. 574–582. Springer Nature, Cham (2022).
7.	10/2021	Beckschulte, S.; Klasen, N.; Huebser, L.; Schmitt, R. H.: *Prädiktive Qualität in der Prozesslenkung – Neuronales Netz als SPC 4.0*. Zeitschrift für wirtschaftlichen Fabrikbetrieb. 116(10), S. 662–668 (2021).
6.	10/2021	Günther, R.; Beckschulte, S.; Bennerscheid, N.; Schmitt, R. H.: *(Selbst-)lernendes Fehlermanagement: Expertise der Fehlerbearbeitung systematisch nutzbar machen*. Qualität und Zuverlässigkeit. 66(10), S. 14–16 (2021).
5.	08/2021	Liang, J.; Günther, R.; Beckschulte, S.; Exner, R.; Kiesel, R.; Schmitt, R. H.: *Quantification of a System Dynamics Model for Optimized Failure Management in Manual Assembly*. 2nd Conference on Production Systems and Logistics (CPSL). S. 167–176 (2021).

Lfd. Nr.	Monat/ Jahr	Veröffentlichung
4.	08/2021	Beckschulte, S.; Huebser, L.; Günther, R.; Schmitt, R. H.: *Digitalisierung in der manuellen Montage: Montageprozesse in Zeiten von Industrie 4.0*. Qualität und Zuverlässigkeit. 66(8), S. 18–21 (2021).
3.	04/2021	Beckschulte, S.; Kiesel, R.; Schmitt, R. H.: *Manuelle Fehleraufnahme bei Mass Customization – Entwicklung eines Prozessmodells zur manuellen Fehlerdatenaufnahme in der Montage am Beispiel eines Nutzfahrzeugherstellers*. Zeitschrift für wirtschaftlichen Fabrikbetrieb. 116(4), S. 188–192 (2021).
2.	10/2020	Beckschulte, S.; Günther, R.; Huebser, L.; Schmitt, R. H.: *Mit Predictive Quality in die Zukunft sehen: Qualität 4.0 – Verborgene Data Analytics Potenziale in produzierenden Unternehmen*. Zeitschrift für wirtschaftlichen Fabrikbetrieb. 115(10), S. 715–718 (2020).
1.	10/2020	Beckschulte, S.; Huebser, L.; Schumacher, C.; Schmitt, R. H.; Kurzhals, R.: *Besseres Verständnis – Analyse von Produktionsprozessen mit Predictive-Quality-Ansätzen*. Qualität und Zuverlässigkeit. 65(10), S. 50–52 (2020).

IX.VI Iconverzeichnis

In Tabelle IX.4 werden alle Icons aufgeführt, die für die Erstellung dieser Dissertation genutzt wurden.

Tabelle IX.4: Genutzte Icons

Icon	Abbildung	Urheber	Weblink (Quelle)	Geprüft am
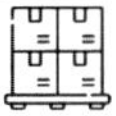	Abb. 1.3; Abb. 2.7	Freepik – Flaticon	*https://www.flaticon.com/free-icon/package_8716764*	07.03.2024
	Abb. 1.3	Freepik – Flaticon	*https://www.flaticon.com/free-icon/truck_2134895*	07.03.2024
	Abb. 1.3; Abb. 2.7	Freepik – Flaticon	*https://www.flaticon.com/free-icon/factory_13441754*	07.03.2024
	Abb. 1.3; Abb. 2.7	Freepik – Flaticon	*https://www.flaticon.com/free-icon/client_5969470*	07.03.2024
	Abb. 1.3	Freepik – Flaticon	*https://www.flaticon.com/free-icon/conveyor_7435652*	07.03.2024
	Abb. 1.3; Abb. 5.3; Abb. 5.4	Freepik – Flaticon	*https://www.flaticon.com/free-icon/assembly-line_157631*	07.03.2024
	Abb. 1.3	Freepik – Flaticon	*https://www.flaticon.com/free-icon/conveyor-belt_4828190*	07.03.2024
	Abb. 1.3; Abb. 5.3; Abb. 5.4	Freepik – Flaticon	*https://www.flaticon.com/free-icon/factory_1186337*	07.03.2024
	Abb. 1.3; Abb. 5.3; Abb. 5.4	Freepik – Flaticon	*https://www.flaticon.com/free-icon/machine_1372930*	07.03.2024
	Abb. 1.3; Abb. 5.3; Abb. 5.4	Freepik – Flaticon	*https://www.flaticon.com/free-icon/worker_416270*	07.03.2024
	Abb. 1.3; Abb. 5.3; Abb. 5.4	Freepik – Flaticon	*https://www.flaticon.com/free-icon/process_4149677*	07.03.2024
	Abb. 1.3; Abb. 5.3; Abb. 5.4	Freepik – Flaticon	*https://www.flaticon.com/free-icon/monitor_2782058*	07.03.2024

Icon	Abbildung	Urheber	Weblink (Quelle)	Geprüft am
	Abb. 1.3; Abb. 5.3; Abb. 5.4	Freepik – Flaticon	*https://www.flaticon.com/free-icon/innovation_2538108*	07.03.2024
	Abb. 2.12; Abb. 3.5	Freepik – Flaticon	*https://www.flaticon.com/free-icon/job-seeking_3391053*	03.04.2024
	Abb. 2.12; Abb. 3.5	Freepik – Flaticon	*https://www.flaticon.com/free-icon/trading_5575434*	03.04.2024
	Abb. 2.12; Abb. 3.5	Freepik – Flaticon	*https://www.flaticon.com/free-icon/prediction_5554947*	03.04.2024
	Abb. 2.12; Abb. 3.5	Freepik – Flaticon	*https://www.flaticon.com/free-icon/innovation_9568974*	03.04.2024
	Abb. 2.13	Freepik – Flaticon	*https://www.flaticon.com/free-icon/data-collection_3018639*	24.03.2024
	Abb. 2.13	Freepik – Flaticon	*https://www.flaticon.com/free-icon/big-data_3211193*	24.03.2024
	Abb. 2.13	Freepik – Flaticon	*https://www.flaticon.com/free-icon/data_993762*	24.03.2024
	Abb. 2.13	Freepik – Flaticon	*https://www.flaticon.com/free-icon/lightbulb_3176276*	24.03.2024
	Abb. 2.15	Freepik – Flaticon	*https://www.flaticon.com/free-icon/monitor_2782058*	24.03.2024
	Abb. 2.15	Freepik – Flaticon	*https://www.flaticon.com/free-icon/decision-making_4623996*	24.03.2024
	Abb. 2.15	Freepik – Flaticon	*https://www.flaticon.com/free-icon/checklist_4696519*	24.03.2024
	Abb. 3.6	Freepik – Flaticon	*https://www.flaticon.com/free-icon/close_2961937*	13.04.2024
	Abb. 5.3; Abb. 5.4	Freepik – Flaticon	*https://www.flaticon.com/free-icon/wrench_2593066*	07.03.2024
	Abb. 5.4	Freepik – Flaticon	*https://www.flaticon.com/free-icon/analysis_8887866*	07.03.2024

Icon	**Abbildung**	**Urheber**	**Weblink (Quelle)**	**Geprüft am**
	Abb. 7.2 Abb. 7.6	Freepik – Flaticon	*https://www.flaticon.com/free-icon/big-data_3211193*	01.06.2024
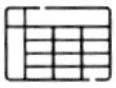	Abb. 7.2 Abb. 7.6	Freepik – Flaticon	*https://www.flaticon.com/free-icon/table_7603985*	01.06.2024
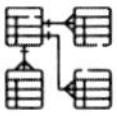	Abb. 7.2; Abb. 7.6	Freepik – Flaticon	*https://www.flaticon.com/free-icon/data-model_11629036*	13.05.2024
	Abb. 7.2 Abb. 7.6	Freepik – Flaticon	*https://www.flaticon.com/free-icon/data-analytics_14352860*	13.05.2024
	Abb. 7.2 Abb. 7.6	Freepik – Flaticon	*https://www.flaticon.com/free-icon/good-quality_7187327*	01.06.2024

In der Reihe **Ergebnisse aus der Produktionstechnik** zuletzt erschienen:

Beckschulte, Sebastian:
Gestaltungsmodell zur Systematisierung der Fehlerdatenerfassung im manuellen Montageprozess
ISBN: 978-3-98555-311-2
Erscheinungsdatum: 17.11.2025

Zalfen, Moritz:
Einfluss der Dehnrate auf die Zahnfußtragfähigkeit schnelllaufender Zahnradgetriebe
ISBN: 978-3-98555-308-2
Erscheinungsdatum: 03.11.2025

Lossie, Karl:
Decision Model for Performance-Driven Prioritization of Operational Decisions on the Manufacturing Shop Floor
ISBN: 978-3-98555-305-1
Erscheinungsdatum: 29.09.2025

Klee, Lukas:
Auslegung des Druckprozesses beim Binder Jetting zur Herstellung von Verzahnungen mit hoher Zahnfußtragfähigkeit
ISBN: 978-3-98555-299-3
Erscheinungsdatum: 02.09.2025

Schollemann, Alexander:
Strategische Ausrichtung nachhaltiger Produktionsnetzwerke
ISBN: 978-3-98555-293-1
Erscheinungsdatum: 15.07.2025

Spindler, Sarah:
Multi-Source Energy Harvesting for Wireless IIoT Sensors
ISBN: 978-3-98555-285-6
Erscheinungsdatum: 02.06.2025

de Oliveira Löhrer, Patrícia:
Influence of Material Removal Mechanisms on Thermo-Mechanical Loads in Continuous Generating Gear Grinding
ISBN: 978-3-98555-309-9
Erscheinungsdatum: 17.11.2025

Schäfer, Niklas:
Regelbasierte Planungsautomatisierung für die Digitale Fabrik
ISBN: 978-3-98555-304-4
Erscheinungsdatum: 29.09.2025

Trisjono, Julian Andreas:
Methodik zur Einführung datengetriebener Geschäftsmodelle im Werkzeugbau
ISBN: 978-3-98555-298-6
Erscheinungsdatum: 02.09.2025

Lee, Tae Hun:
Messung und Modellierung der thermo-elastischen Abweichungen von fünfachsigen Werkzeugmaschinen
ISBN: 978-3-98555-294-8
Erscheinungsdatum: 12.08.2025

Welschof, Lukas:
Ermüdungsfestigkeit drahtfunkenerodierter Nickelbasiswerkstoffe für Triebwerksanwendungen
ISBN: 978-3-98555-287-0
Erscheinungsdatum: 10.06.2025

Chhor, Jimmy:
Cyclic Procedure Model for the Continuous Optimization of Digital Business Processes
ISBN: 978-3-98555-271-9
Erscheinungsdatum: 24.03.2025

Edition Wissenschaft
Apprimus

Mendl-Heinisch, Michael:
Bewertung technischer Produktänderungen mittels prädiktiver Datenanalyse
ISBN: 978-3-98555-267-2
Erscheinungsdatum: 24.03.2025

Lauf, Hendrik:
Identifizierung von Innovationspotenzialen durch die semantische Modellierung des Produktumfelds
ISBN: 978-3-98555-251-1
Erscheinungsdatum: 24.02.2025

Sohnius, Felix:
Integriertes Qualitäts- und Nachhaltigkeitsmanagement im Aachener Qualitätsmanagement Modell
ISBN: 978-3-98555-257-3
Erscheinungsdatum: 03.02.2025

Küpper, Ugur:
Data-driven Model for Process Evaluation in Wire EDM
ISBN: 978-3-98555-260-3
Erscheinungsdatum: 27.01.2025

Krug, Marius:
Reduzierung der Fertigungsprogrammvarianz mittels datenbasierter Ähnlichkeitsanalyse
ISBN: 978-3-98555-253-5
Erscheinungsdatum: 20.01.2025

Schlosser, Tino X.:
Gestaltung des Zentralisierungsgrads im Produktionsmanagement globaler Produktionsnetzwerke
ISBN: 978-3-98555-248-1
Erscheinungsdatum: 17.12.2024

Pullen, Thomas Wilhelm:
Überwachung des Verschleißzustandes von Bohrwerkzeugen mithilfe von Körperschallsignalen
ISBN: 978-3-98555-268-9
Erscheinungsdatum: 04.03.2025

Adlon, Katharina:
Montageplanung für Verlagerungen unter Berücksichtigung kulturbedingter Unterschiede
ISBN: 978-3-98555-256-6
Erscheinungsdatum: 03.02.2025

Kunze, Rouwen Elia:
Low Coherence Interferometry for Depth Monitoring in Water Jet Guided Laser Micro Machining
ISBN: 978-3-98555-247-4
Erscheinungsdatum: 27.01.2025

Haase, Bernd:
Datenbasierte Werkzeuglebenszykluskostenanalyse
ISBN: 978-3-98555-255-9
Erscheinungsdatum: 20.01.2025

Ruschitzka, Christina:
Funktionsorientierte Ökologieanalyse im Maschinen- und Anlagenbau
ISBN: 978-3-98555-252-8
Erscheinungsdatum: 08.01.2025

Steinert, Alexander:
Modellprädiktive Regelung aktiver Kühlsysteme von Werkzeugmaschinen zur Kompensation thermo-elastischer Verlagerungen
ISBN: 978-3-98555-245-0
Erscheinungsdatum: 26.11.2024

Edition Wissenschaft
Apprimus

FSC
www.fsc.org
MIX
Papier | Fördert gute Waldnutzung
FSC® C083411

Kolibri 360 GmbH
Ferdinand-Jühlke-Straße 7
99095 Erfurt, Deutschland
produktsicherheit@kolibri360.de